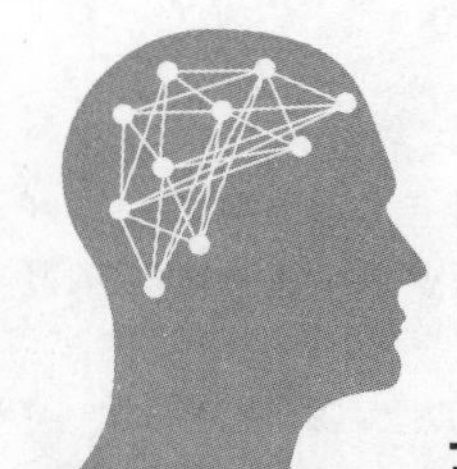

高等学校智能科学与技术/人工智能专业教材

自然语言处理实践

（第2版）

李轩涯　曹焯然　计湘婷　编著

清華大學出版社
北　京

内 容 简 介

本书是一本基于 PaddlePaddle 深度学习框架的实践性 NLP 教程，内容包括文本表示、文本分类、文本匹配、信息抽取、机器翻译、自动文摘、机器阅读理解、聊天机器人设计与实现等多个领域的知识，以及多种经典算法的实践案例。

本书的编写旨在帮助读者了解和掌握如何使用 PaddlePaddle 深度学习框架来解决 NLP 问题，并且让读者通过实践操作加深对 NLP 基本算法、基础任务的理解，无论是初学者还是有经验的研究者，都能从本书中获得有益的 NLP 编程经验。

本书封面贴有清华大学出版社防伪标签，无标签者不得销售。
版权所有，侵权必究。举报：010-62782989，beiqinquan@tup.tsinghua.edu.cn。

图书在版编目(CIP)数据

自然语言处理实践/李轩涯，曹焯然，计湘婷编著. —2 版. —北京：清华大学出版社，2023.11
高等学校智能科学与技术/人工智能专业教材
ISBN 978-7-302-64921-2

Ⅰ. ①自… Ⅱ. ①李… ②曹… ③计… Ⅲ. ①自然语言处理－高等学校－教材 Ⅳ. ①TP391

中国国家版本馆 CIP 数据核字(2023)第 223635 号

责任编辑：贾 斌
封面设计：常雪影
责任校对：刘惠林
责任印制：宋 林

出版发行：清华大学出版社
网　　址：https://www.tup.com.cn，https://www.wqxuetang.com
地　　址：北京清华大学学研大厦 A 座　　**邮　　编**：100084
社 总 机：010-83470000　　**邮　　购**：010-62786544
投稿与读者服务：010-62776969，c-service@tup.tsinghua.edu.cn
质量反馈：010-62772015，zhiliang@tup.tsinghua.edu.cn
课件下载：https://www.tup.com.cn，010-83470236
印 装 者：三河市铭诚印务有限公司
经　　销：全国新华书店
开　　本：185mm×260mm　　**印　张**：13.5　　**字　　数**：319 千字
版　　次：2022 年 1 月第 1 版　2023 年 12 月第 2 版　　**印　　次**：2023 年 12 月第 1 次印刷
印　　数：1～5000
定　　价：59.00 元

产品编号：101355-01

高等学校智能科学与技术/人工智能专业教材

编审委员会

主　任：

陆建华　清华大学电子工程系　教授
中国科学院院士

副主任：（按照姓氏拼音排序）

邓志鸿	北京大学智能学院	教授
黄河燕	北京理工大学人工智能研究院	院长/特聘教授
焦李成	西安电子科技大学计算机科学与技术学部	主任/华山领军教授
卢先和	清华大学出版社	常务副总编辑、副社长/编审
孙茂松	清华大学人工智能研究院	常务副院长/教授
王海峰	百度公司	首席技术官
王巨宏	腾讯公司	副总裁
曾伟胜	华为数字能源	副部长
周志华	南京大学人工智能学院	院长/教授
庄越挺	浙江大学计算机科学与技术学院	教授

委　员：（按照姓氏拼音排序）

曹金璇	中国人民公安大学信息技术与网络安全学院	教授
曹治国	华中科技大学人工智能与自动化学院学术委员会	主任/教授
陈恩红	中国科学技术大学大数据学院	执行院长/教授
陈雯柏	北京信息科技大学自动化学院	副院长/教授
陈竹敏	山东大学计算机科学与技术学院	副院长/教授
程　洪	电子科技大学机器人研究中心	主任/教授
杜　博	武汉大学计算机学院	院长/教授
方勇纯	南开大学	副校长/教授
韩　韬	上海交通大学电子信息与电气工程学院	副院长/教授
侯　彪	西安电子科技大学人工智能学院	执行院长/教授
侯宏旭	内蒙古大学网络信息与现代教育技术中心	主任/教授
胡　斌	北京理工大学医学技术学院	执行院长/教授
胡清华	天津大学人工智能学院	教授
李　波	北京航空航天大学人工智能研究院	常务副院长/教授
李绍滋	厦门大学信息学院	教授

李晓东	中山大学智能工程学院	教授
李轩涯	百度公司	高校合作部总监
李智勇	湖南大学机器人学院	常务副院长/教授
梁吉业	山西大学	教授
刘冀伟	北京科技大学智能科学与技术系	副教授
刘丽珍	首都师范大学人工智能系	教授
刘振丙	桂林电子科技大学人工智能学院	副院长/教授
孙海峰	华为矿山军团	部长
唐　琎	中南大学自动化学院智能科学与技术专业	专业负责人/教授
汪　卫	复旦大学计算机科学技术学院	教授
王国胤	重庆邮电大学	副校长/教授
王科俊	哈尔滨工程大学智能科学与工程学院	教授
王　挺	国防科技大学计算机学院	教授
王万良	浙江工业大学计算机科学与技术学院	教授
王文庆	西安邮电大学自动化学院	院长/教授
王小捷	北京邮电大学智能科学与技术中心	主任/教授
王玉皞	上饶师范学院	党委副书记/教授
文继荣	中国人民大学高瓴人工智能学院	执行院长/教授
文俊浩	重庆大学大数据与软件学院	党委书记/教授
辛景民	西安交通大学人工智能学院	常务副院长/教授
杨金柱	东北大学计算机科学与工程学院	常务副院长/教授
于　剑	北京交通大学人工智能研究院	院长/教授
余正涛	昆明理工大学信息工程与自动化学院	教授
俞祝良	华南理工大学自动化科学与工程学院	副院长/教授
岳　昆	云南大学信息学院	副院长/教授
张博锋	上海大学计算机工程与科学学院	副院长/研究员
张　俊	大连海事大学人工智能学院	副院长/教授
张　磊	河北工业大学人工智能与数据科学学院	教授
张盛兵	西北工业大学网络空间安全学院	常务副院长/教授
张　伟	同济大学电信学院控制科学与工程系	副系主任/副教授
张文生	中国科学院大学人工智能学院	首席教授
	海南大学人工智能与大数据研究院	院长
张彦铎	湖北文理学院	校长/教授
张永刚	吉林大学计算机科学与技术学院	副院长/教授
章　毅	四川大学计算机学院	学术院长/教授
庄　雷	郑州大学信息工程学院、计算机与人工智能学院	教授

秘书处：

陶晓明	清华大学电子工程系	教授
朱　军	清华大学人工智能研究院基础研究中心	主任/教授
张　玥	清华大学出版社	编辑

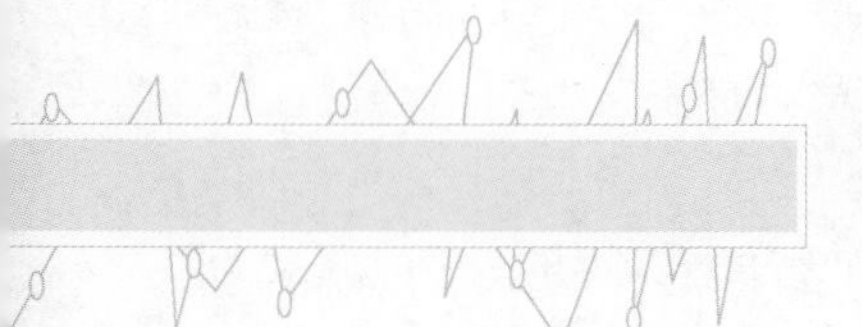

出版说明

当今时代，以互联网、云计算、大数据、物联网、新一代器件、超级计算机等，特别是新一代人工智能为代表的信息技术飞速发展，正深刻地影响着我们的工作、学习与生活。

随着人工智能成为引领新一轮科技革命和产业变革的战略性技术，世界主要发达国家纷纷制定了人工智能国家发展规划。2017 年 7 月，国务院正式发布《新一代人工智能发展规划》(以下简称《规划》)，将人工智能技术与产业的发展上升为国家重大发展战略。《规划》要求"牢牢把握人工智能发展的重大历史机遇""带动国家竞争力整体跃升和跨越式发展"，对完善人工智能领域学科布局，设立人工智能专业，推动人工智能领域一级学科建设提出了指导意见。

为贯彻落实《规划》，2018 年 4 月，教育部印发了《高等学校人工智能创新行动计划》，强调了"优化高校人工智能领域科技创新体系""完善人工智能领域人才培养体系"的重点任务，提出高校要不断推动人工智能与实体经济深度融合，鼓励有条件的高校建立人工智能学院、研究院，开展高层次人才培养。早在 2004 年，北京大学就率先设立了智能科学与技术本科专业。为了加快人工智能高层次人才培养，教育部又于 2019 年增设了"人工智能"本科专业。2020 年 2 月，教育部、国家发展改革委、财政部联合印发了《关于"双一流"建设高校促进学科融合，加快人工智能领域研究生培养的若干意见》的通知，提出依托"双一流"建设，深化人工智能内涵，构建基础理论人才与"人工智能＋X"复合型人才并重的培养体系，探索深度融合的学科建设和人才培养新模式，着力提升人工智能领域研究生培养水平，为我国抢占世界科技前沿，实现引领性原创成果的重大突破，提供更加充分的人才支撑。至今，全国共有超过 400 所高校获批智能科学与技术或人工智能本科专业，我国正在建立人工智能类本科和研究生层次人才培养体系。

教材建设是人才培养体系工作的重要基础环节。近年来，为了满足智能专业的人才培养和教学需要，国内一些学者或高校教师在总结科研和教学成果的基础上编写了一系列教材，其中有些教材已成为该专业必选的优秀教材，在一定程度上缓解了专业人才培养对教材的需求，如由南京大学周志华教授编写、我社出版的《机器学习》就是其中的佼佼者。同时，我们应该看到，目前市场上的教材还不能完全满足智能专业的教学需要，突出的问题主要表现在内容比较陈旧，不能反映理论前沿、技术热点和产业应用与趋势等，缺乏系统性，基础教材多、专业教材少，理论教材多、技术或实践教材少。

为了满足智能专业人才培养和教学需要，编写反映最新理论与技术且系统化、系列化的教材势在必行。早在 2013 年，北京邮电大学钟义信教授就受邀担任第一届"全国高等学校智能科学与技术/人工智能专业教材”编委会主任，组织和指导教材的编写工作。2019 年，第二届编委会成立，清华大学陆建华院士受邀担任编委会主任，全国各省市开设智能科学与技术/人工智能专业的院系负责人担任编委会委员，在第一届编委会的工作基础上继续开展工作。

编委会认真研讨了国内外高等学校智能科学与技术/人工智能专业的教学体系和课程设置，制定了编委会工作简章、编写规则和注意事项，规划了核心课程和自选课程。经过编委会全体委员及专家的推荐和审定，本套丛书的作者应运而生，他们大多是在本专业领域有深厚造诣的骨干教师，同时从事一线教学工作，有丰富的教学经验和功底。

本套教材是我社针对高等学校智能科学与技术/人工智能专业策划的第一套系列教材，遵循以下编写原则。

(1) 智能科学技术/人工智能既具有十分深刻的基础科学特性(智能科学)，又具有极其广泛的应用技术特性(智能技术)。因此，本套教材面向理科或工科，鼓励理工融通。

(2) 处理好本学科与其他学科的共生关系。要考虑智能科学与技术/人工智能与计算机、自动控制、电子信息等相关学科的关系问题，考虑把“互联网＋”与智能科学联系起来，体现新理念和新内容。

(3) 处理好国外和国内的关系。在教材的内容、案例、实验等方面，除了体现国外先进的研究成果外，还一定要体现我国科研人员在智能领域的创新和成果，优先出版具有自己特色的教材。

(4) 处理好理论学习与技能培养的关系。对于理科学生，注重对思维方式的培养；对于工科学生，注重对实践能力的培养。各有侧重。鼓励各校根据本校的智能专业特色编写教材。

(5) 根据新时代教学和学习的需要，在纸质教材的基础上融合多种形式的教学辅助材料。鼓励包括纸质教材、微课视频、案例库、试题库等教学资源在内的多形态、多媒质、多层次的立体化教材建设。

(6) 鉴于智能专业的特点和学科建设需求，鼓励高校教师联合编写，促进优质教材共建共享。鼓励校企合作教材编写，加速产学研深度融合。

本套教材具有以下出版特色。

(1) 体系结构完整，内容具有开放性和先进性，结构合理。

(2) 除满足智能科学与技术/人工智能专业的教学要求外，还能够满足计算机、自动化等相关专业对智能领域课程教材的需求。

(3) 既引进国外优秀教材，也鼓励我国作者编写原创教材，内容丰富，特点突出。

(4) 既有理论类教材，也有实践类教材，注重理论与实践相结合。

(5) 根据学科建设和教学需要，优先出版多媒体、融媒体的新形态教材。

(6) 紧跟科学技术的新发展，及时更新版本。

为了保证出版质量，满足教学需要，我们坚持“成熟一本，出版一本”的出版原则。在每本书的编写过程中，除作者积累的大量素材，还力求将智能科学与技术/人工智能领域

的最新成果和成熟经验反映到教材中，本专业专家学者也反复提出宝贵意见和建议，进行审核定稿，以提高本套丛书的含金量。热切期望广大教师和科研工作者加入我们的队伍，并欢迎广大读者对本系列教材提出宝贵意见，以便我们不断改进策划、组织、编写与出版工作，为我国智能科学与技术/人工智能专业人才的培养做出更多的贡献。

我们的联系方式是：

联系人：贾斌

联系电话：010-83470193

电子邮件：jiab@tup.tsinghua.edu.cn。

清华大学出版社

2020年夏

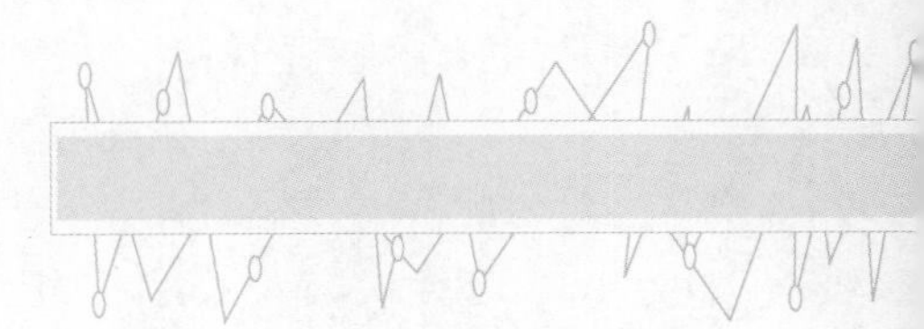

总　序

以智慧地球、智能驾驶、智慧城市为代表的人工智能技术与应用迎来了新的发展热潮，世界主要发达国家和我国都制定了人工智能国家发展规划，人工智能现已成为世界科技竞争新的制高点。智能科技/人工智能的发展也面临新的挑战，首先是其理论基础有待进一步夯实，其次是其技术体系有待进一步完善。抓基础、抓教材、抓人才，稳妥推进智能科技的发展，已成为教育界、科技界的广泛共识。我国高校也积极行动、快速响应，陆续开设了智能科学与技术、人工智能、大数据等专业方向。截至 2020 年底，全国共有超过 400 所高校获批智能科学与技术或人工智能本科专业，面向人工智能的本、硕、博人才培养体系正在形成。

教材乃教育之基础。2013 年 10 月，"高等学校智能科学与技术/人工智能专业教材"第一届编委会成立。编委会在深入分析我国智能科学与技术专业教学计划和课程设置的基础上，重点规划了《机器智能》等核心课程教材。南京大学、西安电子科技大学、西安交通大学等高校陆续出版了人工智能专业教育培养体系、本科专业知识体系与课程设置等相关的专著，为相关高校开展全方位、立体化的智能科技人才培养起到了示范作用。

2019 年 10 月，第二届（本届）编委会成立。在第一届编委会教材规划工作的基础上，编委会通过对斯坦福大学、麻省理工学院、加州大学伯克利分校、卡内基- 梅隆大学、牛津大学、剑桥大学、东京大学等国外高校和国内高校人工智能相关的课程和教材的跟踪调研，进一步丰富和完善了本套专业教材。同时，本届编委会继续推进专业知识结构和课程体系的研究及教材的出版工作，期望编写出更具创新性和专业性的系列教材。

智能科学技术正处在迅速发展和不断创新的阶段，其综合性和交叉性特征鲜明，因而其人才培养宜分层次、分类型，且要与时俱进。本套教材既注重学科的交叉融合，又兼顾不同学校、不同类型人才培养的需要，既有强化理论基础的，也有强化应用实践的。编委会为此将系列教材分为基础理论、实验实践和创新应用三大类，并按照课程体系将其分为数学与物理基础课程、计算机与电子信息基础课程、专业基础课程、专业实验课程、专业选修课程和"智能＋"课程。该规划得到了相关专业的院校骨干教师的积极响应，不少教师/学者也开始组织编写各具特色的专业课程教材。

编委会希望，本套教材的编写，在取材范围上要符合人才培养定位和课程要求，体现学科交叉融合；在内容上要强调体系性、开放性和前瞻性，并注重理论和实践的结合；在章节安排上要遵循知识体系逻辑及其认知规律；在叙述方式上要能激发读者兴趣，引导读者积极思考；在文字风格上要规范严谨，语言格调要力求亲和、清新、简练。

编委会相信，通过广大教师/学者的共同努力，编写好本套专业教材，可以更好地满足高等学校智能科学与技术/人工智能专业的教学需要，更高质量地培养智能科技专业人才。饮水思源。在高等学校智能科学与技术/人工智能专业教材陆续出版之际，我们对为此做出贡献的有关单位、学术团体、教师/专家表示崇高的敬意和衷心的感谢。

感谢中国人工智能学会及其教育工作委员会对推动设立我国高校智能科学与技术本科专业所做的积极努力；感谢清华大学、北京大学、南京大学、西安电子科技大学、北京邮电大学、南开大学等高校，以及华为、百度、腾讯等企业为发展智能科学与技术/人工智能专业所做的实实在在的贡献。

特别感谢清华大学出版社对本系列教材的编辑、出版、发行给予高度重视和大力支持。清华大学出版社主动与中国人工智能学会教育工作委员会开展合作，并组织和支持了本套专业教材的策划、编审委员会的组建和日常工作。

编委会真诚希望，本套教材的出版不仅对我国高等学校智能科学与技术/人工智能专业的学科建设和人才培养发挥积极的作用，还将对世界智能科学与技术的研究与教育做出积极的贡献。

由于编委会对智能科学与技术的认识、认知的局限，本套教材难免存在错误和不足，恳切希望广大读者对本套教材存在的问题提出意见与建议，帮助我们不断改进，不断完善。

高等学校智能科学与技术/人工智能专业教材编委会主任

陆建华

2020年12月

序　一

2020年，新冠疫情突如其来，日益成熟的人工智能在战疫过程中发挥了重要作用，疫情也加速了人工智能产品在各应用场景的落地，成为推动人工智能发展的催化剂。2020年3月，中央明确了“新基建”进度，加固、升级人工智能长期发展创新的数字底座，开启人工智能发展新空间。当前，我国已然迈入“十四五”发展新时期，以人工智能为代表的科技和产业革命正在崛起，并涌现了一批“智能＋”的产业新应用、新业态和新模式，越来越多的人工智能技术从实验室中走出来，进入各个行业中，共同推动着我国经济社会的高质量发展。

事实上，人工智能的发展还处于从实验室走向大规模商业化的早期阶段。想要让人工智能的浪潮真正落地、赋能社会的各个方面，还有很长的路需要探索。以人工智能产业发展的主要动力之一——自然语言处理（Natural Language Processing，NLP）为例，最初，机器翻译的概念刚被提出时，科学家们对于人类自然语言的复杂性还没能充分地理解，语言处理的理论和技术均不成熟，进展十分缓慢。直至20世纪90年代，人们逐渐认识到“大规模”和“真实文本”的重要性，开始大规模真实语料库的研制及信息词典的编制工作，直接促进了计算机自动检索技术的出现和兴起。

NLP之所以能够跨过瓶颈，再次发展，也是因为计算机科学与统计科学的不断结合，才让人类甚至机器能够不断从大量数据中发现“特征”并加以学习。不过要实现对自然语言真正意义上的理解，仅仅从原始文本中进行学习是不够的，我们还需要新的方法和模型。当前，人类对于人工智能的需求逐渐从计算智能、感知智能，转到以NLP为代表的认知智能层面，因此，NLP这门融合语言学、计算机科学、数学于一体的学科，常被喻为“AI皇冠上的明珠”，代表着人工智能更美的诗和远方。目前，NLP技术已广泛应用在电商、金融、物流、医疗、文娱等行业的多项业务中，它能够帮助用户搭建内容搜索、内容推荐、舆情识别及分析、文本结构化、对话机器人等一系列智能产品，也能够通过合作定制个性化的解决方案。

检验任何一项技术是否成熟，还需在具体的产业实践中去验证，而如何将理论与实践更好地结合，一直是我国高校教学的重要探索方向。本教材由浅入深，不仅细致地对计算机处理自然语言的词汇、句法、语义、语用等各个方面的问题进行了探讨，介绍了自然语言处理的技术应用，同时兼顾实践，列举了该技术在各行各业具体开发和应用的案例，并逐一展开分析。本教材中的内容均基于我国产业级深度学习平台——百度飞桨丰富的开发案例，以紧贴产业应用中的实际问题，直观、具象地阐述了飞桨如何提供人工智能产业创新发展与转型所需的算力、工具、生态建设等相关资源，用当今的人工智能技术服务市场需求，推动人工智能应用落地。

科技需在不断的探索中发展前进。希望本教材能够为我国高校人工智能的教育工作带来指导，帮助未来的人工智能从业者们探索出一条高质量的产业发展之路。

中国工程院院士、清华大学教授

序　二

人工智能发展强劲，正以前所未有的速度和方式改变着经济发展与人民生活，成为经济增长的新动能和新引擎。我国人工智能市场将持续升温，同时，市场对科技型人才的需求也居高不下。有报道称，未来5年内中国AI人才需求将达1000万人，然而国内AI人才比例严重失衡。仅2020这一年，就已有包括北京、山东、广东、福建等在内的十多个省市发布了人工智能重点政策，可见我国对于人工智能人才的渴求与珍视。

人工智能人才缺口巨大，在人工智能与产业深度融合过程中起到关键作用的自然语言处理领域更是求贤若渴。在产业应用中，通过自然语言处理连接AI与产业，让机器拥有像人一样的"智能"判断能力，将直接提升AI落地产业的价值。但这一领域的进步"道阻且长"，核心障碍就是"语言不通"，如果解决了这道障碍，也就推开了人机交互的大门。有鉴于此，自然语言处理能够通过终端采集需要识别的项目，并对其进行分析，最终使机器能够理解人类要解决的问题，加强AI自身的工作效率，提高聊天、解题、翻译与对话等能力。为了推动这一领域的进一步发展，产业需要大量具有丰富实践经验的技术人才，而这类技术人才在市场上却是"一将难求"。

AI赋能，教育先行，随着行业的持续火热与技术的广泛应用，培养顺应时代发展需求的人才也成为迫在眉睫的事情。自2018年起，国内数百所高校相继设立人工智能学院或人工智能专业，推动国内AI人才培养，但教材方面仍相对"贫瘠"。智能科学技术正处在迅速发展和不断创新的阶段，其综合性和交叉性特征鲜明，因而在人才的培养上宜分层次、分类型，且要与时俱进。本套教材既注重学科的交叉融合，又兼顾不同学校、不同类型人才培养的需要，既有强化理论基础的教材，也不乏强化应用实践的指导。

本教材由清华大学出版社与百度联合出版，重点讲述人工智能下自然语言处理这一领域的理论与应用，围绕自然语言处理前沿方向编纂，汇集并凝练了广大教师与学者的共同成果。教材从国内产业级深度学习平台百度飞桨服务9万多家企业的经验中取材，将适合学习者的应用案例融入其中，有效辅助学习者在学习了解自然语言处理这一项技术之后，由浅入深地建立起直观、具象的知识体系，非常适合学者反复阅读、研究。

学以致用，方能推动发展，期望在本教材指导下的教学能让更多爱好者与学习者加深对研究、应用自然语言处理以及人工智能的兴趣，帮助他们打下坚实的技术基础，以便在未来将所学化为所用，共同推动人工智能与产业深度融合落地、高质量发展。

郑纬民

中国工程院院士、清华大学教授

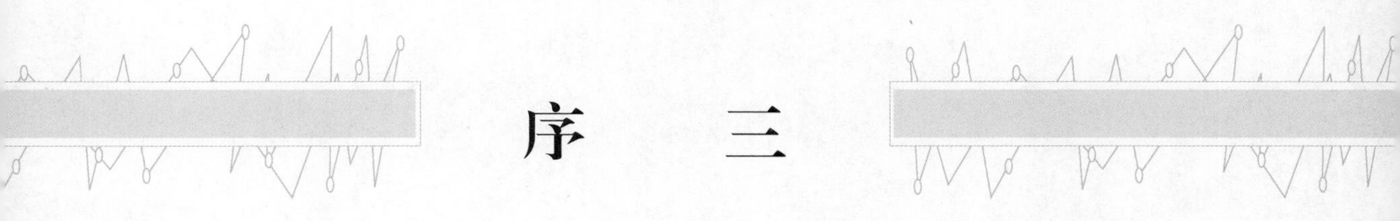

序　　三

作为引领新一轮科技革命和产业变革的战略性技术，人工智能快速发展，呈现标准化、自动化和模块化的工业大生产特征，与各行各业深入融合，推动经济、社会和人们的生产生活向智能化转变。在新的发展阶段，我国提出创新驱动发展战略，努力实现高水平科技自立自强。在新发展理念指引下，加快发展新一代人工智能，把科技竞争的主动权牢牢掌握在我们自己手里。一方面，增强原始创新能力，取得关键核心技术的颠覆性突破；另一方面，围绕经济社会发展需求，强化科技应用的创新能力，推进人工智能技术产业化，形成科技创新和产业应用互相促进的良性循环。

新发展阶段呼唤新型人才。我们需要既掌握人工智能技术，又具有行业洞察和产业实践经验的复合型人才。以制造业为例，产业需要的人才，在熟悉人工智能技术的基础上，能够深入理解制造业各细分场景的生产特点、流程、工艺和运营方式等，将技术更好地与产业融合，提出创新、高效、落地性强的解决方案。技术只有切实解决了产业痛点，才能带动产业的智能化升级。

培养既有技术素养，又有产业经验的复合型人才，需要产学研各方通力合作，充分发挥各自优势。近年来高校陆续开设人工智能专业，加大人工智能人才培养力度，同时与产业界的合作也越来越紧密，共同研发面向产业真实需求的技术和应用。产学研协同创新的环境为复合型人才培养提供了肥沃的土壤和宽广的实践空间。本教材在阐述理论知识的同时，实践应用部分采用飞桨深度学习开源开放平台，通过大量实践案例，通俗易懂地讲解理论知识，帮助读者快速入门；通过真实案例的实操验证，帮助读者检验对相关知识点的理解和掌握。

培养复合型人才，既是当前的时势使然，更是主动把握未来，赢得长远发展的先手棋。希望伴随着数字化、智能化的浪潮，本教材能够帮助越来越多的读者、从业者成为加速数字经济发展、实现我国高水平科技自立自强的中坚力量。

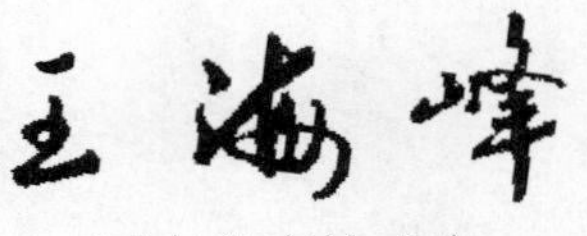

百度首席技术官

前言

FOREWORD

随着人工智能的快速发展与不断进步，自然语言处理已经成为计算机科学中最具前景和活力的领域之一。在本书中，我们将为大家介绍涵盖了从基本的文本处理，到高级的机器阅读理解、聊天机器人等多个研究领域的多种算法实践。

本书的编写遵循了实践导向原则，旨在让读者通过通用实践，具备 NLP 建模、解决实际场景问题的能力。本书使用百度开源的 PaddlePaddle 深度学习框架（飞桨），这是我国首个开源深度学习框架，有着完备、活跃的用户社区，能够帮助读者更好地理解 NLP 技术的应用和实现。

第 1 章介绍文本表示的基础知识，文本表示是自然语言处理中最基本的问题之一，它涉及将文本转换为计算机能够理解的形式，如 one-hot、TF-IDF、词向量及基于预训练的表示等。

第 2 章讲解文本分类实践，将文本数据划分为不同的预定义类别，如情感分类、新闻分类、垃圾邮件过滤等，其目的是通过训练模型自动对新的文本进行分类。

第 3 章讲解文本匹配实践，对两个文本进行比较，如问答匹配、语义匹配、文本摘要等，其目的是通过计算相似度得出文本的相关性和相似程度。

第 4 章讲解信息抽取实践，从结构化和非结构化的文本中自动抽取特定类型的信息，如命名实体识别、关系抽取、事件抽取等，其目的是将非结构化的文本转化为结构化的数据，方便后续的分析和挖掘。

第 5 章讲解机器翻译实践，将一种语言的文本翻译成另一种语言的文本，如英译中、中译英等，其目的是实现不同语言之间的信息交流和文化交流。

第 6 章讲解自动文摘实践，自动地从一个文本中提取出最重要的信息，并生成一个简洁的摘要，如新闻摘要、论文摘要等，其目的是帮助用户快速获取文本的核心内容，提高信息利用效率。

第 7 章讲解机器阅读理解实践，通过对一段文本进行理解和推理，回答与文本相关的问题，如阅读理解、问答系统等，其目的是实现机器对自然语言文本的深层次理解，提高机器的智能水平。

第 8 章讲解聊天机器人实践，利用自然语言处理技术和对话系统技术，实现机器与人之间的自然对话，如智能客服、语音助手、智能问答等，其目的是帮助人们解决实际问题，并提供个性化的服务体验。

我们希望通过这本书，能够使读者获得实际的 NLP 编程经验，从代码实现层面加深对 NLP 原理的理解，并将这些经验应用于实际问题的解决。感谢 PaddlePaddle 社区，免费的 GPU 算力、完善的 API 文档以及丰富的产研实践为广大读者提供了极其便利的开发实践环境。最后，我们衷心地希望本书能够对广大读者和自然语言处理领域的研究者有所帮助，并对未来 NLP 的发展和创新做出贡献。

扫码即可下载本书的源代码及数据：

编　者

2023 年 8 月

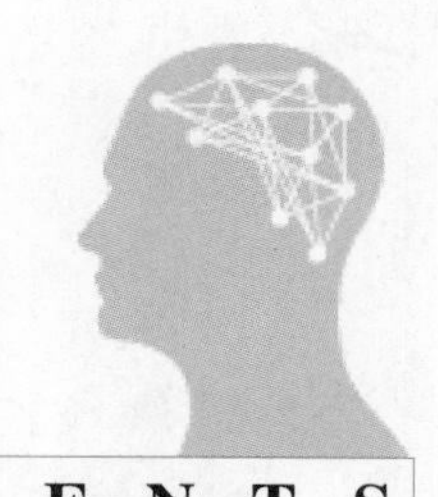

目录

CONTENTS

第1章 文本表示

自然语言处理(Natural Language Processing,NLP)是计算机科学领域与人工智能领域中的一个重要方向。它研究能实现人与计算机之间用自然语言进行有效通信的各种理论和方法。自然语言处理是一门融语言学、计算机科学、数学于一体的科学。

在计算机科学和自然语言处理中,文本表示是一个非常重要的概念。它涉及将文本数据转化为计算机能够理解的数字表示形式,以便进行各种自然语言处理任务。简单地说就是不将文本视为字符串,而视为在数学上处理起来更为方便的数字向量(也就是文本特征抽取)。而怎么把字符串变为数字向量,就是文本表示的核心问题。

本章将讨论各种不同的文本表示方法,包括基于统计的文本表示、基于词袋模型的静态上下文文本表示以及基于预训练模型的动态上下文文本表示。

1.1 实践一:基于统计的文本表示

基于统计的文本表示

在自然语言处理中,我们将通过 one-hot 和 TF-IDF 这两种简单的基于统计的文本表示方法来让大家理解最简单的文本表示应当如何实现。无论是自然语言理解(NLU)过程还是自然语言生成(NLG)过程,与计算机打交道,就需要转换为计算机能够识别的数字编码方式。

one-hot 编码是其中最简单的一种方法,又称为"独热"表示,顾名思义就是只有一个位置是突出的。举个例子,有两个句子,"今天天气真好"和"你真好",与英文不同,英文中每个单词会以空格分开,而中文要么一个字为一个词语,要么需要按照意思将词语切分,比方说分词的结果是"今天 天气 真好"和"你 真好"。以分词后的文本举例,此时针对这两个句子,可以得到这两个句子包含的所有词"今天""天气""真好""你",这样就构成了这两个句子的一个词表:["今天","天气","真好","你"]。然后我们便可以对每一个词进行编码,如"今天"这个词,one-hot 编码的结果为[1,0,0,0];对于句子来说,"今天天气真好"的 one-hot 编码结果为[1,1,1,0];"你真好"的 one-hot 编码为[0,0,1,1]。

对于一个数据集来说,要进行 one-hot 编码,第一步就是构造词表,可以使用 jieba 进行中文分词,然后使用 collections.Counter 来构建并储存词表,对于要进行 one-hot 编码的句子,需要遍历词表,然后将出现在句子中的词的位置设置为 1。

```
class CountVectorizer(object):
    def __init__(self):
        self.word_counts = Counter()
```

```
    def fit(self, text_data):
        for text in tqdm(text_data, total = len(text_data)):
            for word in jieba.cut(text):
                self.word_counts[word] += 1

    def transform(self, texts):
        outputs = []
        for text in tqdm(texts, total = len(texts)):
            output = []
            for word in self.word_counts:
                output.append(int(word in text.split()))
            outputs.append(output)
        # return [[int(word in text.split()) for word in self.word_counts] for text in texts]
        return outputs

vectorizer = CountVectorizer()

train_texts, train_labels = load_data(f'{dataset_folder}/train.txt')
valid_texts, valid_labels = load_data(f'{dataset_folder}/valid.txt')
test_texts, test_labels = load_data(f'{dataset_folder}/test.txt')

texts_all = []
texts_all.extend(train_texts)
texts_all.extend(valid_texts)

vectorizer.fit(texts_all)
train_texts_onehot = vectorizer.transform(train_texts[:10])
valid_texts_onehot = vectorizer.transform(valid_texts[:10])
test_texts_onehot = vectorizer.transform(test_texts[:10])
print(train_texts_onehot[:2])
```

TF-IDF 是另一种基于统计的文本表示方法，相对于 one-hot 方法，每个词对应的权重不全为 1，而是该词对于一个文本的重要程度。字词的重要性随着它在文件中出现次数的增加而增加，但同时会随着它在语料库中出现的整体频率的升高而下降。我们用 TF(Term Frequency，词频)表示词在文本中出现的频率。

```
tf = count / len(word_count)
```

用 IDF(Inverse Document Frequency，逆文件频率)表示词的普遍程度，如果包含词条的文档越少，IDF 越大，则说明该词条具有很好的类别、文本区分能力，在下面的类中，我们实现了一个数据集的 TF-IDF 表达方式。

```
class TfidfVectorizer():
    def __init__(self):
        self.word_count = {}                    # 存储每个单词出现的次数
        self.tf_idf = {}                        # 存储每个单词的 tf - idf 值
        self.texts = []

    def add_text(self, text):
```

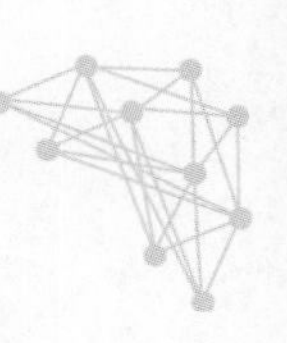

```
        # 添加一个文本,并计算其中所有单词的 tf - idf 值
        for word in text.split():
            if word not in self.word_count:
                self.word_count[word] = 1
            else:
                self.word_count[word] += 1

    def add_texts(self, texts):
        for text in tqdm(texts, total = len(texts)):
            self.add_text(text)
            self.texts.append(text)

    def compute_tf_idf(self):
        """
        计算所有单词的 tf - idf 值
        """
        for word, count in tqdm(self.word_count.items(), total = len(self.word_count)):
            tf = count / sum(self.word_count.values())
            n_contain = sum([1 for text in self.texts if word in text])
            idf = math.log(len(self.texts) / (n_contain + 1))
            self.tf_idf[word] = tf * idf

    def get_sentence_tf_idf(self, sentence, default_value = 0):
        """
        计算某个句子的 tf - idf 值
        """
        # 存储句子中单词的 tf - idf 值
        sentence_tf_idf = []
        for word in self.word_count:
            if word in sentence:
                sentence_tf_idf.append(self.tf_idf.get(word, default_value))
            else:
                sentence_tf_idf.append(default_value)

        return sentence_tf_idf

    def get_sentences_tf_idf(self, sentences, default_value = 0):
        """
        计算句子的 tf - idf 值
        """
        sentences_tf_idf = []
        for sentence in tqdm(sentences, total = len(sentences)):
            sentence_tf_idf = self.get_sentence_tf_idf(sentence, default_value)
            sentences_tf_idf.append(sentence_tf_idf)
        return sentences_tf_idf
```

此处,我们使用一个文本分类的数据集作为演示,计算每个样本的 TF-IDF 表示。首先初始化 TfidfVectorizer 类,加载数据集中的所有文本,然后调用 tf_idf.add_texts(texts_all),将所有的文本中词出现的频率进行缓存,用于后面计算 TF 值。get_sentence_tf_idf 函数获取

每个句子的 TF-IDF 表示，计算 TF、IDF 的核心代码，n_contain 表示有多少文本包含该词语，IDF 使用词表大小与 n_contains 的比例取对数，以此可以获得每个词语的 TF-IDF 值（此处计算方式中，所有词语在不同的句子中权重保持一致，也可以为每个句子中的每个词语生成一个权重，即计算 tf=count_s/count_all_s，其中，count_s 表示某个词在句子中出现的频率，count_all_s 表示该句子中所有词的总计频率）。

```
tf = count / sum(self.word_count.values())
n_contain = sum([1 for text in self.texts if word in text])
idf = math.log(len(self.word_count) / (n_contain + 1))
self.tf_idf[word] = tf * idf
```

以整个语料为整体，相同词在不同句子中的权重一致，整体实现代码如下。

```
tf_idf = TfidfVectorizer()

train_texts, train_labels = load_data(f'{dataset_folder}/train.txt')
valid_texts, valid_labels = load_data(f'{dataset_folder}/valid.txt')
test_texts, test_labels = load_data(f'{dataset_folder}/test.txt')

texts_all = []
texts_all.extend(train_texts)
texts_all.extend(valid_texts)

tf_idf.add_texts(texts_all)
tf_idf.compute_tf_idf()

train_texts_tfidf = tf_idf.get_sentences_tf_idf(train_texts[:10])
valid_texts_tfidf = tf_idf.get_sentences_tf_idf(valid_texts[:10])
test_texts_tfidf = tf_idf.get_sentences_tf_idf(test_texts[:10])
print(train_texts_tfidf[:2])
```

以上方法实现了全局词语的 TF-IDF 计算方法，读者也可以尝试为每个句子实现一个 TF 计算方式，这样便可以实现“不同词语在不同文本中的权重不同”的思想。

基于 Word2-Vec 的文本表示

1.2 实践二：基于 Word2Vec 的文本表示

词向量（Word Embedding），又叫 Word 嵌入式，是自然语言处理中的一组语言建模和特征学习技术的统称，其中来自词汇表的单词或短语被映射到实数的向量上。从概念上讲，它涉及从每个单词一维的空间到具有更低维度的连续向量空间的数学嵌入，生成这种映射的方法包括神经网络、单词共生矩阵的降维、概率模型、可解释的知识库方法等。当用作底层输入表示时，单词和短语嵌入已经被证明可以提高 NLP 任务的性能，如语法分析和情感分析。

Word2Vec 包含两个经典模型，CBOW（Continuous Bag-of-Words）和 Skip-gram，如图 1-1 所示。

CBOW：通过上下文的词向量推理中心词。

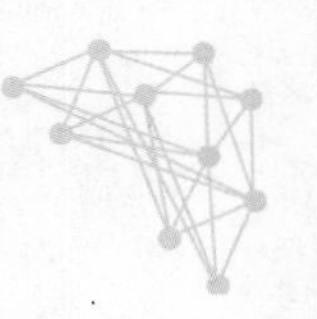

Skip-gram：根据中心词推理上下文。

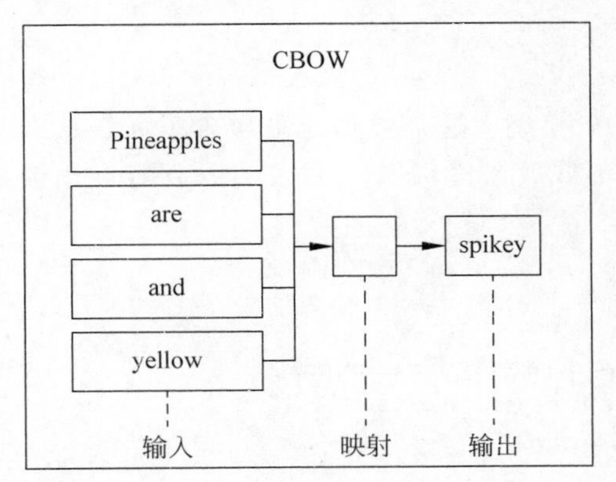

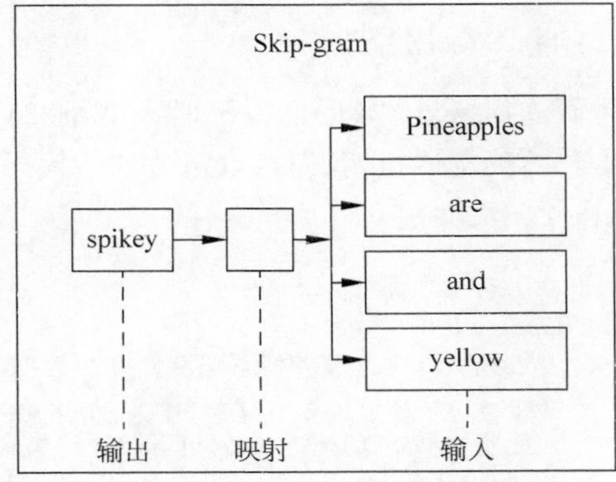

图 1-1　Word2Vec

我们以这句话“Pineapples are spiked and yellow”为例介绍 Skip-gram 的算法实现。Skip-gram 是一个具有 3 层结构的神经网络，具体如图 1-2 所示。

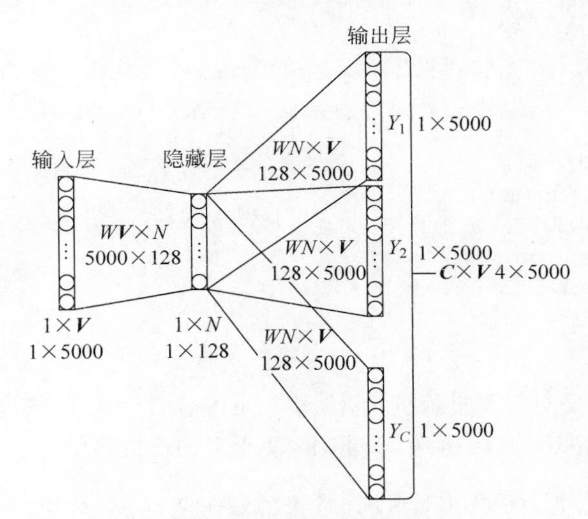

图 1-2　Skip-gram 算法实现

输入层(Input Layer)：接收一个 one-hot 张量 **V** 作为网络的输入，里面存储着当前句子中心词的 one-hot 表示。

隐藏层(Hidden Layer)：将张量 **V** 乘以一个 word embedding 张量 ***W***，并把结果作为隐藏层的输出，得到的新张量存储着当前句子中心词的词向量。

输出层(Output Layer)：将隐藏层的结果输入全连接层，映射后得到其相应上下文的各个词的概率分布输出，利用此概率分布，使用交叉熵损失进行优化。

在实际操作中，使用一个滑动窗口(一般情况下，长度是奇数)，从左到右开始扫描当前句子。每个扫描出来的片段被当成一个小句子，每个小句子中间的词被认为是中心词，其余的词被认为是这个中心词的上下文。

在了解了 Skip-gram 算法后，接下来就可以使用飞桨深度学习开源框架来搭建一个

Skip-gram 算法来解决词向量问题。

步骤 1：text8 数据集准备

我们选择 text8 数据集用于训练 Word2Vec 模型。这个数据集里包含了大量从维基百科收集到的英文语料，我们可以通过如下代码下载数据集，下载后的文件被保存在当前目录的 text8.txt 文件内。

```
#下载语料用来训练 Word2Vec
def download():
    #可以从百度云服务器下载一些开源数据集(dataset.bj.bcebos.com)
    corpus_url = "https://dataset.bj.bcebos.com/word2vec/text8.txt"
    #使用 Python 的 requests 包下载数据集到本地
    web_request = requests.get(corpus_url)
    corpus = web_request.content
    #把下载后的文件存储在当前目录的 text8.txt 文件内
    with open("./text8.txt", "wb") as f:
        f.write(corpus)
f.close()
```

接下来，把下载的语料读取到程序里。一般来说，在自然语言处理中，需要先对语料进行分词。对于英文来说，可以比较简单地直接使用空格进行分词，代码如下。

```
#对语料进行预处理(分词)
def data_preprocess(corpus):
    #由于英文单词出现在句首的时候经常要大写，所以我们把所有英文字符都转换为小写，以便对
语料进行归一化处理(Apple vs apple 等)
    corpus = corpus.strip().lower()
    corpus = corpus.split(" ")
return corpus
```

在经过分词后，需要对语料进行统计，为每个词构造 ID。一般来说，可以根据每个词在语料中出现的频次构造 ID，频次越高，ID 越小，便于对词典进行管理。代码如下。

```
#构造词典，统计每个词的频率，并根据频率将每个词转换为一个整数 ID
def build_dict(corpus):
    #首先统计每个不同词的频率(出现的次数)，使用一个词典记录
    word_freq_dict = dict()
    for word in corpus:
        if word not in word_freq_dict:
            word_freq_dict[word] = 0
        word_freq_dict[word] += 1
    #将这个词典中的词，按照出现次数排序，出现次数越高，排序越靠前.一般来说，出现频率高的
高频词往往是 I,the,you 这种代词，而出现频率低的词，往往是一些名词，如 nlp
    word_freq_dict = sorted(word_freq_dict.items(), key = lambda x:x[1], reverse = True)

    #构造 3 个不同的词典，分别存储，每个词到 ID 的映射关系为 word2id_dict；每个 ID 出现的频率
为 word2id_freq；每个 ID 到词典映射关系为 id2word_dict
    word2id_dict = dict()
    word2id_freq = dict()
```

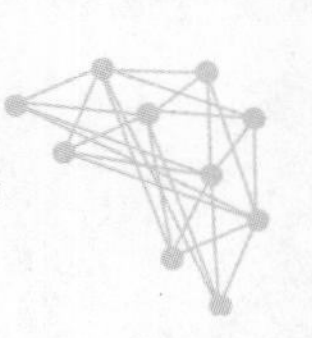

```
    id2word_dict = dict()
    # 按照频率,从高到低,开始遍历每个单词,并为这个单词构造一个独一无二的 ID
    for word, freq in word_freq_dict:
        curr_id = len(word2id_dict)
        word2id_dict[word] = curr_id
        word2id_freq[word2id_dict[word]] = freq
        id2word_dict[curr_id] = word

    return word2id_freq, word2id_dict, id2word_dict

word2id_freq, word2id_dict, id2word_dict = build_dict(corpus)
vocab_size = len(word2id_freq)
print("there are totoally %d different words in the corpus" % vocab_size)
for _, (word, word_id) in zip(range(50), word2id_dict.items()):
print("word %s, its id %d, its word freq %d" % (word, word_id,
word2id_freq[word_id]))
```

得到 word2id 词典后,我们还需要进一步处理原始语料,把每个词替换成对应的 ID,便于神经网络进行处理。

```
# 把语料转换为 ID 序列
def convert_corpus_to_id(corpus, word2id_dict):
    # 使用一个循环,将语料中的每个词替换成对应的 ID,以便神经网络进行处理
    corpus = [word2id_dict[word] for word in corpus]
return corpus
```

接下来,需要使用二次采样法处理原始文本。二次采样法的主要思想是降低高频词在语料中出现的频次,降低的方法是随机将高频的词抛弃,频率越高,被抛弃的概率就越高;频率越低,被抛弃的概率就越低。这样像标点符号或冠词这样的高频词就会被抛弃,从而优化整个词表的词向量训练效果。

```
# 使用二次采样算法(subsampling)处理语料,强化训练效果
def subsampling(corpus, word2id_freq):

    # 这个 discard 函数决定了一个词会不会被替换,这个函数是具有随机性的,每次调用结果不同
    # 如果一个词的频率很大,那么它被遗弃的概率就很大
    def discard(word_id):
        return random.uniform(0, 1) < 1 - math.sqrt(
            1e-4 / word2id_freq[word_id] * len(corpus))

    corpus = [word for word in corpus if not discard(word)]
return corpus
```

在完成语料数据预处理之后,需要构造训练数据。根据上面的描述,我们需要使用一个滑动窗口对语料从左到右进行扫描,在每个窗口内,中心词需要预测它的上下文,并形成训练数据。在实际操作中,由于词表往往很大(50000,100000 等),对大词表的一些矩阵运算(如 softmax)需要消耗巨大的资源,因此可以通过负采样的方式模拟 softmax 的结果。主要步骤有:①给定一个中心词和一个需要预测的上下文词,把这个上下文词作为正样本;②通

过词表随机采样的方式，选择若干个负样本；③把一个大规模分类问题转化为一个2分类问题，通过这种方式优化计算速度。

```
# 构造数据,准备模型训练
# max_window_size 代表最大 window_size 的大小
# 程序会根据 max_window_size 从左到右扫描整个语料
# negative_sample_num 代表对于每个正样本,我们需要随机采样多少负样本用于训练
# 一般来说,negative_sample_num 的值越大,训练效果越稳定,但是训练速度越慢
def build_data(corpus, word2id_dict, word2id_freq, max_window_size = 3,
               negative_sample_num = 4):

    #使用一个 list 存储处理好的数据
    dataset = []
    center_word_idx = 0

    #从左到右,开始枚举每个中心点的位置
    while center_word_idx < len(corpus):
        #以 max_window_size 为上限,随机采样一个 window_size,这样会使得训练更加稳定
        window_size = random.randint(1, max_window_size)
        #当前的中心词就是 center_word_idx 所指向的词,可以当作正样本
        positive_word = corpus[center_word_idx]

        #以当前中心词为中心,左右两侧在 window_size 内的词就是上下文
        context_word_range = (max(0, center_word_idx - window_size), min(len(corpus) - 1,
center_word_idx + window_size))
        context_word_candidates = [corpus[idx] for idx in range(context_word_range[0],
context_word_range[1] + 1) if idx != center_word_idx]

        #对于每个正样本来说,随机采样 negative_sample_num 个负样本,用于训练
        for context_word in context_word_candidates:
            #首先把(上下文,正样本,label = 1)的三元组数据放入 dataset 中
            #这里 label = 1 表示这个样本是个正样本
            dataset.append((context_word, positive_word, 1))

            #开始负采样
            i = 0
            while i < negative_sample_num:
                negative_word_candidate = random.randint(0, vocab_size - 1)

                if negative_word_candidate is not positive_word:
                    #把(上下文,负样本,label = 0)的三元组数据放入 dataset 中
                    #这里 label = 0 表示这个样本是个负样本
                    dataset.append((context_word, negative_word_candidate, 0))
                    i += 1

        center_word_idx = min(len(corpus) - 1, center_word_idx + window_size)
        if center_word_idx == (len(corpus) - 1):
            center_word_idx += 1
        if center_word_idx % 100000 == 0:
```

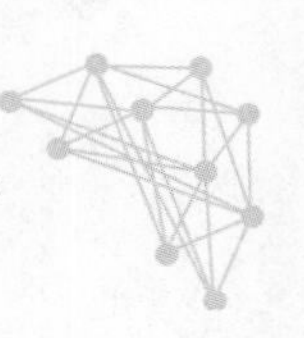


```
            print(center_word_idx)

    return dataset

dataset = build_data(corpus, word2id_dict, word2id_freq)
for _, (context_word, target_word, label) in zip(range(50), dataset):
print("center_word %s, target %s, label %d" % (id2word_dict[context_word],
id2word_dict[target_word], label))
```

训练数据准备好后，把训练数据都组装成 mini-batch，并准备输入到网络中进行训练，代码如下。

```
#构造 mini-batch,准备对模型进行训练
#我们将不同类型的数据放到不同的 tensor 里,便于神经网络进行处理
#并通过 numpy 的 array 函数,构造出不同的 tensor 来,并把这些 tensor 送入神经网络中进行训练
def build_batch(dataset, batch_size, epoch_num):

    #center_word_batch 缓存 batch_size 个中心词
    center_word_batch = []
    #target_word_batch 缓存 batch_size 个目标词(可以是正样本或者负样本)
    target_word_batch = []
    #label_batch 缓存了 batch_size 个 0 或 1 的标签,用于模型训练
    label_batch = []

    for epoch in range(epoch_num):
        #每次开启一个新 epoch 之前,都对数据进行一次随机打乱,提高训练效果
        random.shuffle(dataset)

        for center_word, target_word, label in dataset:
            #遍历 dataset 中的每个样本,并将这些数据送到不同的 tensor 里
            center_word_batch.append([center_word])
            target_word_batch.append([target_word])
            label_batch.append(label)

            #当样本积攒到一个 batch_size 后,我们把数据都返回
            #在这里我们使用 numpy 的 array 函数把 list 封装成 tensor,并使用 Python 的迭代器
机制,将数据 yield 出来
            #使用迭代器的好处是可以节省内存
            if len(center_word_batch) == batch_size:
                yield np.array(center_word_batch).astype("int64"), \
                    np.array(target_word_batch).astype("int64"), \
                    np.array(label_batch).astype("float32")
                center_word_batch = []
                target_word_batch = []
                label_batch = []

    if len(center_word_batch) > 0:
        yield np.array(center_word_batch).astype("int64"), \
            np.array(target_word_batch).astype("int64"), \
            np.array(label_batch).astype("float32")
```

步骤 2：定义 skip-gram 模型

定义 skip-gram 的网络结构，用于模型训练。在飞桨动态图中，对于任意网络，都需要定义一个继承自 paddle.nn.Layer 的类来搭建网络结构、参数等数据的声明。同时需要在 forward 函数中定义网络的计算逻辑。值得注意的是，我们仅需要定义网络的前向计算逻辑，飞桨会自动完成神经网络的反向计算。

```
#定义 skip-gram 训练网络结构
#这里我们使用的是 paddlepaddle 的 2.0.0 版本
#一般来说，在使用 nn 训练的时候，我们需要通过一个类来定义网络结构，这个类继承了 paddle.
nn.Layer
class SkipGram(paddle.nn.Layer):
    def __init__(self, vocab_size, embedding_size, init_scale=0.1):
        #vocab_size 定义了这个 skipgram 这个模型的词表大小
        #embedding_size 定义了词向量的维度是多少
        #init_scale 定义了词向量初始化的范围，一般来说，比较小的初始化范围有助于模型训练
        super(SkipGram, self).__init__()
        self.vocab_size = vocab_size
        self.embedding_size = embedding_size

        #使用 paddle.nn 提供的 Embedding 函数，构造一个词向量参数
        #这个参数的大小为 self.vocab_size, self.embedding_size
        #这个参数的名称为 embedding_para
        #这个参数的初始化方式为在[-init_scale, init_scale]区间进行均匀采样
        self.embedding = paddle.nn.Embedding(
            self.vocab_size,
            self.embedding_size,
            weight_attr=paddle.ParamAttr(
                name='embedding_para',
                initializer=paddle.nn.initializer.Uniform(
                    low=-0.5/embedding_size, high=0.5/embedding_size)))

        #使用 paddle.nn 提供的 Embedding 函数，构造另外一个词向量参数
        #这个参数的大小为 self.vocab_size, self.embedding_size
        #这个参数的名称为 embedding_para_out
        #这个参数的初始化方式为在[-init_scale, init_scale]区间进行均匀采样
        #跟上面不同的是，这个参数的名称跟上面不同，因此
        #embedding_para_out 和 embedding_para 虽然有相同的 shape，但是权重不共享
        self.embedding_out = paddle.nn.Embedding(
            self.vocab_size,
            self.embedding_size,
            weight_attr=paddle.ParamAttr(
                name='embedding_out_para',
                initializer=paddle.nn.initializer.Uniform(
                    low=-0.5/embedding_size, high=0.5/embedding_size)))

    #定义网络的前向计算逻辑
    #center_words 是一个 tensor(mini-batch)，表示中心词
```

```
    # target_words 是一个 tensor(mini - batch),表示目标词
    # label 是一个 tensor(mini - batch),表示这个词是正样本还是负样本(用 0 或 1 表示)
    # 用于在训练中计算这个 tensor 中对应词的同义词,用于观察模型的训练效果
    def forward(self, center_words, target_words, label):
        # 通过 embedding_para(self.embedding)参数,将 mini - batch 中的词转换为词向量
        # 这里 center_words 和 eval_words_emb 查询的是一个相同的参数
        # 而 target_words_emb 查询的是另一个参数
        center_words_emb = self.embedding(center_words)
        target_words_emb = self.embedding_out(target_words)

        # center_words_emb = [batch_size, embedding_size]
        # target_words_emb = [batch_size, embedding_size]
        # 我们通过点乘的方式计算中心词到目标词的输出概率,并通过 sigmoid 函数估计这个词
是正样本还是负样本的概率
        word_sim = paddle.multiply(center_words_emb, target_words_emb)
        word_sim = paddle.sum(word_sim, axis = -1)
        word_sim = paddle.reshape(word_sim, shape = [-1])
        pred = paddle.nn.functional.sigmoid(word_sim)

        # 通过估计的输出概率定义损失函数,注意我们使用的是 binary_cross_entropy 函数
        # 将 sigmoid 计算和 cross entropy 合并成一步计算可以更好的优化,所以输入的是 word_
sim,而不是 pred

        loss = paddle.nn.functional.binary_cross_entropy(paddle.nn.functional.sigmoid(word
_sim), label)
        loss = paddle.mean(loss)
        # 返回前向计算的结果,飞桨会通过 backward 函数自动计算出反向结果
        return pred, loss
```

步骤 3：模型训练

完成网络定义后，就可以启动模型训练。我们定义每隔 100 步打印一次 loss，以确保当前的网络是正常收敛的。同时，我们每隔 1000 步观察一下 skip-gram 计算出来的同义词（使用 embedding 的乘积），可视化网络训练效果。

```
# 开始训练,定义一些训练过程中需要使用的超参数
batch_size = 512
epoch_num = 3
embedding_size = 200
step = 0
learning_rate = 0.001

# 定义一个使用 word - embedding 计算 cos()的函数
def get_cos(query1_token, query2_token, embed):
    W = embed
    x = W[word2id_dict[query1_token]]
    y = W[word2id_dict[query2_token]]
    cos = np.dot(x, y) / np.sqrt(np.sum(y * y) * np.sum(x * x) + 1e-9)
    flat = cos.flatten()
```

```
    print("单词 1 %s 和单词 2 %s 的 cos()结果为 %f" %(query1_token, query2_token, cos))


#通过我们定义的 SkipGram 类,来构造一个 Skip-gram 模型网络
skip_gram_model = SkipGram(vocab_size, embedding_size)
#构造训练这个网络的优化器
adam = paddle.optimizer.Adam(learning_rate = learning_rate, parameters = skip_gram_model.
parameters())

#使用 build_batch 函数,以 mini-batch 为单位,遍历训练数据,并训练网络
for center_words, target_words, label in build_batch(
    dataset, batch_size, epoch_num):
    #使用 paddle.to_tensor 函数,将一个 numpy 的 tensor,转换为飞桨可计算的 tensor
    center_words_var = paddle.to_tensor(center_words)
    target_words_var = paddle.to_tensor(target_words)
    label_var = paddle.to_tensor(label)

    #将转换后的 tensor 送入飞桨中,进行一次前向计算,并得到计算结果
    pred, loss = skip_gram_model(
        center_words_var, target_words_var, label_var)

    #通过 backward 函数,让程序自动完成反向计算
    loss.backward()
    #通过 minimize 函数,让程序根据 loss,完成一步对参数的优化更新
    adam.minimize(loss)
    #使用 clear_gradients 函数清空模型中的梯度,以便于下一个 mini-batch 进行更新
    skip_gram_model.clear_gradients()

    #每经过 100 个 mini-batch,打印一次当前的 loss,看看 loss 是否在稳定下降
    step += 1
    if step % 100 == 0:
        print("step %d, loss %.3f" % (step, loss.numpy()[0]))

    #经过 10000 个 mini-batch,打印一次模型对 eval_words 中的 10 个词计算的同义词
    #这里我们使用词和词之间的向量点积作为衡量相似度的方法
    #我们只打印了 5 个最相似的词
    if step % 2000 == 0:
        embedding_matrix = skip_gram_model.embedding.weight.numpy()
        np.save("./embedding", embedding_matrix)
        get_cos("king","queen",embedding_matrix)
        get_cos("she","her",embedding_matrix)
        get_cos("topic","theme",embedding_matrix)
        get_cos("woman","game",embedding_matrix)
        get_cos("one","name",embedding_matrix)
```

步骤 4：余弦相似度评估

由于词向量没有比较直观的评价指标，在这里我们选择采用一些词的余弦相似度来测试该模型的文本表示效果。

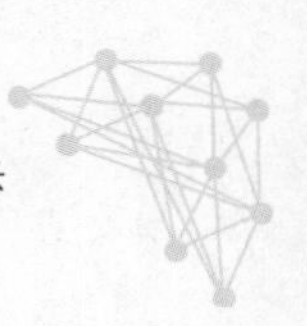


```
#定义一个使用 word-embedding 计算 cos 的函数
def get_cos(query1_token, query2_token, embed):
    W = embed
    x = W[word2id_dict[query1_token]]
    y = W[word2id_dict[query2_token]]
    cos = np.dot(x, y) / np.sqrt(np.sum(y * y) * np.sum(x * x) + 1e-9)
    flat = cos.flatten()
    print("单词 1 %s 和单词 2 %s 的 cos 结果为 %f" %(query1_token, query2_token, cos))

embedding_matrix = np.load('embedding.npy')
get_cos("king","queen",embedding_matrix)
get_cos("she","her",embedding_matrix)
get_cos("topic","theme",embedding_matrix)
get_cos("woman","game",embedding_matrix)
get_cos("one","name",embedding_matrix)
```

文本表示词语相似度输出效果如图 1-3 所示。

```
单词1 king 和单词2 queen 的cos结果为 0.946524
单词1 she 和单词2 her 的cos结果为 0.948096
单词1 topic 和单词2 theme 的cos结果为 0.896720
单词1 woman 和单词2 game 的cos结果为 0.910386
单词1 one 和单词2 name 的cos结果为 0.966487
```

图 1-3　文本表示词语相似度输出效果

1.3　实践三：基于预训练的文本表示

基于预训练的文本表示

除了上述的两种方法，还可以使用大规模预训练的语言模型进行文本表示。例如，使用 BERT 模型来对文本进行编码。

BERT 是基于 Transformer 的双向编码器，由 Google 开发，该技术于 2018 年以开源许可的形式发布。Google 称 BERT 为“第一个深度双向、无监督式语言表示，仅使用纯文本语料库预先进行了训练”。

双向模型在自然语言处理领域早已有应用。这些模型涉及从左到右以及从右到左两种文本遍历顺序。BERT 的创新之处在于借助 Transformer 学习双向表示，即词语的表示既与其上文有关，也与其下文有关。Transformer 是一种深度学习组件，不同于递归神经网络(RNN)对顺序的依赖性，它能够并行处理整个序列，因此可以分析规模更大的数据集，并加快模型训练速度。Transformer 能够使用注意力机制收集词语相关情境的信息，并以表示该情境的丰富向量进行编码，从而同时处理(而非单独处理)与句中所有其他词语相关的词语，该模型能够学习如何从句段中的每个其他词语衍生出给定词语的含义，详细的技术细节将在后面的章节进行介绍。

之前的词嵌入技术(如 Word2Vec)在没有上下文的情况下运行，生成序列中各个词语的表示，也就是说，不论在什么情景中，同一个词语的表示始终是一样的，例如，无论是指运动装备还是夜行动物，“bat”一词都会以同样的方式表示。ELMo 通过双向长短期记忆模型(LSTM)，对句中的每个词语引入了基于句中其他词语的深度上下文表示，但 ELMo 与

BERT不同,它单独考虑从左到右和从右到左的路径,而不是将其视为整个上下文的单一、统一视图。

由于绝大多数BERT参数专门用于创建高质量上下文场景化词嵌入,因此该框架非常适用于迁移学习。通过使用语言建模等自我监督任务(不需要人工标注的任务)训练BERT,可以充分利用WikiText和BookCorpus等大型无标记数据集,这些数据集包含超过33亿个词语,要学习其他任务(如问答),可以使用适合相应任务的内容替换并微调最后一层。

下面让我们使用代码来实现基于BERT预训练模型的文本表示。

使用paddlenlp.transformers的AutoModel模块来加载预训练BERT模型,transformers的AutoTokenizer模块来加载数据处理模块。

```
from transformers import AutoTokenizer
from paddlenlp.transformers import AutoModel
pretrained_model = 'bert-base-chinese'
tokenizer = AutoTokenizer.from_pretrained(pretrained_model)
model = AutoModel.from_pretrained(pretrained_model)
```

使用tokenizer将文本处理成BERT模型接收的数据格式(input_ids、token_type_ids、attention_mask),然后使用BERT模型进行编码。

```
def convert_to_tokens(texts, max_seq_len=16, step=8):
    outputs_input_ids, outputs_attention_mask, outputs_token_type_ids = [], [], []
    for i in tqdm(range(0, len(texts), step)):
        left, right = i, min(i+step, len(texts))
        output = tokenizer.batch_encode_plus(texts[left:right], max_length=max_seq_len,
pad_to_max_length=True, truncation=True, return_attention_mask=True)
        outputs_input_ids.extend(output['input_ids'])
        outputs_token_type_ids.extend(output['token_type_ids'])
        outputs_attention_mask.extend(output['attention_mask'])
    return outputs_input_ids, outputs_attention_mask, outputs_token_type_ids

def convert_to_vectors(model, input_ids, attention_masks, token_type_ids, batch_size=16):
    for i in range(0, len(input_ids), batch_size):
        left, right = i, min(i+batch_size, len(input_ids))

        sequence_output, _ = model(
            input_ids=paddle.to_tensor(input_ids[left:right]),
            token_type_ids=paddle.to_tensor(token_type_ids[left:right]),
            attention_mask=paddle.to_tensor(attention_masks[left:right])
        )
        yield sequence_output

train_output_ids, train_attention_masks, train_token_type_ids = convert_to_tokens(train_
texts, max_seq_len)

for iter, bert_vector in enumerate(convert_to_vectors(model, train_output_ids[:100], train_
attention_masks[:100], train_token_type_ids[:100], batch_size)):
```

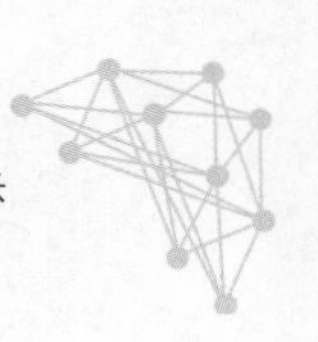


```
    print('\r' + f'[iter: {iter} / {len(train_output_ids)//batch_size}] batch_size: {batch_
size}, max_seq_length: {max_seq_len}, shape: {bert_vector.shape}', end = '', flush = True)
```

其中，convert_to_tokens 函数实现文本到序列 ID 转换，batch_encode_plus 接口直接可以将文本转换为 BERT 模型的输入格式，返回 input_ids、token_type_ids、attention_mask 等必要输入元素。其中：input_ids 为序列 ID，表示被 padding 到该批次数据中最长的文本长度；token_type_ids 标识着每个词语的来源片段（主要用在文本对任务中）；attention_mask 标识着每个词语是否是 padding 符号，用于下游任务做 attention 操作。convert_to_vectors 将上述产生的输入样本进行 BERT 模型的前向传播，获得 sequence_output 即为批量数据中每个样本的文本表示。

由于预训练模型的双向、动态编码机制，相同的词语在不同的样本中也会有不同的表示，这样获得的最终文本表示更具有可解释性，这也是近年来预训练模型被广泛采用的原因。

第2章 文本分类

文本分类任务是自然语言处理领域一项最基本的任务，绝大部分的自然语言处理任务在经过任务抽象之后，都可以归属于文本分类任务。何为文本分类？即给定一段文本描述，判断该文本所属的类型，如该文本描述是否是积极正向的，该文本描述是否是一段谣言，该文本描述的两个人物的关系是师生吗……

判断一个文本属于什么类型，归根结底就是要将文本表达的语义抽象出来，抽象成一个可以计算的、计算机可以理解的数字（串），这个数字（串）其实就是特征，也就是文本的语义特征。在第1章中，我们已经学习到文本的三种表示，分别是基于统计的表示、基于上下文的静态表示，以及基于预训练的动态文本表示。三种文本表示方式，标识着文本表示越来越趋向于可解释化。文本分类最重要的模块就是文本的语义表示，即文本特征抽取，然后将文本特征输入一个全连接神经网络，便可得到文本属于每个类型的打分（归一化后称为概率分布），这个过程可以理解为文本表示与文本分类。这里说到“神经网络”，那什么是神经网络呢？在开始正式的文本分类任务之前，我们先简单介绍神经网络的基本知识。

神经网络，是近年来机器学习领域一个新的研究方向，旨在模拟人类大脑的神经元工作机制，通过神经元之间的交互进行信息处理。

我们首先来回顾人类的神经系统是怎么样的。在生物课本中我们就学过，生物神经系统是由大量的神经细胞（神经元）组成的。人类的大脑大约有 $10^{10}\sim10^{11}$ 个神经元，每个神经元与一个或多个神经元连接，最终所有的神经元共同组成一个复杂的互联网络。对于每个神经元，通过突触接收来自其他神经元的信息，并在胞体内进行综合。有的信号起到刺激作用，有的信号起到抑制作用。每当胞体中接收到的刺激到超过一个临界值后，胞体会被激发，通过树突向其他神经元传递信号。

对比生物中我们学习的神经元（图2-1、图2-2），我们来看看人工神经网络中的神经元是什么样子的。如图2-3所示，第一部分的 $x_1,x_2,x_3,\cdots,x_n$ 就好比我们的突触接收的来自其他神经元的信号，我们称它们是神经元的输入。第二部分就像胞体内部对突触接收的信号进行整合一样，对来自不同神经元的信号，使用参数 $w_1,w_2,w_3,\cdots,w_n$ 进行加权求和处理，它一般是个多项式函数，也是神经网络中要学习训练的部分。在人类的神经元中，胞体只有在受到一定程度的刺激后才会被激发，神经网络中也有类似结构。在第三部分中，往往有一个名为激活函数（Activation Function）的存在，它的作用就是针对前面整合的信息给出一个响应，最终通过输出部分（也就是人类神经元中的树突）传递给其他神经元。

神经元是如何进行计算输出的呢？表2-1列出了神经元输出计算过程：对于输入到神经元的信息 $x_1,x_2,x_3,\cdots,x_n$，可训练的参数 $w_1,w_2,w_3,\cdots,w_n$ 分别为对应它们的权重，b

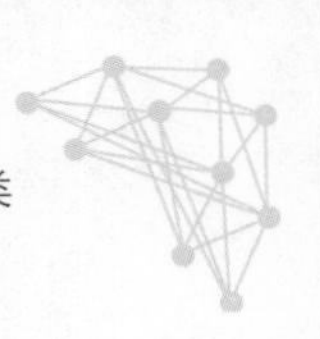

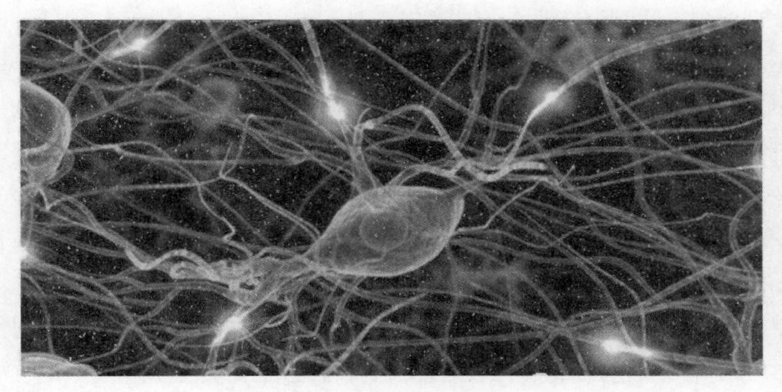

图 2-1　神经网络

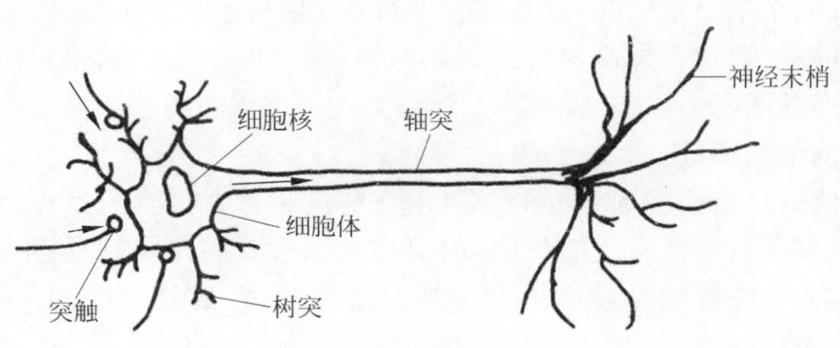

图 2-2　生物神经元结构

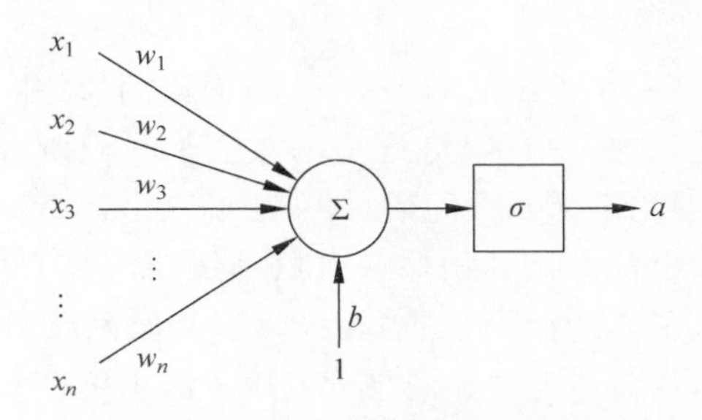

图 2-3　人工神经网络神经元

是对于这些神经元组合结果的偏置(Bias)，那么整个神经元的计算过程如下。

表 2-1　神经元输出计算过程

输入	$x_1, x_2, x_3, \cdots, x_n$
过程 1	针对输入的 $x_1, x_2, x_3, \cdots, x_n$ 与权重进行点乘操作：$y_0 = x_1w_1 + x_2w_2 + x_3w_3 + \cdots + x_nw_n$
过程 2	对于得到的 y_0 进行加偏置的操作：$y_1 = y_0 + b$
过程 3	对于得到的 y_1 用激活函数进行激活：$Z = F(y_1)$，如图 2-3 中的 σ 激活函数(sigmoid 激活函数)
输出	Z 即为神经元的输出，如图 2-3 中的 a

神经网络是如何学习的呢？神经网络的学习过程我们一般称为训练，类似于人类的学习过程。比如，在从未见过狗的时候，我们并不知道什么是狗，但是当我们见到狗的时候，不断地有人告诉我们这是中华田园犬、这是柯基、这是柴犬，慢慢地，在重复地接受了许多狗的信息后，我们的神经系统自动地凝练了狗的特征，当有一天遇见一只之前从未见过的斗牛犬的时候，我们仍然可以根据已经学习到的知识，辨认出这是一只狗，这就是人类的学习过程。神经网络的训练过程与的学习过程相似，一个新的神经网络就像一个新生的婴儿，对我们要解决的问题一无所知，这时我们就需要给网络送入许多带有标注的数据。当一个网络接收这些图像后，根据设计的网络结构进行计算，输出这张图片是狗或不是。刚开始训练时，由于网络从未见过狗的样子，它很难输出正确的答案，这时我们就要用网络输出的答案和我们真实的标注标签做对比，如果错误，我们会通过一个叫作损失函数(Loss Function)的东西去告诉网络，它输出的结果是错误的，以及要如何调整才能促进网络的学习。通过将带标注的数据不断地输入网络，通过损失函数持续纠正网络，最终网络会得到较好的计算结果，也就是能预测正确大多数的图像，这个时候我们就认为神经网络学习到了相应的知识，上述整个过程就叫作神经网络的训练。

神经网络预测就是指使用训练好的神经网络的过程。在预测的过程中，输入网络的不是带有标注的数据，而是不带标注的数据，因此在预测过程中，神经网络不会再被告知输出的结果是否准确，而训练好的参数也不会再被修改，只会根据我们的输入输出相应的计算结果。

上面我们提到了两个关键的概念：激活函数与损失函数，这两个函数究竟是做什么的呢？

激活函数就是控制神经元是否激活的关键，在前面讲到，在神经元中会对所有的输入进行加权求和，之后会对结果施加一个函数，这个函数就是我们所说的激活函数，如图 2-4 所示。如果神经元的输出不使用激活函数的话，每一层的输出都是输入的线性组合，不管叠加多少层神经网络，最后的输出都是最开始输入数据的线性组合。激活函数具有非线性的性质，因此给神经元输出引入了非线性因素，当加入多层神经网络时，可以使神经网络拟合任何线性函数及非线性函数，从而使得神经网络可以用于解决更多非线性问题。

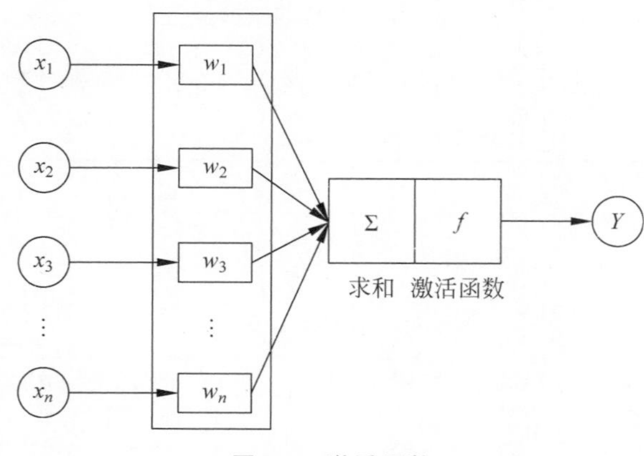

图 2-4 激活函数

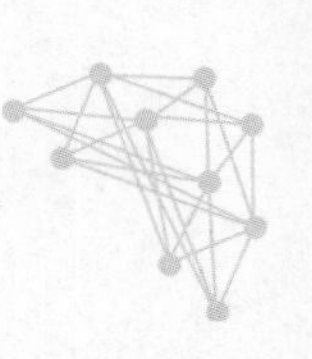

理想的激活函数应将输入值映射为 1 或 0，分别对应神经元激活状态和神经元抑制状态。具备这个性质的最有代表性的函数就是阶跃函数：$F(x)=\begin{cases}1, & x>0\\0, & x<0\end{cases}$。通过阶跃函数的曲线我们会发现，这样的激活函数不光滑、不连续，使用这类激活函数，会导致神经元学习的过程不易实现。

最为经典的激活函数有 Sigmoid 函数、Tanh 函数等，这类激活函数均为 s 型曲线，可以轻易实现非线性激活，但是存在激活饱和区，容易造成学习过程中出现梯度消失（gradient vanishing）或者梯度爆炸（gradient exploding）的情况，后来 ReLU 激活函数及其一系列变体，在实现非线性激活的同时，更能有效抑制梯度消失与爆炸的问题，成为应用最为广泛的激活函数。上述三种激活函数的图像如图 2-5 所示。

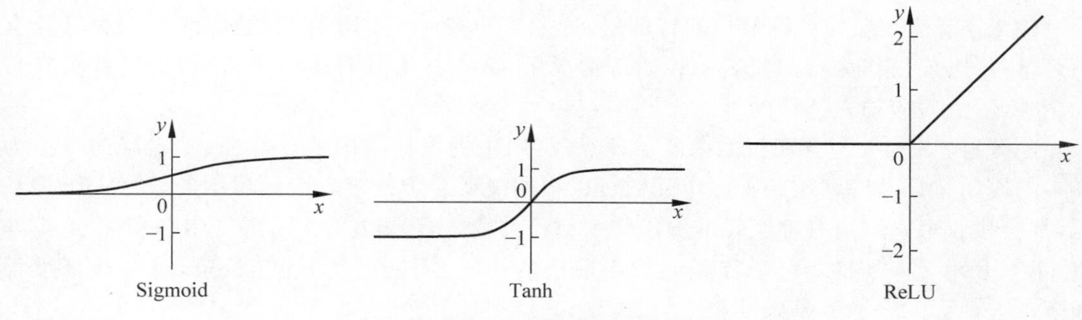

图 2-5　三种激活函数图像

损失函数是用来衡量预测值和真实值之间的距离的一种函数，一般情况下，损失函数计算得到的值越大，说明预测的结果和真实值的差异越大。针对不同类型的问题，应用的损失函数也不尽相同，比如，在做回归任务时，我们一般使用均方误差损失，即真实值与预测值的差平方，训练该回归任务的目标就是使该均方误差损失值（误差值）越小。对于分类任务，我们通常使用交叉熵损失函数，该损失函数会使分类输出的标签概率分布尽量接近真实的概率分布，越接近损失值越小，因此训练分类任务的目标就是使真实标签分布与预测标签分布最大程度相似。

学习了神经网络中相关的概念之后，接下来的章节中，我们详细介绍一种经典的深度学习算法——全连接神经网络。

本章我们介绍了神经元的工作机制，即将所有输入到该神经元的值进行加权求和，权重也称为参数，就是我们模型要学习的“知识”。获得加权求和值之后，我们得到该神经元的输出，但是此时的输出并非该神经元的最终输出，因为其不具备“非线性”。因此我们需要在该神经元的计算结果输出前将其进行激活，将激活值作为神经元的最终输出。

通常情况下，每一层都会具有很多个神经元，这些神经元接收上一层所有神经元的输出作为当前层神经元的输入，每个神经元都对应一部分可以学习的权重参数，将相同的输入进行不同的权重组合进行输出，因此可以学习到多种角度的知识。

典型的全连接神经网络的结构如图 2-6 所示，从左至右每一层分别为：输入层、隐藏层 1、隐藏层 2、输出层。下面我们分别介绍每一层的输入、输出及功能。

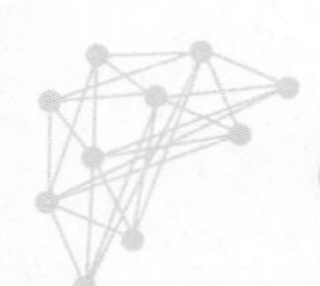

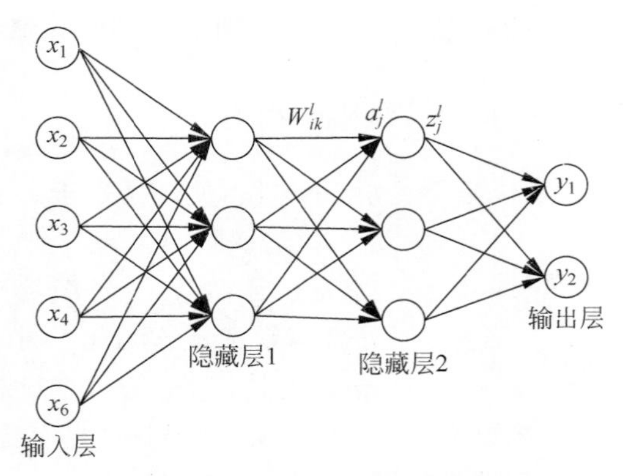

图 2-6　全连接神经网络的结构

输入层：输入层即训练数据的特征层，这一层的神经元并非真正的神经元，因为其具有不可学习性，仅仅作为特征值表示。通常情况下，数据样本具有多少个特征，该层就具有多少个神经元，对应输入特征的维度。

隐藏层：图 2-6 包含两层的隐藏层，隐藏层用来提取样本的抽象特征（输入层的特征为样本的原始特征），隐藏层的神经单元数可以根据需要合理指定。隐藏层中的任意一个神经元，都会接收上一层所有神经元的输出作为自己的输入，隐藏层学习的参数为一个权重矩阵 W^l，W_{ik}^l 表示上一层的第 i 个神经元与当前层的第 k 个神经元的连接权重，具体计算过程如下。

$$a^l = f^l(W^l a^{l-1} + b^l)$$

其中，a 为神经元的值，b 为偏置项，f 为激活函数，l 为层数。隐藏层的计算过程是迭代、串行计算的，每一层神经元输出值的组合构成该层提取到的新的抽象特征，因此，最后一层隐藏层神经元的输出对应样本最终的特征表示。

输出层：输出层又称为回归层或者分类器层。当全连接神经网络用来实现一个回归任务时，此时的输出层为回归层，只包含一个神经单元，且通常不使用激活函数。当全连接神经网络用来实现一个分类任务时，此时的输出层为分类器层，包含的神经单元数为分类的类别数，通常会使用 Softmax 激活函数将神经元的输出映射为和为 1 的概率分布值，对应该样本被分类为各个类型的概率，取概率最大的类作为预测结果。

上述三个阶段从前往后执行对应神经网络的前向传播，至此我们已经知道：模型所能学习到的知识，都会存在各个层的参数中。那么，随机初始化的参数值是如何学习，最终变成可靠、有效的参数值呢？与前向传播对应的操作为反向传播，模型正是通过反向传播计算，从后往前一步步更新每一层的参数，最后使其收敛到性能稳定的参数值上。

反向传播是如何工作的呢？中学时期我们学习过求导规则，我们求得函数在某一点的导数，对应在某一点该函数取值的变化趋势，在该点的函数取值加上该点的导数取值，即为下一点的函数取值，该过程中的导数值也可以称为梯度。与此过程一致，反向传播过程正是通过计算参数的梯度值，获取参数的变化幅度，然后更新参数值，使参数向着最优的取值递进。此时，损失函数正是我们计算梯度的依据。训练模型时的优化目标是使损失函数能取到最小值，损失值若想快速达到最低点或者局部最低点，参数必须沿着“最陡峭”的方向下

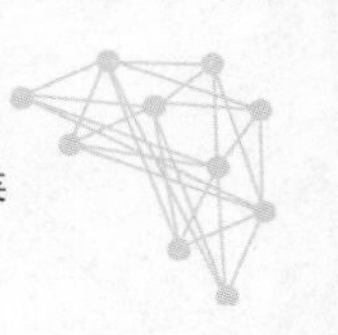

降，这个“最陡峭”的方向就是梯度的方向。因此，利用损失函数，从后往前一步步计算每一层参数的梯度，获取参数的最大变化量，更新参数，然后对更新的参数，进一步进行前向传播，如此循环迭代，当损失函数值达到一个稳定值不再下降时，参数就被调整到了最合适的取值，训练结束。

了解了神经网络的工作机制，下面我们将介绍文本分类的详细过程——文本表示与文本分类。

(1) 文本表示

在前文中，我们学习到如何将文本表示为一个向量，即将文本表示为计算机可以处理的数字数据形式。对于一个文本，其基本组成单位是字或词，早期的自然语言处理，采用 one-hot 方式表示文字，首先构造一个大小为 N 的大词典，每个词对应的位置下标为 $0\sim N-1$ 之间的数，然后我们初始化一个长度为 N、元素值为 0 的向量，对文章分词之后，从头到尾遍历分词的列表，遇到一个词，就把该词所对应的下标的位置设置为 1，这样便可以将一篇文章表示为一个数字向量了。但是这样的表示首先跟文章中词的顺序是无关的，其次也没有办法表示词的语义，一旦遇到词典中没有的词就没法处理了。

后来，有学者提出，我们可以使用一个向量来表示一个词，也就是词的分布式表示（词向量）或者词嵌入（Word Embedding）。在训练模型的过程中，也训练词的表示，使意思相近的词在向量空间尽量接近，而意思不同的词在向量空间尽量远离，这样词的表示就具备了语义特征了，但还是无法处理字典没有的词。为了处理简单，专门留出一个特殊符号来代表所有不在字典中的词，这样我们就得到了具备语义的词表示去进行后面的操作了，注意，每个词向量必须作为一个整体使用，也就是说，词向量里面的每个元素单独来说都是无意义的，合起来一个完整的向量才能有意义。将每个词表示为向量后，我们就可以把一个文本（由多个字或词组成）表示为一个矩阵了，然后我们将这个矩阵输入编码器中，完成对整个文本的编码。什么是编码器呢？

编码器的作用就是将上述表示的词语矩阵，凝练、压缩成为更加抽象的语义特征：特征向量。传统的方法有以下几种。

① 词向量求平均。即直接将文本矩阵中每个词向量的每一维相加起来再求平均（保证所有不等长句子的尺度是一致的），构成一个新的语义向量，这样的表示最为简单。但是我们能发现，简单求平均，意味着每个词语的重要性是一致的，显然这并不符合我们的语言逻辑，正如我们讲话，总有某几个词语可以代替我们整个句子的含义，也就是说，这几个重要的词语，我们应该重点表示才对。

② 神经网络。典型的，一个文本通常由几个短语或者语言结构组成，一个短语或语言结构分开与合并的语义可能大不相同，比如句子可以切分为主谓宾三种成分，或者“花钱”与“花”/“钱”表示的语义千差万别，所以，如何能有效地识别这些结构成分，对文本最终的语义表示将有很大的帮助。有学者提出了一种卷积神经网络（CNN），如图 2-7 所示。

图 2-7 中**卷积层**与**池化层**串联处理文本的矩阵向量。对文本进行卷积操作时，卷积核的长度必须为词表示的维度，因为词表示向量必须作为一个整体时才有意义。如图 2-7 中黑色框所示，我们采用的卷积核的大小为 2×7，这样我们就可以提取到每两个词进行组合时获得的特征。换句话说，高度为 2 的卷积核，能够提取到长度为 2 个词构成的短语特征，而

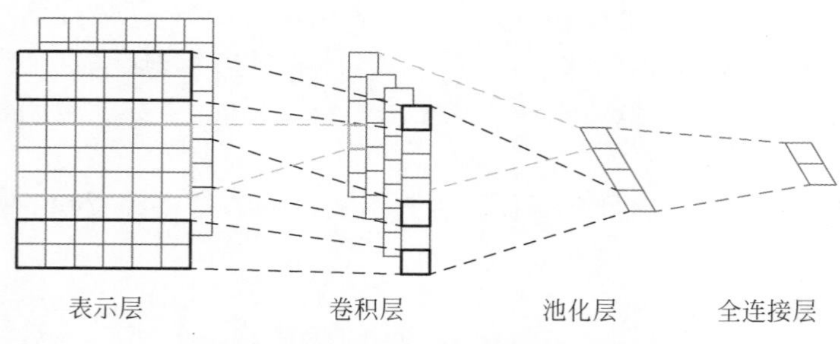

图 2-7　基于 CNN 的文本分类方法框架

当我们使用浅灰框展示的 3×7 的卷积核时，我们可以提取到长度为 3 个词构成的短语特征。对于同一个尺寸的卷积操作，我们可以使用多个不同的卷积核从多个方面进行特征抽取，这样就能得到文本不同的特征，特征越丰富，越有助于后面的分类判断。

池化层是做什么的呢？卷积层后一般都会跟池化层，用于特征降维。从图 2-7 中可以看到，每种尺寸的多个卷积核计算之后，都会得到多个特征映射（每个卷积核对应生成一个特征向量），因为我们认为同一个卷积核它专注于提取一个方面的特征，因此，我们需要把这个卷积核所提取到的那个最具有意义的特征找出来，而不是用到整个特征向量。常用的池化操作有两种，一种是最大池化（Max-Pooling），即取整个特征向量的最大值，可用于提取最显著的特征；另一种是平均池化（Mean-Pooling），即取整个特征向量的平均值，可用于提取普遍的特征。经过池化操作后，将特征映射的维度减小，拼接起来构成了代表文本的显著的（普遍的）特征表示。CNN 是一种轻量、高效的文本特征抽取方法，但是由于其自身的缺陷性（只能提取局部语义特征），逐渐被其他方法所取代，后面章节会详细介绍。

（2）文本分类（分类器）

分类器本质上是一个全连接层，在得到文本特征表示之后，我们定义一个简单的分类器：全连接层＋Softmax 层。假如我们对文本进行二分类，那么全连接层将文本特征映射为最终的二维向量（长度为 2 的类别打分），然后对二维向量使用 Softmax 激活函数，将输出转化为概率分布，它代表将文本分类为每个类别的概率值，取最大概率值对应下标所对应的类作为文本的分类结果。

我们注意到，基于 CNN 的方法在处理文本数据时有一个小小的缺陷，那就是我们只能处理在卷积核内部所能感知到的区域中的词的关联性，卷积核外的词无法被感知到。文本数据有一个很大的特征是时序性，或者说语义的前后连贯性，只有充分考虑了所有词的语义，我们最后才能完整地理解文本所表达的含义，显然，基于 CNN 的方法无法建模这种语义连贯性，因此下面我们将以实践的形式，详细介绍如何学习具有时序特征的文本的表示。

基于 BiLSTM 的文本分类

2.1　实践一：基于 BiLSTM 的文本分类

社交媒体的发展在加速信息传播的同时，也带来了虚假谣言信息的泛滥，往往会引发诸多不安定因素，并对经济和社会产生巨大的影响。在新型冠状病毒感染疫情防控的关键期，网上各种有关疫情防控的谣言接连不断，从“钟南山院士被感染”到“10 万人感染肺炎”等，

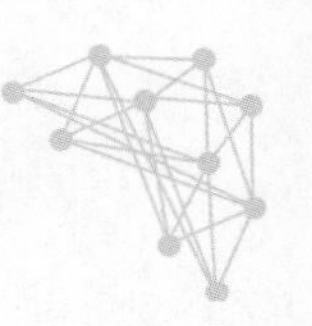

这些不切实际的谣言"操纵"舆论,误导了公众的判断,影响了社会稳定。因此谣言检测变得极为重要。

本次实践使用基于长短时记忆网络(LSTM)构建了谣言检测模型,将文本中的谣言事件向量化,通过 LSTM 网络的学习训练来挖掘表示文本深层的特征,避免了特征构建的问题,并能发现那些不容易被人发现的特征,从而产生更好的效果。本实践代码运行的环境配置如下: Python 版本为 3.7,PaddlePaddle 版本为 2.0.0 以上,操作平台为 AI Studio。

步骤 1: 数据准备

本次实践所使用的数据是从新浪微博不实信息举报平台抓取的中文谣言数据,数据集中共包含 1538 条谣言和 1849 条非谣言。如图 2-8 所示,每条数据均为 JSON 格式,其中 text 字段代表微博原文的文字内容。更多数据集介绍请参考 https://github.com/thunlp/Chinese_Rumor_Dataset。


```
{
"multi":null,
"text":"【每日一书】《全球通史》[美] 斯塔夫里阿诺斯 著 北京大学出版社这部潜心力作自
"user":{
"verified":true,
"description":true,
"gender":"m",
"messages":23602,
"followers":6065984,
"location":"广东 广州",
"time":1251448522,
"friends":1550,
"verified_type":3
},
"has_url":false,
"comments":125,
"pics":1,
"source":"定时showone",
"likes":0,
"time":1333976404,
"reposts":365
}
```


图 2-8　数据格式

首先需要解压数据,读取并解析数据,生成数据文件 all_data.txt,根据全部文本数据生成数据字典,即 dict.txt,然后进行训练集与验证集的划分,train_list.txt 和 eval_list.txt,最后定义训练数据集提供器,方便模型训练。

```
if(not os.path.isdir(target_path)):
    z = zipfile.ZipFile(src_path, 'r')
    z.extractall(path = target_path)
z.close()
```

为了构建数据和标签的对应关系我们需要设置两个标签,并解析数据。

```
rumor_label = "0"
non_rumor_label = "1"
```

遍历所有的数据生成数据字典。

```
def create_dict(data_path, dict_path):
    with open(dict_path, 'w') as f:
        f.seek(0)
        f.truncate()
    dict_set = set()
    # 读取全部数据
    with open(data_path, 'r', encoding='utf-8') as f:
        lines = f.readlines()
    # 把数据生成一个元组
    for line in lines:
        content = line.split('\t')[-1].replace('\n', '')
        for s in content:
            dict_set.add(s)
    # 把元组转换成字典,一个字对应一个数字
    dict_list = []
    i = 0
    for s in dict_set:
        dict_list.append([s, i])
        i += 1
    # 添加未知字符
    dict_txt = dict(dict_list)
    end_dict = {"<unk>": i}
    dict_txt.update(end_dict)
    end_dict = {"<pad>": i+1}
    dict_txt.update(end_dict)
    # 把这些字典保存到本地中
    with open(dict_path, 'w', encoding='utf-8') as f:
        f.write(str(dict_txt))
```

在飞桨框架中，推荐使用 paddle.io.DataLoader 的方式对数据进行加载。

```
class RumorDataset(paddle.io.Dataset):
    def __init__(self, data_dir):
        self.data_dir = data_dir
        self.all_data = []
        with io.open(self.data_dir, "r", encoding='utf8') as fin:
            for line in fin:
                cols = line.strip().split("\t")
                if len(cols) != 2:
                    sys.stderr.write("[NOTICE] Error Format Line!")
                    continue
                label = []
                label.append(int(cols[1]))
                wids = cols[0].split(",")
                if len(wids)>=150:
                    wids = np.array(wids[:150]).astype('int64')
                else:
                    wids = np.concatenate([wids, [vocab["<pad>"]] * (150 - len(wids))]).
astype('int64')
                label = np.array(label).astype('int64')
```

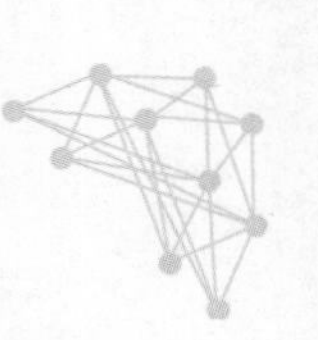


```
                self.all_data.append((wids, label))
        def __getitem__(self, index):
            data, label = self.all_data[index]
            return data, label
        def __len__(self):
            return len(self.all_data)

train_dataset = RumorDataset(os.path.join(data_root_path, 'train_list.txt'))
test_dataset = RumorDataset(os.path.join(data_root_path, 'eval_list.txt'))

train_loader = paddle.io.DataLoader(train_dataset, places = paddle.CPUPlace(), return_list =
True, shuffle = True, batch_size = batch_size, drop_last = True)
test_loader = paddle.io.DataLoader(test_dataset, places = paddle.CPUPlace(), return_list =
True, shuffle = True, batch_size = batch_size, drop_last = True)
```

步骤 2：搭建长短时记忆网络模型

数据准备的工作完成之后，接下来我们将动手来搭建一个谣言检测模型，进行文本特征的提取，从而判断一个 claim（可能是一句话，也可能是一个段落甚至是一篇文章）是真还是假。我们使用一个循环神经网络 RNN 的变体结构 LSTM 网络构建。

（1）模型定义。

1997 年，人工智能研究所的主任 Jurgen Schmidhuber 提出长短期记忆模型（LSTM），LSTM 使用门控单元及记忆机制缓解了早期 RNN 训练时梯度消失及梯度爆炸的问题。长短记忆神经网络通常称作 LSTM，是一种特殊的 RNN，能够学习长的依赖关系。他们由 Hochreiter&Schmidhuber 引入，并被许多人进行了改进和普及。他们在各种各样的问题上工作得非常好，现在被广泛使用。

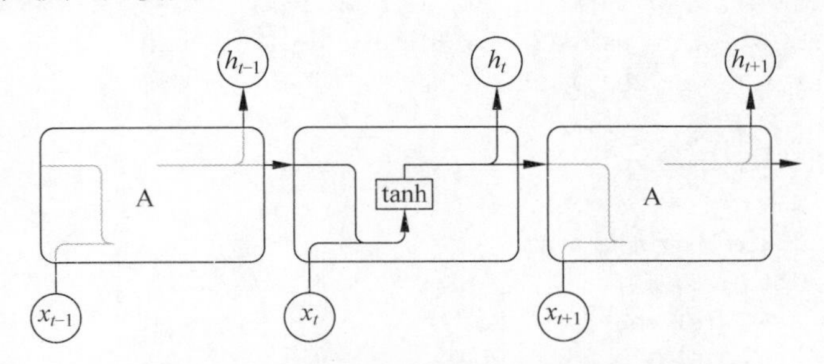

图 2-9　标准 RNN 中重复模块的单层神经网络

LSTM 是为了避免长依赖问题而精心设计的。记住较长的历史信息实际上是他们的默认行为，而不是他们努力学习的东西。所有循环神经网络都具有神经网络的重复模块链的形式。在标准的 RNN 中，该重复模块（如图 2-9 中的 A 代表各个层是重复、相同的参数、结构）将具有非常简单的结构，例如单个 tanh()层。LSTM 也拥有这种链状结构，但是重复模块则拥有不同的结构，如图 2-10 所示。与神经网络的简单的 1 层相比，LSTM 拥有 4 层，这 4 层以特殊的方式进行交互。

在了解了 LSTM 网络后，接下来就可以使用飞桨深度学习开源框架来搭建一个 LSTM 网络来解决谣言检测问题，其中，embedding 为 paddlepaddle 框架实现的词语 ID 转词向量

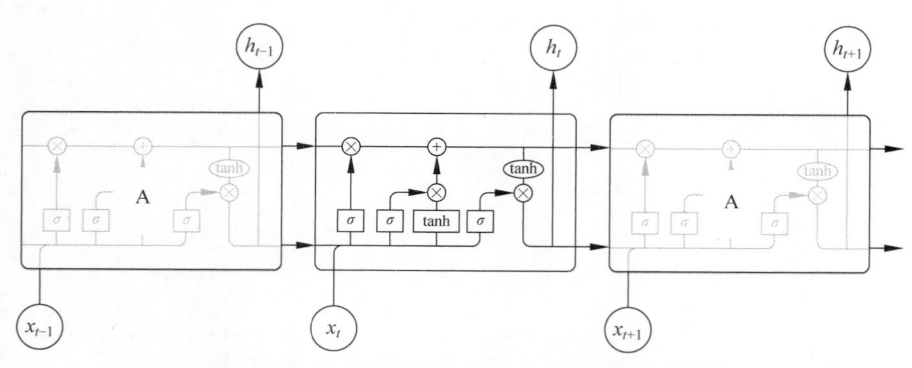

图 2-10　LSTM 中的重复模块包含的 4 层交互神经网络层

的类，构造函数的输入为词表大小、词向量维度，linear 为全连接层，本质上为线性变换类，构造函数的参数为输入输出维度，LSTM 为封装的 LSTM 类，构造函数参数为输入输出维度，也可以指定 LSTM 的方向，默认为 forward，即单向 LSTM。

```
Class LSTM(paddle.nn.Layer):
    def __init__(self):                                          # 参数初始化
        super(RNN, self).__init__()
        self.dict_dim = vocab["<pad>"]
        self.emb_dim = 128
        self.hid_dim = 128
        self.class_dim = 2
        self.embedding = Embedding(                              # embedding
            self.dict_dim + 1, self.emb_dim,
            sparse = False)
        self._fc1 = Linear(self.emb_dim, self.hid_dim)           # 线性层
        self.lstm = paddle.nn.LSTM(self.hid_dim, self.hid_dim)   # LSTM
        self.fc2 = Linear(19200, self.class_dim)                 # 线性层

    def forward(self, inputs):                                   # 前向计算网络
        # [32, 150]
        emb = self.embedding(inputs)
        # [32, 150, 128]
        fc_1 = self._fc1(emb)
        # [32, 150, 128]
        x = self.lstm(fc_1)
        x = paddle.reshape(x[0], [0, -1])
        x = self.fc2(x)
        return x
```

paddle.nn.LSTM 是长短期记忆网络（LSTM），根据输出序列和给定的初始状态计算返回输出序列和最终状态。在该网络中的每一层对应输入的 step，每个 step 根据当前时刻输入 x_t 和上一时刻状态 h_{t-1}，c_{t-1} 计算当前时刻输出 y_t 并更新状态 h_t，c_t。

（2）损失函数。

接着是定义损失函数，这里使用的是交叉熵损失函数，该函数在分类任务上比较常用。

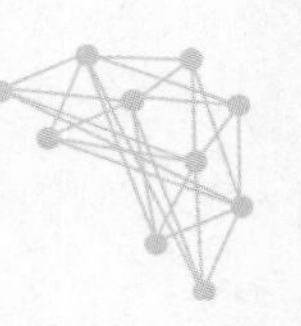

定义了一个损失函数之后，还要对它求平均值，因为定义的是一个 Batch 的损失值。同时还可以定义一个准确率函数，可以在训练的时候输出分类的准确率。

```
# 获取损失函数和准确率
logits = model(sent)
loss = paddle.nn.functional.cross_entropy(logits, label)
acc = paddle.metric.accuracy(logits, label)
```

（3）优化方法。

接着定义优化算法，这里使用的是 Adam 优化算法，指定学习率为 0.001。

```
# 定义优化方法
opt = paddle.optimizer.Adam(learning_rate = 0.001,parameters = model.parameters())
```

步骤 3：模型训练

在上一步骤中定义好了网络模型，即构造好了核心 train()函数，在正式进行网络训练前，首先进行参数初始化。

```
vocab_size = len(word_dict) + 1
emb_size = 256
seq_len = 200
batch_size = 32
epochs = 5
```

之后就可以进行正式的训练了，本实践中设置训练轮数 5。在每轮训练中，每 500 个 batch，打印一次训练平均误差和准确率。每轮训练完成后，使用验证集进行一次验证。

```
# 开始训练
def train(model):
    model.train()
    opt = paddle.optimizer.Adam(learning_rate = 0.001, parameters = model.parameters())
    steps = 0
    Iters, total_loss, total_acc = [], [], []
    for epoch in range(epochs):
        for batch_id, data in enumerate(train_loader):
            steps += 1
            sent = data[0]
            label = data[1]
            logits = model(sent)
            loss = paddle.nn.functional.cross_entropy(logits, label)
            acc = paddle.metric.accuracy(logits, label)
            if batch_id % 500 == 0:
                Iters.append(steps)
                total_loss.append(loss.numpy()[0])
                total_acc.append(acc.numpy()[0])
                print("epoch: {}, batch_id: {}, loss is: {}".format(epoch, batch_id, loss.numpy()))
            loss.backward()
```

```
        opt.step()
        opt.clear_grad()
```

训练完成后，使用飞桨提供的 paddle.save 进行模型保存。

```
paddle.save(model.state_dict(),str(epoch) + "_model_final.pdparams")
```

步骤 4：模型评估

通过观察训练过程中误差和准确率随着迭代次数的变化趋势，可对网络训练结果进行评估。使用 test_loader 对模型进行验证得到最终的准确率为 0.89。通过图 2-11 可以观察到，在训练和验证过程中平均误差是在逐步降低的，与此同时，准确率逐步趋近于 100%。

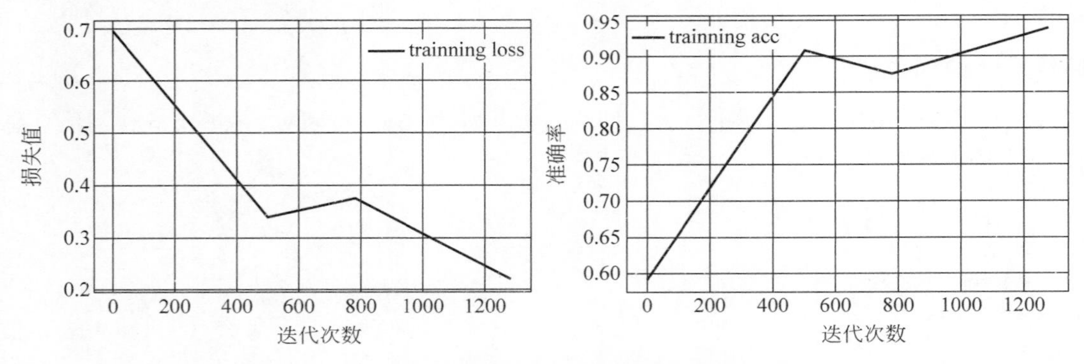

图 2-11　损失值/训练准确率随迭代次数变化趋势

```
for batch_id, data in enumerate(test_loader):

    sent = data[0]
    label = data[1]

    logits = model(sent)
    loss = paddle.nn.functional.cross_entropy(logits, label)
    acc = paddle.metric.accuracy(logits, label)

    accuracies.append(acc.numpy())
    losses.append(loss.numpy())

avg_acc, avg_loss = np.mean(accuracies), np.mean(losses)
print("[validation] accuracy: {}, loss: {}".format(avg_acc, avg_loss))
```

步骤 5：谣言信息预测

前面的步骤 3 已经进行了模型训练，并保存了训练好的模型。接下来就可以使用训练好的模型进行谣言预测了。为了进行预测，我们任意选取 1 个文本数据。我们把文本中的每个词对应到 dict 中的 ID。如果词典中没有这个词，则设为< unk >。然后我们用 model.eval()来使用模型预测结果。

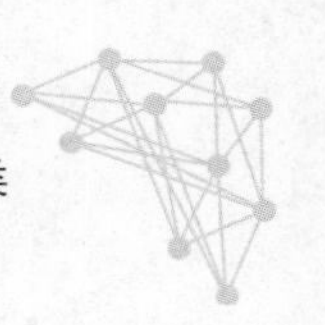


```
model_state_dict = paddle.load('model_final.pdparams')
model = RNN()
model.set_state_dict(model_state_dict)
model.eval()
sent = data[0]
results = model(sent)
```

训练集用于训练模型，验证集用于进行错误分析，测试集用于系统的最终评估，下面我们展示一条测试集的预测结果。

测试文本输入：

【SoLoMo】美国 KPCB 老大约翰·杜尔今年 2 月的时候第一次提出了 SoLoMo 这个概念，他把最热的三个关键词整合到了一起：Social(社交)、Local(本地化)和 Mobile(移动)。过去几年，我一直在投资移动互联网和社区公司，也顺应了这个潮流，米聊争取成为这个潮流最火爆的产品。欢迎更多的人

预测结果：

否(非谣言数据)

模型结构和编码特征对于该任务非常重要，目前仍有很大的提升空间，可以通过打印一些预测错误的文本数据来分析模型的进步空间。通过曲线图发现模型尚未过拟合，也可以增加迭代轮数继续训练观测指标曲线变化趋势。在后文中，我们会继续引入更适合的模型和调优策略。

2.2 实践二：基于 Attention 机制的文本分类

基于 Attention 机制的文本分类

LSTM 一定程度上解决了序列数据前后依赖问题，但是在增长文本长度时，后面的序列学习会逐渐"遗忘"历史的信息，并且无法突出重点词语在整个文本语义表示中的重要性，注意力(Attention)机制有效地弥补了这一缺陷。接下来我们以实践的方式介绍基于 Attention 机制的文本分类。

本次实践基于 LSTM 获取词语的上下文表示，然后基于 Attention 机制，构建文本的语义特征进行分类。实践代码运行的环境配置如下：Python 版本为 3.7，PaddlePaddle 版本为 2.0.0 以上，操作平台为 AI Studio。

步骤 1：加载数据

本次实践使用的数据集为新闻分类(https://aistudio.baidu.com/aistudio/datasetdetail/16287)，与 2.1 节一致，首先查看数据集格式，然后将数据集封装为 paddlepaddle 的标注数据类形式。该数据集包含 14 类新闻文本，涵盖财经、彩票、房产等领域，且文本长度较长，远超 LSTM 有效时序建模的最大长度。本数据集数据格式如下：

国足 11 月西亚行会中超老友鲁能新援鸿门宴意欲何为　　记者张远济南报道由于在亚洲杯预赛上，中国和黎巴嫩同在 D 组……　　体育

其中，文本部分包含标题与新闻正文，新闻类型为"体育"类型。了解数据集之后，开始

预处理数据。前面2.1节对所有的词语都进行保留，实际上，保留全部词语作为字典是不合理的，某些低频词、语气词（停用词）等本质上不会对文本的整体语义有重大影响，因此可以将这部分词语先去掉，保留对整体贡献较大的词语即可。

```
# 加载停用词
def load_stop_words(file_path):
    out = {}
    with open(file_path, 'r', encoding = 'utf - 8')as f:
        for word in f.read().splitlines():
            if word != '':
                out[word] = 1
    return out

def sort_and_write_words(all_words, stop_words, file_path):
    # words 是所有语料构成的 list，且已经经过分词
    words = list(chain( * all_words))
    words_vocab = Counter(words).most_common()
with open(file_path, 'w', encoding = 'utf8') as f:
# [UNK]: 表示未知词语，所有不在词表中的词均使用该符号表示
# [PAD]: 对于不足最大长度的文本，用该符号扩充到最大长度
        f.write('[UNK]\n[PAD]\n')
        # 过滤低频词，此处定义词频< 5 的词语为低频词
        for word, num in tqdm(words_vocab, total = len(words_vocab)):
            if num < 5 or word in stop_words:
                continue
            f.write(word + '\n')

#遍历 train,dev,test 三个文件，去掉文件中空格
all_words = []
for root, dirs, files in os.walk(data_folder):
# for file_name in root[2]:
    for file_name in files:
        print(os.path.join(root, file_name))
        with open(os.path.join(root, file_name), "r") as f:
            for index, line in enumerate(f):
                if index == 0:
                    continue

                if file_name in ["train.txt", "dev.txt"]:
                    text, label = line.strip().split("\t")
                elif file_name == "test.txt":
                    text = line.strip()
                else:
                    continue
                words = jieba.lcut(text)
                #去掉空字符，实现字典中没有空字符
                words = [word for word in words if word.strip() != '']
                all_words.append(words)
```

```
# 写入词表,构建字典
stop_words = load_stop_words(f'{data_folder}/stop_words.txt')
sort_and_write_words(all_words, stop_words, f"{data_folder}/vocab.txt")
```

接下来,将数据集封装为 paddlepaddle 的标准格式,继承 Dataset 类,重写__getitem__、__len__内置函数,用于数据集乱序等操作。

```
class NewsData(paddle.io.Dataset):
    def __init__(self, data_path, mode = "train"):
        is_test = True if mode == "test" else False
        self.label_map = { item:index for index, item in enumerate(self.label_list)}
        self.examples = self._read_file(data_path, is_test)
    # 读取数据
    def _read_file(self, data_path, is_test):
        examples = []
        with open(data_path, 'r', encoding = 'utf-8') as f:
            for index, line in enumerate(f):
                if index == 0:
                    continue

                if is_test:
                    text = line.strip()
                    text = text[:max_seq_len]
                    examples.append((text,))
                else:
                    text, label = line.strip('\n').split('\t')
                    # 文本截断,文本最大长度定义为 max_seq_len
                    text = text[:max_seq_len]
                    # 将标签转换为 ID 形式
                    label = self.label_map[label]
                    examples.append((text, label))
        return examples

    def __getitem__(self, idx):
        return self.examples[idx]

    def __len__(self):
        return len(self.examples)

    # 方法 label_list 当属性用,调用时无需加括号
    @property
    def label_list(self):
        return ['财经', '彩票', '房产', '股票', '家居', '教育', '科技', '社会', '时尚', '时政',
'体育', '星座', '游戏', '娱乐']

# 构建训练/评估/测试集
train_ds = NewsData(f"{data_folder}/train.txt", mode = "train")
dev_ds = NewsData(f"{data_folder}/valid.txt", mode = "dev")
test_ds = NewsData(f"{data_folder}/test.txt", mode = "test")
```

```
print("Train data:")
for text, label in train_ds[:5]:
    print(f"Text: {text}; Label ID {label}")

print()
print("Test data:")
for text, in test_ds[:5]:
    print(f"Text: {text}")
```

数据集样本输出结果如图 2-12 所示。

```
Train data:
Text: 骑士总经理位置恐难保布朗下课后首发声明谢球队      新浪体育讯  北京; Label ID 10
Text: 国足11月西亚行会中超老友鲁能新援鸿门宴意欲何为      记者张远济南; Label ID 10
Text: 清华大学考研分数线公布18日开始复试和体检      北京考试报讯(实习; Label ID 5
Text: 湖人最独一战四年仅两次10年铁证他们这是自找输球      新浪体育讯  ; Label ID 10

Test data:
Text: 昌平京基鹭府10月29日推别墅1200万套起享97折      新浪房产
Text: 5月成交量创21月新高上海住宅投资热透支需求      郝倩      编者按:
Text: 5月15日东亚新华成功举办百姓置业大讲堂第二期(7)      所以你希
Text: 明年一季度楼市或现小幅下跌总体行情趋平淡      如果没有国际金融危机
Text: 近期优惠项目推荐通州特价房单价降万元      【近期优惠项目推荐】
```

图 2-12　数据集样本输出结果

构建完数据集类，使用 DataLoader 进行封装，将句子词语序列转化为 ID 序列，将句子填充到指定长度，指定训练的 batch size 等参数。

```
def create_dataloader(dataset,
                      trans_fn = None,
                      mode = 'train',
                      batch_size = 1,
                      use_gpu = False,
                      batchify_fn = None):
    if trans_fn:
        dataset = MapDataset(dataset)
        dataset = dataset.map(trans_fn)

    if mode == 'train' and use_gpu:
        sampler = paddle.io.DistributedBatchSampler(
            dataset = dataset, batch_size = batch_size, shuffle = True)
    else:
        shuffle = True if mode == 'train' else False
        sampler = paddle.io.BatchSampler(
            dataset = dataset, batch_size = batch_size, shuffle = shuffle)
    dataloader = paddle.io.DataLoader(
        dataset,
        batch_sampler = sampler,
        return_list = True,
        collate_fn = batchify_fn)
return dataloader

# 加载字典
```

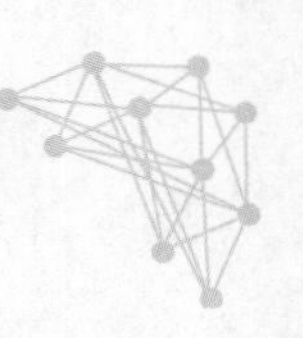


```
vocab = read_vocab(f"{data_folder}/vocab.txt")
# 加载停用词
stop_words = read_vocab(f"{data_folder}/stop_words.txt")

# 转化函数,将文本序列转换为 ID 序列,
trans_fn = partial(convert_example, vocab = vocab, stop_words = stop_words, is_test = False)

# minibatch 数据处理格式:填充长度
batchify_fn = lambda samples, fn = Tuple(
      Pad(axis = 0, pad_val = vocab.get('[PAD]', 0)), # input_ids
      Stack(dtype = "int64"), # seq len
      Stack(dtype = "int64") # label
): [data for data in fn(samples)]
# 训练集加载器
train_loader = create_dataloader(
      train_ds,
      trans_fn = trans_fn,
      batch_size = batch_size,
      mode = 'train',
      use_gpu = True,
      batchify_fn = batchify_fn)
# 验证集加载器
dev_loader = create_dataloader(
      dev_ds,
      trans_fn = trans_fn,
      batch_size = batch_size,
      mode = 'validation',
      use_gpu = True,
      batchify_fn = batchify_fn)
```

步骤 2:模型构建

本实践使用基于 Attention 的文本表示方法,下面首先介绍什么是 Attention 机制。Attention,顾名思义,就是集中注意力,我们在阅读文本的时候,往往会将注意力集中在一些关键的词语片段上,这些片段往往能代表整个句子中重要的部分。例如:"我家有一只非常可爱、非常淘气的小花猫",读完这句话,我们可以提取到一些关键的信息,这句话所描述的小动物是"猫",这只猫的特征是"可爱、淘气"。若要对这句话进行"猫狗"二分类,根据"猫"这个重要信息,可以说明这句话描述的类型是"猫",而非"狗",所以这句话中,最重要的信息就是"猫",其他信息都是辅助,甚至是"无用"的。如果这句话最终的表示将"猫"的权重提到最高,也就是将注意力放在"猫"上,就认为编码器学到了重要的特征。

以上是对 Attention 机制的直观理解,接下来我们详细介绍 Attention 机制的内部运算,如图 2-13 所示。

首先我们依旧使用 LSTM 进行上下文的编码,得到每个单词的隐状态 h_i(前向后向进行拼接),然后定义一个参数向量,该参数向量与每一个隐状态进行内积,计算每一个 h_i 的重要性,即图 2-13 中的 α,最后 α 中的每个元素作为对应词语的重要性权重,将隐状态向量

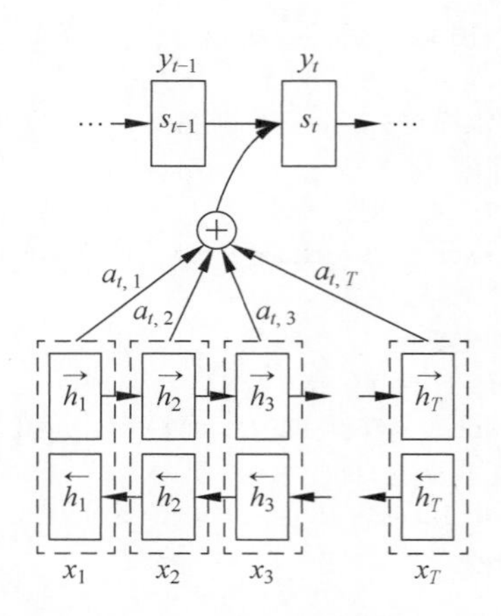

图 2-13　Attention 机制的内部运算

进行加权求和，获得该文本的语义向量表示。

这里的关键操作是计算各个隐状态和可学习参数的关联性的权重，得到 Attention 分布，从而得到对于当前位置词语相对于总体文本语义的重要性。Attention 机制在自然语言处理领域最早用于机器翻译任务，通过 Attention 机制的引入，打破了只能利用编码器端使用单一向量输出到解码器的限制，从而使模型可以将注意力集中在所有对于下一个目标单词重要的输入信息上，使模型效果得到极大的改善。Attention 机制的另一个优点是，可以通过观察 Attention 权重矩阵的变化，直观展示词语的重要性（机器翻译的结果和源文字之间的对应关系），有助于更好地理解模型工作机制，图 2-14 所示为一个机器翻译模型中源文本与翻译文本之间的对应权重关系。

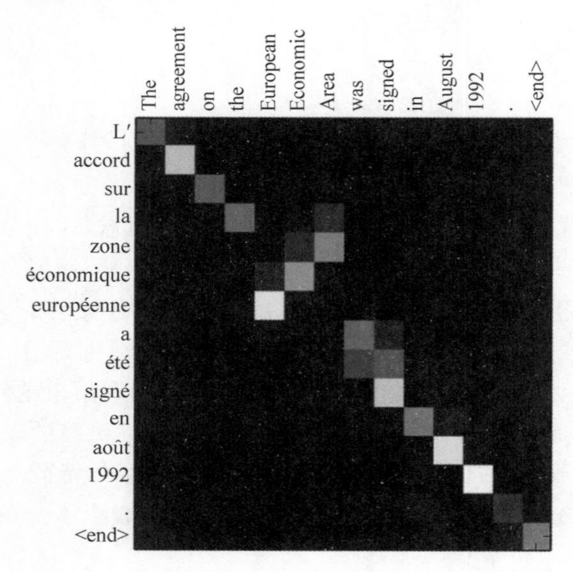

图 2-14　Attention 可视化

接下来我们实现一个基于 Attention 机制的文本分类模型，本模型中，定义 LSTM 为双向，即设置参 direction＝'bidirectional'，Tanh 为 tanh 激活函数类（也可以尝试使用 ReLU 等

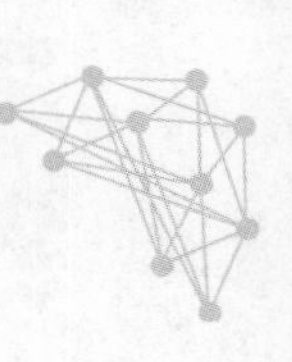

激活函数)。

```
class Model(nn.Layer):
    def __init__(self,
                 vocab_size,
                 num_classes,
                 emb_dim = 128,
                 padding_idx = 0,
                 lstm_hidden_size = 128,
                 direction = 'forward',
                 lstm_layers = 1,
                 dropout_rate = 0.0,
                 pooling_type = None,
                 fc_hidden_size = 128):
        super().__init__()
        self.embedding = nn.Embedding(
            num_embeddings = vocab_size,
            embedding_dim = emb_dim,
            padding_idx = padding_idx)
        self.lstm = nn.LSTM(emb_dim, lstm_hidden_size,lstm_layers,
                     direction = 'bidirectional', dropout = dropout_rate)
        self.tanh1 = nn.Tanh()
        # 定义参数 w,用于计算各词隐向量的权重 alpha
        self.w = paddle.create_parameter(shape = [lstm_hidden_size
                                              * 2],dtype = "float32")
        self.tanh2 = nn.Tanh()
        self.fc1 = nn.Linear(lstm_hidden_size * 2, fc_hidden_size)
        self.fc = nn.Linear(fc_hidden_size, num_classes)

    # 前向传播过程
    def forward(self,text, seq_len):
        emb = self.embedding(text)
        H, _ = self.lstm(emb)
        M = self.tanh1(H)
        # 计算隐性向量权重
        alpha = F.softmax(paddle.matmul(M, self.w),
                      axis = 1).unsqueeze( - 1)
        # 计算内积
        out = H * alpha
        # 加权求和
        out = paddle.sum(out, 1)
        # 激活(加权求和相当于一次线性变化)
        out = F.relu(out)
        # 两层全连接层变换
        out = self.fc1(out)
        out = self.fc(out)
        return out
```

步骤3：模型训练

定义好模型后,需要构建模型实例,传入相关参数。在第2.1节实践中,我们使用传统的方法进行训练,即使用内外两层循环,依次将数据输入到模型中,然后计算损失函数值,调用 loss.backward 函数，执行梯度反向传播，这对初学者了解神经网络模型训练、参数拟合过程来说至关重要，本实践我们介绍另一种 paddlek 框架封装好的高层 API 方法，来一键训练模型。定义好模型后，使用 paddle.Model 封装；定义优化器，此处使用 Adam 优化器，对模型中的所有参数使用相同的梯度更新策略进行更新，指定学习率，控制梯度更新幅度；定义损失函数，在分类任务中，一般使用交叉熵损失函数 CrossEntropyLoss；要判断模型学习的进度，还可以定时输出模型当前的准确率，此处我们使用的评价指标为正确率 accuracy。在准备好模型训练必需的要素后，调用 prepare 函数，约定本次训练使用的优化器、损失函数及评价指标，最后调用 fit 函数，传入训练参数，包含训练集、验证集、训练论述、保存参数路径等，即可一键训练模型。

```
model = Model(
        len(vocab),
        len(train_ds.label_list),
        direction = 'bidirectional',
        padding_idx = vocab['[PAD]'])
# 使用高阶 api 进行封装,便于一键训练模型
model = paddle.Model(model)

optimizer = paddle.optimizer.Adam(
    parameters = model.parameters(), learning_rate = 5e - 4)

# Defines loss and metric.
criterion = paddle.nn.CrossEntropyLoss()
metric = paddle.metric.Accuracy()

model.prepare(optimizer, criterion, metric)

# 拟合模型
model.fit(train_loader, dev_loader, epochs = epochs, save_dir = './ckpt')
```

步骤 4：模型预测

与训练集、验证集类似，可以将测试集进行同样的封装，此处需要注意的是，我们默认推理阶段输入没有标签，因此在定义 test_batchify_fn 函数的时候，只需要进行文本长度填充即可。调用 predict 函数，传入测试集加载器，便可返回预测结果。

```
test_batchify_fn = lambda samples, fn = Tuple(
    Pad(axis = 0, pad_val = vocab.get('[PAD]', 0)),                # input_ids
    Stack(dtype = "int64")
): [data for data in fn(samples)]
test_loader = create_dataloader(
    test_ds,
    trans_fn = partial(convert_example, vocab = vocab, stop_words = stop_words, is_test =
True),
    batch_size = batch_size,
    mode = 'test',
    use_gpu = True,
```

```
    batchify_fn = test_batchify_fn)

# 预测
results = model.predict(test_loader)
inverse_lable_map = {value:key for key, value in test_ds.label_map.items()}
all_labels = []
for batch_results in results[0]:
    label_ids = np.argmax(batch_results, axis = 1).tolist()
    labels = [inverse_lable_map[label_id] for label_id in label_ids]
all_labels.extend(labels)
```

至此，我们使用 paddle 高阶 API 完成了一次文本分类实践，不难看出，整体训练过程非常简约，大大节省了开发者的开发流程，只需更加专注于模型的设计即可。

2.3　实践三：基于预训练-微调的文本分类

基于预训练-微调的文本分类

在第 1 章中，我们已经接触过基于预训练的文本表示，本节我们将演示，如何使用预训练模型进行下游任务的微调，即预训练-微调框架。

预训练-微调框架指的是首先在大数据集上训练得到一个具有强泛化能力的模型（预训练模型），然后在下游任务上进行微调的过程。预训练-微调方法属于基于模型的迁移方法，也就是将普适的知识，直接迁移到新的任务中。在自然语言处理领域中，语法结构、语义结构（如短语）等都属于普适知识，适用于所有文本处理任务中，在新的任务中，我们直接将这种普适的知识迁移过来，再稍微学习一些个性化的特征，就能将任务拟合得很好，同时具有很强的泛化能力。

本节实践在 2.2 节的新闻数据集上，使用预训练-微调框架进行分类，使用的预训练模型为第 1 章中提到的 BERT，通过调用 PaddleNLP 接口实现下游任务的微调。

PaddleNLP 是一款简单易用且功能强大的自然语言处理开发库。聚合业界优质预训练模型并提供开箱即用的开发体验，覆盖 NLP 多场景的模型库，搭配产业实践范例，提供极致的训练与推理性能，可满足灵活定制的开发需求。

步骤 1：数据加载

本实践依然采用 2.2 节中的新闻数据集，数据详情及基本处理详见 2.2 节。

与之前的数据集封装形式不同，BERT 的数据输入包含三部分：文本 ID 序列、片段类型序列、位置序列（高层 API 已经封装，可不必显示传入），其中，文本 ID 序列表示文本分词后将 token（词语片段）转化为 ID 的格式，此处无须手动构建字典，BERT 在预训练时已经生成完成的中文字典，因此，只需要定义一个分词器 Tokenizer，将中文文本按照指定格式进行分词切割即可。将中文文本输入之后，可以获得输入文本的 ID 序列 input_ids 与片段类型序列 token_type_ids，片段类型序列标识 tokens 的来源，因为 BERT 支持单文本（single）任务与文本对（pair）任务，所以需要标识文本片段来源于第一条文本，还是第二条文本（针对文本对任务）。我们可以直接使用 paddlenlp. transformers. BertTokenizer 进行文本预处理，获得指定 BERT 格式的输入数据，此处，我们使用 Bert-base 方法即可。因此，可以使用“bert-base-chinese"来标识，如下代码所示。

```
import paddlenlp as ppnlp
tokenizer = ppnlp.transformers.BertTokenizer.from_pretrained("bert-base-chinese")
encoded_inputs = tokenizer.encode(text = text, max_seq_len = max_seq_length)
input_ids = encoded_inputs["input_ids"]
segment_ids = encoded_inputs["token_type_ids"]
```

接下来我们将训练数据继续封装为模型适配的输入格式，即使用 DataLoader 进行封装，生成训练集/验证集/测试集的数据迭代器。

```
#数据预处理
def convert_example(example,tokenizer,label_list,
                    max_seq_length = 256, is_test = False):
    if is_test:
        text = example
    else:
        text, label = example
    #tokenizer.encode 方法能够完成切分 token,映射 token ID 以及拼接特殊 token
    encoded_inputs = tokenizer.encode(text = text, max_seq_len = max_seq_length)
    input_ids = encoded_inputs["input_ids"]
    segment_ids = encoded_inputs["token_type_ids"]

    if not is_test:
        label = np.array([label], dtype = "int64")
        return input_ids, segment_ids, label
    else:
        return input_ids, segment_ids

#数据迭代器构造方法
def create_dataloader(dataset, trans_fn = None, mode = 'train', batch_size = 1,
        use_gpu = False, pad_token_id = 0, batchify_fn = None):
    if trans_fn:
        # MapDataset:将字典格式的数据集规整为 MapDataset,
        # 后续可以使用字典 key 来读取数据集的某个字段,如 input_ids
        dataset = MapDataset(dataset)
        dataset = dataset.map(trans_fn)

    if mode == 'train' and use_gpu:
        sampler = paddle.io.DistributedBatchSampler(dataset = dataset,
                    batch_size = batch_size, shuffle = True)
    else:
        shuffle = True if mode == 'train' else False
          # 生成一个取样器
        sampler = paddle.io.BatchSampler(dataset = dataset,
                    batch_size = batch_size, shuffle = shuffle)
    dataloader = paddle.io.DataLoader(dataset, batch_sampler = sampler,
                    return_list = True, collate_fn = batchify_fn)
    return dataloader
```

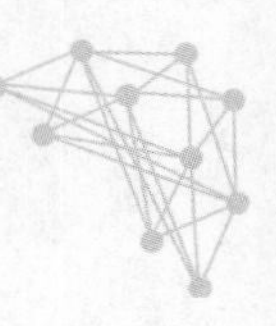

```
# 使用partial()来固定convert_example函数的tokenizer,
# label_list, max_seq_length, is_test等参数值
trans_fn = partial(convert_example, tokenizer = tokenizer, label_list = label_list,
                   max_seq_length = 128, is_test = False)
batchify_fn = lambda samples,
fn = Tuple(Pad(axis = 0,pad_val = tokenizer.pad_token_id),
         Pad(axis = 0, pad_val = tokenizer.pad_token_id),
         Stack(dtype = "int64")
         ):[data for data in fn(samples)]
#训练集迭代器
train_loader = create_dataloader(train_ds, mode = 'train', batch_size = 64, batchify_fn =
batchify_fn, trans_fn = trans_fn)
#验证集迭代器
dev_loader = create_dataloader(dev_ds, mode = 'dev', batch_size = 64, batchify_fn = batchify_
fn, trans_fn = trans_fn)
#测试集迭代器
test_loader = create_dataloader(test_ds, mode = 'test', batch_size = 64, batchify_fn = batchify_
fn, trans_fn = trans_fn)
```

步骤2：模型构建

PaddleNLP涵盖了NLP主流应用相关的前沿模型，包括中文词向量、预训练模型、词法分析、文本分类、文本匹配、文本生成、机器翻译、通用对话、问答系统等，很多网络结构还提供了预训练模型，如基于大量中文语料数据训练的BERT和ERNIE模型。使用这些预训练模型可以通过一行的API调用来完成，例如，构建一个基于BERT的文本分类模型，仅需进行如下调用。

```
model =
      ppnlp.transformers.BertForSequenceClassification.from_pretrained
      ("bert - base - chinese", num_classes = len(train_ds.label_list))
```

根据bert-base-chinese模型标识，首次执行该脚本时，会下载相关的模型参数、词表、配置参数等文件。

步骤3：训练模型

模型训练过程可遵照一般的训练流程，分批次将样本送入模型，前向计算，梯度反向传播更新参数。此处需要注意的是，预训练模型通常参数量巨大，例如Bert-base的参数量有110MB，而Bert-large参数量达340MB，近年来其他预训练模型的参数量更是有增无减，所以，在设置参数更新幅度（学习率）的时候，切忌过大，否则会造成参数更新幅度大，难收敛。学习率预热比率（Learning Rate Warmup Ratio），由于刚开始训练时，模型的权重（Weight）是随机初始化的，此时若选择一个较大的学习率，可能带来模型的不稳定（振荡），选择Warmup预热学习率的方式，可以使得开始训练的几个epoches或者一些steps内学习率较小，在预热的小学习率下，模型可以慢慢趋于稳定，等模型相对稳定后再选择预先设置的学习率进行训练，使得模型收敛速度更快，模型效果更佳。本实践中，预热小学习率设置为float(current_step)/float(max(1,num_warmup_steps)) * learning_rate，其中current_step

为当前迭代步数，num_warmup_steps 为总的 warmup 迭代步数。

```
# 设置训练参数
# 学习率
learning_rate = 1e-5
# 训练轮次
epochs = 20
# 学习率预热比率
warmup_proption = 0.1
# 权重衰减系数
weight_decay = 0.01

num_training_steps = len(train_loader) * epochs
num_warmup_steps = int(warmup_proption * num_training_steps)

def get_lr_factor(current_step):
    if current_step < num_warmup_steps:
        return float(current_step) / float(max(1, num_warmup_steps))
    else:
        return max(0.0,
                   float(num_training_steps - current_step) /
                   float(max(1, num_training_steps - num_warmup_steps)))
#学习率调度器
lr_scheduler = paddle.optimizer.lr.LambdaDecay(learning_rate, lr_lambda = lambda current_
step: get_lr_factor(current_step))

#优化器
optimizer = paddle.optimizer.AdamW(
    learning_rate=lr_scheduler,
    parameters=model.parameters(),
    weight_decay=weight_decay,
    apply_decay_param_fun=lambda x: x in [
        p.name for n, p in model.named_parameters()
        if not any(nd in n for nd in ["bias", "norm"])
    ])

#损失函数
criterion = paddle.nn.loss.CrossEntropyLoss()
#评估函数
metric = paddle.metric.Accuracy()
```

与前文不同的是，本次模型训练使用的优化器是 AdamW。AdamW 优化器能够利用梯度的一阶矩估计和二阶矩估计动态调整每个参数的学习率，使参数的更新更加“个性化”，例如高频参数小幅度更新，低频参数大幅度更新等。

AdamW 引入一个额外的权重衰减项，它在每次参数更新时对权重进行衰减，从而更加有效地控制模型的复杂度。这个权重衰减项的形式与标准的 L2 正则化类似，但是它被证明在某些情况下可以更好地控制模型的过拟合。

接下来，依次将数据送入模型，进行训练。

```
# 模型训练
global_step = 0
for epoch in range(1, epochs + 1):
    for step, batch in enumerate(train_loader, start=1):        # 从训练数据迭代器中取数据
        input_ids, segment_ids, labels = batch
        logits = model(input_ids, segment_ids)                   # 模型前向传播
        loss = criterion(logits, labels)                         # 计算损失
        probs = F.softmax(logits, axis=1)
        correct = metric.compute(probs, labels)
        metric.update(correct)
        acc = metric.accumulate()                                # 训练集正确率计算

        global_step += 1
        if global_step % 2 == 0 :
            print("global step %d, epoch: %d, batch: %d, loss: %.5f, acc: %.5f" %
                  (global_step, epoch, step, loss, acc))
        loss.backward()                                          # 梯度反向传播
        optimizer.step()                                         # 优化器更新当前迭代步数
        lr_scheduler.step()                                      # 学习率更新
        optimizer.clear_gradients()                              # 优化器梯度清零
    evaluate(model, criterion, metric, dev_loader)               # 验证集评估
```

上述训练过程中，将验证集评估过程进行封装，evaluate 函数执行脚本如下。

```
# 评估函数
def evaluate(model, criterion, metric, data_loader):
    model.eval()
    metric.reset()
    losses = []
    for batch in data_loader:
        input_ids, segment_ids, labels = batch
        logits = model(input_ids, segment_ids)
        loss = criterion(logits, labels)
        losses.append(loss.numpy())
        correct = metric.compute(logits, labels)
        metric.update(correct)
        accu = metric.accumulate()
    print("eval loss: %.5f, accu: %.5f" % (np.mean(losses), accu))
    model.train()
metric.reset()
```

在使用模型进行推理的时候，一定要开启 model.eval 模式，因为在训练模型过程中，会有 Dropout、归一化等操作，这些操作在训练和推理过程中相差甚远，因此在模型训练时，要开启 train 模式，在模型推理时，要开启 eval 模式。

步骤 4：模型评估

接下来定义模型评估函数，评估过程与之前相似，首先构建适配的输入数据格式，分批次将数据送入模型进行预测（当数据量较大时，需要将数据分批次进行推理，否则会出现爆内存问题）。

```
def predict(model, data, tokenizer, label_map, batch_size = 1):
    examples = []
    for text in data:
        input_ids, segment_ids = convert_example(text, tokenizer,
          label_list = label_map.values(), max_seq_length = 128, is_test = True)
        examples.append((input_ids, segment_ids))

        batchify_fn = lambda samples,
                        fn = Tuple(Pad(axis = 0, pad_val = tokenizer.pad_token_id),
                                   Pad(axis = 0, pad_val = tokenizer.pad_token_id)
              ): fn(samples)
    batches = []
    one_batch = []
    for example in examples:
        one_batch.append(example)
        if len(one_batch) == batch_size:
            batches.append(one_batch)
            one_batch = []
    if one_batch:
        batches.append(one_batch)

    results = []
    model.eval()                                        # 开启 eval 模式
    for batch in batches:
        input_ids, segment_ids = batchify_fn(batch)     # minibatch 格式化数据构建
        input_ids = paddle.to_tensor(input_ids)
        segment_ids = paddle.to_tensor(segment_ids)
        logits = model(input_ids, segment_ids)
        probs = F.softmax(logits, axis = 1)
        idx = paddle.argmax(probs, axis = 1).numpy()
        idx = idx.tolist()
        labels = [label_map[i] for i in idx]
        results.extend(labels)
return results

data = ['昌平京基鹭府 10 月 29 日推别墅 1200 万套起享 97 折，…', '近期优惠项目推荐通州特价房单价降万元，…']
label_map = {index: label for index, label in enumerate(train_ds.label_list)}

predictions = predict(model, data, tokenizer, label_map, batch_size = 32)
for idx, text in enumerate(data):
print('预测文本：{} \n 标签：{}'.format(text, predictions[idx]))
```

输出预测结果如下：

```
预测文本：昌平京基鹭府 10 月 29 日推别墅 1200 万套起享 97 折，…
标签：房产
预测文本：近期优惠项目推荐通州特价房单价降万元，…
标签：房产
```

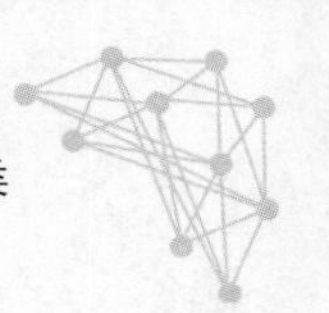

基于 Paddle-Hub 的低俗文本审核

2.4　实践四：基于 PaddleHub 的低俗文本审核

社交媒体色情检测模型可自动判别文本是否涉黄并给出相应的置信度，对文本中的色情描述、低俗交友、污秽文案进行识别。porn_detection_lstm 采用 LSTM 网络结构并按字粒度进行分词，具有较高的分类精度。该模型最大句子长度为 256 字，仅支持预测。

如果只考虑微博文本数据，该实践需要解决的其实是文本分类问题。2018 年，随着 ELMo、BERT 等模型的发布，NLP 领域进入了“大力出奇迹”的时代。采用大规模语料上进行无监督预训练的深层模型，在下游任务数据上微调一下，即可达到很好的效果。曾经需要反复调参、精心设计结构的任务，现在只需简单地使用更大的预训练数据、更深层的模型便可解决。因此 NLP 比赛的入手门槛也随之变低。新手只要选择好预训练模型，在自己数据上微调，很多情况下就可以达到很好的效果。图 2-15 为 PaddleHub ERNIE 迁移任务示意图。

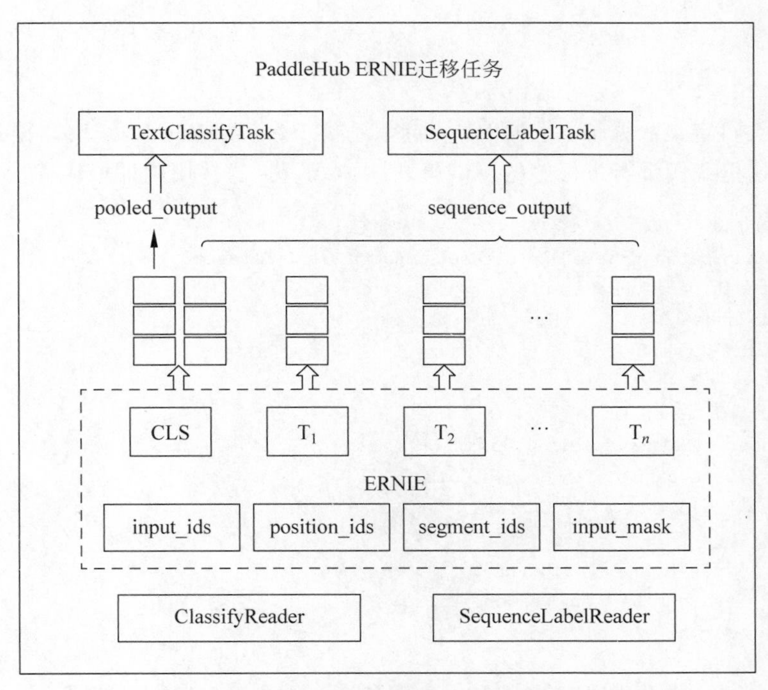

图 2-15　PaddleHub ERNIE 迁移任务示意图

本项目将采用百度出品的 PaddleHub 预训练模型微调工具，快速构建方案。模型方面则选择 ERNIE 模型。整个流程可以大致分为以下 6 步，如图 2-16 所示。

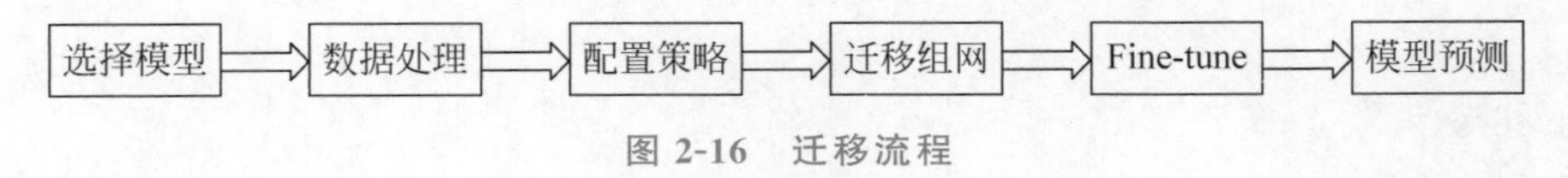

图 2-16　迁移流程

步骤 1：数据准备

在实践中，我们需要将数据分为训练数据和验证数据，分别用于模型的训练和测试模型的效果。因此，在这里我们遍历数据，按照比例生成 train 和 valid。train 中存储的是用于训练的数据和对应的标签，valid 中存储的是用于验证的数据和对应的标签。

我们将数据划分为训练集和验证集，比例为 8∶2，然后保存为文本文件，两列需用 tab 分隔符隔开。

```
# 划分验证集，保存格式 text[\t]label
from sklearn.model_selection import train_test_split
train_labeld = train_labeld[['文本内容', '低俗倾向']]
train, valid = train_test_split(train_labeld, test_size=0.2, random_state=2020)
train.to_csv('/home/aistudio/data/data22724/train.txt', index=False, header=False,
            sep='\t')
valid.to_csv('/home/aistudio/data/data22724/valid.txt', index=False, header=False,
            sep='\t')
```

步骤 2：自定义数据加载

加载文本类自定义数据集，用户仅需要继承基类 BaseNLPDatast，修改数据集存放地址以及类别即可。这里我们没有带标签的测试集，所以 test_file 直接用验证集代替“valid.txt”。

```
# 自定义数据集
from paddlehub.dataset.base_nlp_dataset import BaseNLPDataset
class MyDataset(BaseNLPDataset):
    """DemoDataset"""
    def __init__(self):
        # 数据集存放位置
        self.dataset_dir = ""
        super(MyDataset, self).__init__(
            base_path=self.dataset_dir,
            train_file="train.txt",
            dev_file="valid.txt",
            test_file="valid.txt",
            train_file_with_header=False,
            dev_file_with_header=False,
            test_file_with_header=False,
            # 数据集类别集合
            label_list=["-1", "0", "1"])
dataset = MyDataset()
for e in dataset.get_train_examples()[:3]:
print("{}\t{}\t{}".format(e.guid, e.text_a, e.label))
```

步骤 3：加载模型

这里我们选择 ERNIE 1.0 的中文预训练模型。其他模型见 https://github.com/PaddlePaddle/PaddleHub。只需修改 name='xxx' 就可以切换不同的模型。

```
# 加载模型
import paddlehub as hub
module = hub.Module(name = "ernie")
```

步骤4：构建reader

构建一个文本分类的reader，reader负责将dataset的数据进行预处理，首先对文本进行分词，接着以特定格式组织并输入给模型进行训练。通过max_seq_len可以修改最大序列长度，若序列长度不足，会通过padding方式补到max_seq_len，若序列长度大于该值，则会以截断方式让序列长度为max_seq_len，这里我们设置为128。

```
# 构建Reader
reader = hub.reader.ClassifyReader(
    dataset = dataset,
    vocab_path = module.get_vocab_path(),
    sp_model_path = module.get_spm_path(),
    word_dict_path = module.get_word_dict_path(),
max_seq_len = 128)
```

步骤5：finetune策略

选择迁移优化策略。详见https://github.com/PaddlePaddle/PaddleHub/wiki/PaddleHub-API:-Strategy。此处我们设置最大学习率为learning_rate＝5e-5。权重衰减设置为weight_decay＝0.01，其避免模型overfitting。训练预热的比例设置为warmup_proportion＝0.1，这样前10%的训练step中学习率会逐步提升到learning_rate。

```
# finetune策略1
strategy = hub.L2SPFinetuneStrategy(
    learning_rate = 1e - 4,
    optimizer_name = "adam",
regularization_coeff = 1e - 3)
```

步骤6：运行配置

设置训练时的epoch、batch_size、模型储存路径等参数。这里我们设置训练轮数num_epoch＝1，模型保存路径checkpoint_dir＝"model"，每100轮（eval_interval）对验证集验证一次评分，并保存最优模型。

```
# 运行配置
config = hub.RunConfig(
    use_cuda = True,
    num_epoch = 1,
    batch_size = 16,
    checkpoint_dir = "hub_finetune",
strategy = strategy)
```

步骤 7：组建 finetune task

对于文本分类任务，我们需要获取模型的池化层输出，并在后面接上全连接层实现分类。因此，我们先获取 module 的上下文环境，包括输入和输出的变量，并从中获取池化层输出作为文本特征。再接入一个全连接层，生成 task。评价指标为 f1，因此设置 metrics_choices=["f1"]。

```
# Finetune Task
inputs, outputs, program = module.context(
    trainable = True, max_seq_len = 128)

# Use "pooled_output" for classification tasks on an entire sentence.
pooled_output = outputs["pooled_output"]

feed_list = [
    inputs["input_ids"].name,
    inputs["position_ids"].name,
    inputs["segment_ids"].name,
    inputs["input_mask"].name,
]

cls_task = hub.TextClassifierTask(
        data_reader = reader,
        feature = pooled_output,
        feed_list = feed_list,
        num_classes = dataset.num_labels,
        config = config,
        metrics_choices = ["f1"])
```

步骤 8：开始 finetune

我们使用 finetune_and_eval 接口就可以开始模型训练，finetune 过程中，会周期性的进行模型效果的评估。

```
# finetune
run_states = cls_task.finetune_and_eval()
```

步骤 9：预测

当 finetune 完成后，我们加载训练后保存的最佳模型来进行预测。

```
# 预测
import numpy as np
inv_label_map = {val: key for key, val in reader.label_map.items()}
# Data to be prdicted
data = test[['文本内容']].fillna('').values.tolist()
run_states = cls_task.predict(data = data)
results = [run_state.run_results for run_state in run_states]
```

步骤 10：生成结果

```
# 生成预测结果
proba = np.vstack([r[0] for r in results])
prediction = list(np.argmax(proba, axis = 1))
prediction = [inv_label_map[p] for p in prediction]
```

到这里我们就完成了使用 PaddleHub 语义预训练模型 ERNIE 对低俗文本进行审核完成文本分类任务。

第3章 文本匹配

文本匹配是自然语言处理中另一个非常重要的任务。文本匹配主要进行文本对之间的相似度、相关度计算，所谓相似度，指两个文本是否描述相同的语义，而相关度则指两个文本之间是否存在特定的关系，例如，是否可以从文本A推理出文本B(蕴含关系)。文本匹配任务的形式主要是对文本对进行关系判断，任务的最终形式包含两种：一种是相似/相关度计算，即计算两个文本的相似/相关度打分；另一种是相似/相关分类，1表示相似/相关，0表示不相似/相关(偶尔有些任务可能包含中立的情况，此时任务为三分类)。

文本匹配技术应用范围十分广泛，最常见的即搜索引擎，当我们在搜索引擎输入一个问题，搜索引擎会为我们计算最相关的答案返回展示给我们。除了搜索外，文本匹配在问答、推荐、计算广告等领域应用也非常广泛。例如，智能问答技术，常见的有功能型机器人，能根据你的提问返回最佳的解决问题方案；推荐技术中，能根据你个人的特征画像，为你推荐最和你匹配的信息(阅读内容、新闻、视频信息流等)；而计算广告中，则为你推荐与你个人特征画像的商品的广告，以增加广告的转化量等。这些技术无论是文本匹配，还是人-信息匹配、人-货匹配；都离不开匹配技术，不同的匹配载体，涉及载体特征构建不同，但匹配算法都大同小异，本章将详细介绍文本匹配的相关技术。

在神经网络中，文本匹配主要包含3种形式：基于表示(Representation)的文本匹配[图3-1(a)]、基于交互(Interaction)的文本匹配[图3-1(b)]、基于预训练-微调框架的文本匹配技术(图3-2)。基于表示的文本匹配技术先使用编码器将两个文本进行编码，即将文本对先分别表示为两个向量，然后在匹配层计算两个向量的相似/相关度打分，得到两个文本的相似/相关度。这种方法中，对文本对的编码可以使用同一个编码器，也可以使用不同的编码器，使用同一个编码器的结构，我们称为单塔模型；而使用两个编码器时，称为双塔结构。基于表示的文本匹配中，两个文本之间没有任何的交互，对于问答类的任务来说并不友好，因为在问答任务中，答案可能仅仅关注问题中的某些关键词语，而两个互不交互的文本表示，容易使编码器学不到什么词语重要，什么词语不重要，也就是说，最好的方法是“揣着问题找答案”。基于交互的文本匹配方法正是这样，在文本对表示的过程中，先进行交互，然后再匹配(或者表示、匹配)，这样能充分交换文本对的信息，从而使文本表示更加具有可解释性。

基于预训练-微调方法近年来在各个任务领域都取得了里程碑式的发展，以BERT方法为例，文本匹配任务的输入为文本对的拼接，然后定义一个CLS哨兵字符，其表示作为分类特征，进行二分类。预训练-微调方法简单、效果佳，已经是近年来各项NLP任务的基线。

接下来我们将分别介绍如何使用这三种方法进行文本匹配。

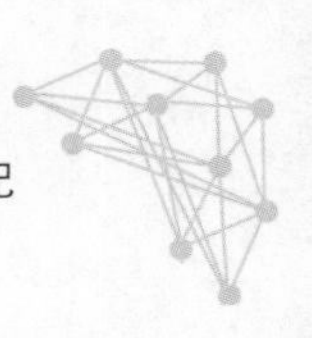

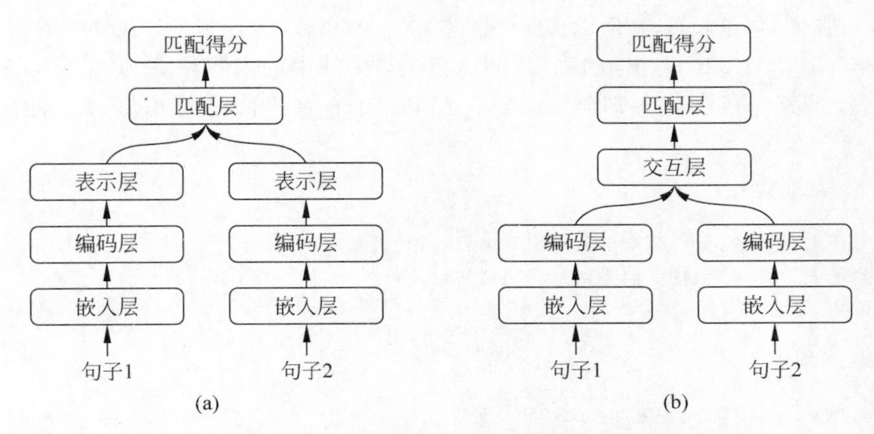

图 3-1　基于表示的文本匹配(a)与基于交互的文本匹配(b)

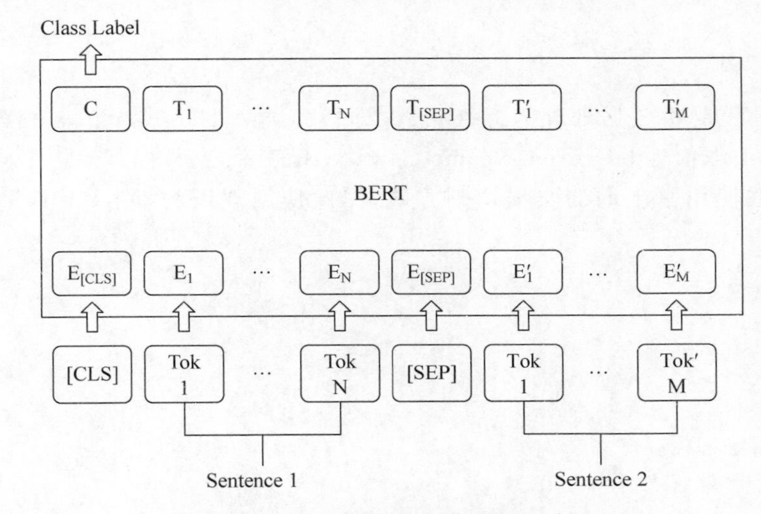

图 3-2　基于 BERT 的预训练-微调文本匹配

3.1　实践一：基于表示的文本匹配

基于表示的文本匹配模型主要做法是将两段文本表示为语义向量，计算向量之间的相似度，重点在于如何更好地构建语义表示层。这种模式下的文本匹配有结构简单、解释性强、易于实现等诸多优点。下面我们将介绍基于 LSTM 的文本匹配经典网络结构。

基于 LSTM 的文本匹配模型主要是将两个不一样长的句子，分别经过 LSTM 编码成相同尺度的稠密向量，以此来比较两个句子的相似性。基于表示的文本匹配模型都是基于这种结构，即文本向量表示层＋相似度计算层。

步骤 1：数据加载

本实践采用的数据集是千言数据集。千言数据集目前包含 3 个文本相似度的数据集：paws-x-zh、lcqmc、bq_corpus。这 3 个数据集的数据格式都是一样的，包含有标签的训练集

(train. tsv)、验证集(dev. tsv)和无标签的测试集(test. tsv)，验证集 tsv 文件中的内容格式为“Text_A\tText_B\tLabel”这样的列表，测试集 tsv 文件中的内容格式为“Text_A\tText_B”这样的列表，需要完成的任务即判断 Text_A 和 Text_B 之间是否相似，数据的具体样例如下。

训练集/验证集：

```
句子一:还有具体的讨论,公众形象辩论和项目讨论。
句子二:还有公开讨论,特定档案讨论和项目讨论。
标签:0
```

测试集：

```
句子一:Tabaci 河是罗马尼亚 Leurda 河的支流。
句子二:Leurda 河是罗马尼亚境内 Tabaci 河的一条支流。
```

步骤 2：数据集构建

数据集构建需要将数据处理为标准格式，即模型输入的格式，get_data(task)函数以 task 为参数，task 取值为 bq_corpus、lcqmc、paws-x-zh 三者之一，标识使用不同的数据集进行实践。本实践使用基于词的文本切割方式，因此使用常用的 jieba 工具进行文本分词处理。

```
# 1. 加载数据集

import jieba
import json

def get_data(task):
    pth = "data/{}/{}.tsv"
    train = []
    dev = []
    train_lines = open(pth.format(task,"train"),'r').readlines()
    train = [line.strip().replace(" ","").split("\t") for line in train_lines]
    train = train[:10]
    train = [[" ".join(jieba.lcut(line[0]))," ".join(jieba.lcut(line[0])),line[2]] for line
in train if len(line) == 3]

    dev_lines = open(pth.format(task,"dev"),'r').readlines()
    dev = [line.strip().split("\t") for line in dev_lines]
    dev = dev[:10]
    dev = [[" ".join(jieba.lcut(line[0]))," ".join(jieba.lcut(line[0])),line[2]] for line
in dev if len(line) == 3]

    test_lines = open(pth.format(task,"test"),'r').readlines()
    test = [line.strip().split("\t") for line in test_lines]
    test = test[:10]
    test = [[" ".join(jieba.lcut(line[0]))," ".join(jieba.lcut(line[0]))] for line in test
if len(line) == 2]
```

```
    print("train:",len(train))
    print("dev:",len(dev))
    print("test:",len(test))
    return train,dev,test
```

文本分词完毕后，创建字典，添加< unk >来表示未知字符、< pad >来表示填充的文本，并保存到本地。

```
# 2. 创建字典
def create_dict(datas,dict_path):
    dict_set = []
    for data in datas:
        dict_set += data.split(" ")

    dict_set = set(dict_set)

    dict_list = []
    i = 0
for s in dict_set:
    # 去掉一些影响 json 解码的关键字符(非语义字符)
        if s == "{" or s == "}" or s == "'" or s == "\"" or s == ":" or "/" in s or "\\" in s:
            # print(" -- ",s)
            continue
        dict_list.append([s, i])
        i += 1
    # 添加未知字符
    dict_txt = dict(dict_list)
    end_dict = {"<unk>": i}
    dict_txt.update(end_dict)
    end_dict = {"<pad>": i + 1}
    dict_txt.update(end_dict)
    # 把这些字典保存到本地中
    with open(dict_path, 'w', encoding = 'utf - 8') as f:
        f.write(json.dumps(dict_txt).replace("'",'"'))
```

利用上文生成的字典到 ID 的映射，将数据集中的文本词语转化为 ID 序列。

```
# 3. 字符序列转 ID 序列
def words_to_ids_padding(datas,dict_path,max_length = 64):
    js = open(dict_path,'r',encoding = 'utf - 8').read().strip().replace("'","\"")
    print(js)
    vocab_dic = json.loads(js)
    res = []
    for data in datas:
        sent1 = data[0].split(" ")
        sent2 = data[1].split(" ")
        label = data[2] if len(data) == 3 else "0"
        id1 = [vocab_dic[w] if w in vocab_dic else vocab_dic['<unk>'] for w in sent1 ]
        id2 = [vocab_dic[w] if w in vocab_dic else vocab_dic['<unk>'] for w in sent2 ]
```

```
        id1 = id1[:max_length] + [vocab_dic['<pad>'] ] * (max_length - len(id1))
        id2 = id2[:max_length] + [vocab_dic['<pad>'] ] * (max_length - len(id2))
        res.append([id1,id2,int(label)])
    return res
```

调用上述各功能函数,处理原始数据集、生成词表文件。注意,此处使用训练集与验证集数据进行词表构建,也可以只使用训练数据进行词表构建。

```
create_dict(datas,vocab_pth)

train_ds = words_to_ids_padding(train,vocab_pth,50)
dev_ds = words_to_ids_padding(dev,vocab_pth,50)
test_ds = words_to_ids_padding(test,vocab_pth,50)
vocab_pth = "data/vocab.txt"
train,dev,test = get_data("bq_corpus")

datas = [c[0] + " " + c[1] for c in train + dev]
```

步骤3:构建标准数据集类

接下来需要将数据集格式化,即将数据处理为适应模型训练的格式。主要包含两个步骤:第一,使用Dataset对数据集进行封装,以进行批量数据生成、样本乱序等操作;第二,将Dataset数据进行二次封装,生成训练集、验证集、测试集的数据迭代器,其中每个样本包含3个元素(sent1、sent2、label)。

```
class PairDataset(paddle.io.Dataset):
    self.sent1 = []
    self.sent2 = []
    self.label = []

    def __init__(self, data_list):
        for line in data_list:
            self.sent1.append(line[0])
            self.sent2.append(line[1])
            self.label.append(line[2] if len(line) == 3 else 0)

    def __getitem__(self, index):
        s1,s2, lab = self.sent1[index],self.sent2[index],self.label[index]
        return s1,s2,lab

    def __len__(self):
        return len(self.sent1)

# 数据集 minibatch 批大小
batch_size = 32
train_dataset = PairDataset(train_ds)
dev_dataset = PairDataset(dev_ds)
test_dataset = PairDataset(test_ds)
```

```
# 数据集迭代器,用于批量数据生成
train_loader = paddle.io.DataLoader(train_dataset,
                        places = paddle.CPUPlace(),shuffle = True,
                        batch_size = batch_size, drop_last = True)
dev_loader = paddle.io.DataLoader(dev_dataset,
                        places = paddle.CPUPlace(),shuffle = True,
                        batch_size = batch_size, drop_last = True)
test_loader = paddle.io.DataLoader(test_dataset,
                        places = paddle.CPUPlace(),shuffle = False,
                        batch_size = batch_size,)
```

步骤 4：模型构建

LSTM 模型的构建和 2.1 节中类似，主要不同就是我们需要分别对两个文本进行 LSTM 编码，并在最后计算两个文本语义向量的余弦相似度。此处注意，我们使用了一个单塔结构，即对文本 1、文本 2 使用相同的 BiLSTM 编码器进行编码，若使用双塔结构，此处可额外再定义一个 BiLSTM 编码器，然后分别将文本 1 与文本 2 输入到不同的编码器中进行编码即可。计算完两个文本的语义表示之后，本实践使用 nn.CosineSimilarity 来计算两个文本语义向量的余弦相似度。余弦相似度计算两个向量在向量空间的夹角，默认夹角越小，两向量在语义空间的距离越相近，即两向量越相似，最后对余弦相似度进行 sigmoid 变换，将相似度转化为 0～1 的实数。

```
class LstmModel(paddle.nn.Layer):
    def __init__(self,vocab_dim,fc_dim):
        super(paddle.nn.LSTM, self).__init__()
        self.dict_dim = vocab_dim
        self.emb_dim = fc_dim
        self.hid_dim = fc_dim
        # 词向量编码
        self.embedding = Embedding(self.dict_dim, self.emb_dim)
        # 双向 LSTM 编码器
        self.lstm = paddle.nn.LSTM(self.emb_dim, self.hid_dim,
                        direction = "bidirectional")
        self.fc = Linear(self.hid_dim * 2, 1)
        self.cos_sim_func = nn.CosineSimilarity()

    def forward(self, input1,input2,label = None):
        emb1,emb2 = self.embedding(input1),self.embedding(input2)
        _, (h1, _) = self.lstm(emb1) # [32, 50, 256]
        _, (h2, _) = self.lstm(emb2)
        # [32, 50, 256] [2, 32, 128] [2, 32, 128]
        f1,f2 = self.fc1(h1.transpose([1,0,2]).reshape([-1,self.hid_dim * 2])),self.fc2
(h2.transpose([1,0,2]).reshape([-1,self.hid_dim * 2]))
        f1,f2 = paddle.reshape(f1,[f1.shape[0], -1]),paddle.reshape(f2,[f2.shape[0], -1])
        sim_vec = paddle.nn.functional.sigmoid(self.cos_sim_func(f1,f2)_
        if lebel is None:
```

```
        return sim_vec
    loss = paddle.nn.functional.mse_loss(sim_vec,label)
    return loss,sim_vec
```

步骤 5：模型训练

模型训练过程与前文其他深度网络的实践类似，此处采用的优化器为 Adam，损失函数使用均方误差损失函数 paddle.nn.functional.mse_loss()，均方误差损失函数主要用于回归问题中。此处，我们对两个文本的语义相似度进行衡量，使得语义越相近时，相似度打分越接近 1；而语义互斥时，相似度打分趋向于 0。由于是一个打分趋近问题，因此此处使用 MSE 损失函数进行参数梯度计算，train()函数定义如下。

```
def train(model,epochs):
    model.train()
    opt = paddle.optimizer.Adam(learning_rate = 0.002,
                                parameters = model.parameters())
    steps = 0
    Iters, total_loss, total_acc = [], [], []
    for epoch in range(epochs):
        for batch_id, data in enumerate(train_loader):
            steps += 1
            sent1,sent2,label = data[0], data[1], data[2]
            loss,sim = model(sent1,sent2,label)
            predict = [1 if c > 0.5 else 0 for c in sim]
            acc = sum([predict[i] == label.numpy()[i] for i in range(len(predict))]) / len(predict)

            if batch_id % 50 == 0:
                Iters.append(steps)
                total_loss.append(loss.numpy()[0])
                total_acc.append(acc)
                print("epoch: {}, batch_id: {}, loss is: {}".format(epoch, batch_id, loss.numpy()))

            loss.backward()
            opt.step()
            opt.clear_grad()

        # evaluate model after one epoch
        model.eval()
        accuracies = []
        losses = []

        for batch_id, data in enumerate(dev_loader):
            sent1,sent2,label = data[0], data[1], data[2]
            loss,sim = model(sent1,sent2,label)
            predict = [1 if c > 0.5 else 0 for c in sim]
            acc = sum([predict[i] == label.numpy()[i] for i in range(len(predict))]) /
              len(predict)
```

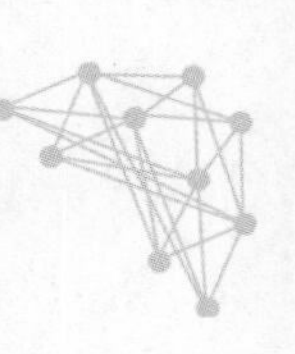

```
            accuracies.append(acc)
            losses.append(loss.numpy())
        avg_acc, avg_loss = np.mean(accuracies), np.mean(losses)
        print("[validation] accuracy: {}, loss: {}".format(avg_acc, avg_loss))
        model.train()
    paddle.save(model.state_dict(),"model_final.pdparams")
    draw_process("trainning loss","red",Iters,total_loss,"trainning loss")
    draw_process("trainning acc","green",Iters,total_acc,"trainning acc")

model = LstmModel(128,128)
train(model,2)
```

步骤 6：模型测试

模型在使用的时候，由于上文保存的仅仅是参数的取值，并未保存模型结果，因此要先初始化一个模型，然后加载上文保存的模型参数，最后将已训练好的参数赋值给初始化的模型。

```
model = LstmModel(128,128)
model_state_dict = paddle.load('model_final.pdparams')
model.set_state_dict(model_state_dict)
model.eval()
label_map = {1:"是", 0:"否"}

result = []
predictions = []
accuracies = []
losses = []

for batch_id, data in enumerate(test_loader):
    sent1 = data[0]
    sent2 = data[1]
    sim = model(sent)
    for idx,prob in enumerate(logits):
        # 映射分类 label
        labels = 1 if prob > 0.5 else 0
        predictions.append(labels)
        samples.append([sent1[idx].numpy(),sent2[idx].numpy()])
```

至此，完成了基于表示的文本匹配算法，可以看出，基于表示的方法简单、直观，但是学习能力较差。下面探索基于交互的文本匹配算法。

3.2　实践二：基于交互的文本匹配

基于交互的文本匹配

图 3-1(b)展示了基于交互的文本匹配的基本流程，核心思想是交互，与基于表示的方法不同，本方法除了“自己编码自己”(LSTM)外，还使用“对方编码自己”。也就是说，文本 1

最终的表示，除了与LSTM编码器编码的文本1自己有关，还与LSTM编码器编码的文本2有关。将文本1、文本2分别经过LSTM之后，分别得到了文本1、文本2的词语的隐状态表示，即文本1、文本2的隐状态矩阵，将两者的隐状态矩阵进行交互（一般为矩阵乘法、归一化），便可以得到文本1、文本2中各词语之间的相关性矩阵，如文本1第i个词语与文本2第j个词语的相关性。然后文本2的每一个词语的表示进行加权求和，获得文本1中每个词语基于文本2中每个词语的表示，同理可得文本2中每个词语基于文本1中每个词语的表示，这样便达到了两个文本的交互目的。得到交互后的表示后，与原始的隐状态再次交互（相加、相乘），既保留了原始的词表示，又加入了对方文本的交互表示，从而使各文本中各词语的表示更加丰富。接下来可以再经过一个LSTM对交互后的文本表示进行再次编码，然后获得各文本的语义表示，两个文本的语义表示进行拼接等操作，构成分类向量，输入分类器进行二分类。

基于上述核心思想，我们介绍本次实践，完成基于交互的文本匹配。由于本次实践使用的数据集与3.1节相同，模型的数据输入也完全一致，因此关于数据预处理及封装，此处不再赘述，详见3.1节数据预处理部分。本节重点介绍如何构建基于交互的文本匹配模型。

步骤1：模型构建

由于本次模型较复杂，因此我们进行模型的拆解介绍。首先我们介绍模型的初始化函数，在这里，我们需要定义数据前向传播过程中需要用到的子模块，包括Embedding模块，用于将文本序列ID转换为词向量矩阵格式，为通用的文本处理模块。此处定义了两个双向LSTM模块，self.lstm主要用于文本原始词表示的编码，而self.lstm_after_interaction主要用于交互后的文本表示的编码，具体操作见后。随之为两个全连接层模块，第一个全连接层用于高维分类特征向量到低维特征向量的转化，第二个全连接层为分类器，用于分类。

```
import paddle.nn as nn
import paddle.nn.functional as F
class InteractionMatch(nn.Layer):
    def __init__(self, hidden_size, num_classes, vocab_size, embedding_dim):
        super().__init__()
        self.hidden_size = hidden_size
        self.num_classes = num_classes
        self.embedding = nn.Embedding(vocab_size, embedding_dim)
        self.embedding_dim = embedding_dim

        self.lstm = nn.LSTM(self.embedding_dim, self.hidden_size,
                            direction = "bidirectional")
        self.lstm_after_interaction = nn.LSTM(self.hidden_size * 2,
                            self.hidden_size, direction = "bidirectional")
        self.fc1 = nn.Linear(self.hidden_size * 4, self.hidden_size)
        self.fc2 = nn.Linear(self.hidden_size, 2)
```

定义好各模块，如何组装起来至关重要。在forward函数中，接收参数为文本1、文本2的ID序列（premises、hypotheses），接下来拆解前向函数中数据的流动过程。

首先将文本ID序列进行词向量表示。

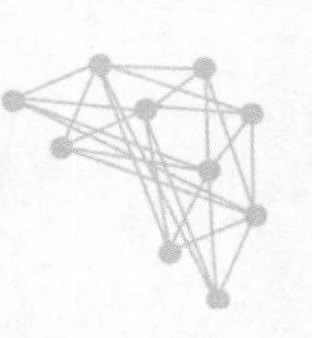


```
embedded_premises = self.embedding(premises)
embedded_hypotheses = self.embedding(hypotheses)
```

词向量矩阵经过第一个双向 LSTM 编码器，用于获取各词语的上下文表示，输出包含3项，例如：encoded_premises、h、c。其中，encoded_premises 为所有词语的隐状态表示，h 为最后一个词语的表示(若为双向 LSTM 时，h 为最后一个词与第一个词语的表示，维度为[direction，batch_size，hidden_size]，双向时 direction＝2，否则 direction＝1)，c 表示中间层的细胞状态。

```
encoded_premises, (h, c) = self.lstm(embedded_premises)
encoded_hypotheses, (_, _) = self.lstm(embedded_hypotheses)
```

我们要用到的数据为每个词语的隐状态表示，因此上述 h、c 均无用，可用下画线占位返回即可。接下来开启交互计算，paddle.bmm()函数提供批量数据的矩阵乘法，即为每一个样本对，结算第一个句子与第二个句子各词语的相关性，然后沿计算维度进行 softmax 归一化，计算某个词基于另一个句子中所有词向量的表示(加权求和过程，此处一定要注意加权求和的方向)。

```
attention_matrix = paddle.bmm(encoded_premises,
                              encoded_hypotheses.transpose([0, 2, 1]))
# print("attention_matrix",attention_matrix.shape) # [32, 50, 50]
# 归一化
attention_matrix_s1 = F.softmax(attention_matrix.transpose([0, 2, 1]),
                                axis = 1)
attention_matrix_s2 = F.softmax(attention_matrix, axis = 1)
premises_seq_att_out = paddle.bmm(encoded_hypotheses.transpose([0,
                       2, 1]), attention_matrix_s1).transpose([0, 2, 1])
hypotheses_seq_att_out = paddle.bmm(encoded_premises.transpose([0,
                         2, 1]), attention_matrix_s2).transpose([0, 2, 1])
```

上述 premises_seq_att_out 表示 premises 中词语基于 hypotheses 中词语隐状态的表示，至此，每一个文本已经得到了两个表示，一个是基于自身上下文的表示，如 encoded_premises，另一个是基于对方文本的表示，如 premises_seq_att_out。然后将这两者进行简单的相加，便可获得既包含自身上下文，又包含 pair 文本的上下文表示。最后将得到的新的隐状态表示输入新一层 LSTM 中，加强上下文表示。

```
premises_att_out, (h1, c1) =
            self.lstm_after_interaction(premises_seq_att_out +
            encoded_premises )
hypotheses_att_out, (h2, c2) =
            self.lstm_after_interaction(hypotheses_seq_att_out +
            encoded_hypotheses)
```

此时，需要构造每个文本最终的语义表示，这里使用 h 作为语义输出，拼接前向与后向最后一个字符的表示作为最终的文本语义表示。

```
fea_sent1 = h1.transpose([1, 0, 2]).reshape([h1.shape[1], -1])
fea_sent2 = h2.transpose([1, 0, 2]).reshape([h2.shape[1], -1])
```

然后拼接文本1、文本2的语义向量，作为分类特征，一次性输入到全连接层、激活层、分类层中，获得分类结果并返回。

```
cls_fea = paddle.concat([
    fea_sent1,
    fea_sent2
], axis = -1)
fc1 = F.relu(self.fc1(cls_fea))
logits = self.fc2(fc1)
# print(logits.shape)
return logits
```

以上为拆解后的模型结构，完整模型结构如下。

```
class InteractionMatch(nn.Layer):
    def __init__(self, hidden_size, num_classes, vocab_size, embedding_dim):
        super().__init__()
        self.hidden_size = hidden_size
        self.num_classes = num_classes
        self.embedding = nn.Embedding(vocab_size, embedding_dim)
        self.embedding_dim = embedding_dim

        self.lstm = nn.LSTM(self.embedding_dim, self.hidden_size,
                            direction = "bidirectional")
        self.lstm_after_interaction = nn.LSTM(self.hidden_size * 2,
                            self.hidden_size, direction = "bidirectional")
        self.fc1 = nn.Linear(self.hidden_size * 4, self.hidden_size)
        self.fc2 = nn.Linear(self.hidden_size, 2)

    def forward(self, premises, hypotheses):
        embedded_premises = self.embedding(premises)
        embedded_hypotheses = self.embedding(hypotheses)
        encoded_premises, (_, _) = self.lstm(embedded_premises)
        encoded_hypotheses, (_, _) = self.lstm(embedded_hypotheses)
        attention_matrix = paddle.bmm(encoded_premises,
                                encoded_hypotheses.transpose([0, 2, 1]))
        attention_matrix_s1 = F.softmax(attention_matrix.transpose([0, 2, 1]),
                                axis = 1)
        attention_matrix_s2 = F.softmax(attention_matrix, axis = 1)
        premises_seq_att_out = paddle.bmm(encoded_hypotheses.transpose([0,
                    2, 1]), attention_matrix_s1).transpose([0, 2, 1])
        hypotheses_seq_att_out = paddle.bmm(encoded_premises.transpose([0,
                    2, 1]), attention_matrix_s2).transpose([0, 2, 1])
        premises_att_out, (h1, c1) =
                        self.lstm_after_interaction(premises_seq_att_out +
                        encoded_premises)
        hypotheses_att_out, (h2, c2) =
                        self.lstm_after_interaction(hypotheses_seq_att_out +
                        encoded_hypotheses)
        fea_sent1 = h1.transpose([1, 0, 2]).reshape([h1.shape[1], -1])
```

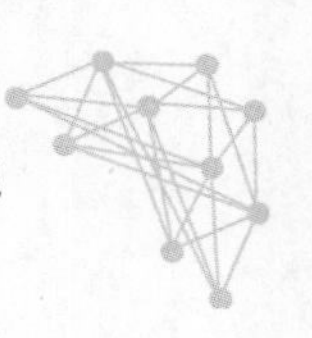


```
        fea_sent2 = h2.transpose([1, 0, 2]).reshape([h2.shape[1], -1])

        cls_fea = paddle.concat([fea_sent1, fea_sent2 ], axis = -1)
        fc1 = F.relu(self.fc1(cls_fea))
        logits = self.fc2(fc1)
        return logits
```

模型训练、预测过程与3.1节完全一致,此处不再赘述。基于交互的方法本质上避免了两个文本之间完全孤立的状态。本书简单地演示了交互方法,同学们在实践的过程中可以发现,本模型结构还有很多可以改进的空间。例如,在计算相关性矩阵时,可以对padding的词语进行屏蔽,因为padding词语本质上不参与、不影响文本的语义计算,该方法就是经典的ESIM模型,感兴趣的同学可以深入了解、实践。

3.3　实践三：基于预训练-微调的文本匹配

基于预训练-微调的文本匹配

预训练-微调框架为各项NLP任务都提供了一个非常强大的基线标准,在2.3节中,我们实践了基于BERT微调的文本分类任务,本节,我们使用百度自研发的ERNIE-Gram预训练-微调框架进行文本匹配。

ERNIE-Gram是一种多粒度预训练语义理解技术。作为自然语言处理的基本语义单元,更充分的语言粒度学习能帮助模型实现更强的语义理解能力。ERNIE-Gram提出显式完备的N-Gram多粒度掩码语言模型,同步建模N-Gram内部和N-Gram之间的语义关系,实现同时学习细粒度和粗粒度语义信息,在各项任务中,取得了比BERT、ERNIE更加优秀的效果。本节将详细介绍如何使用ERNIE-Gram进行文本匹配。

步骤1：数据预处理

在3.1、3.2节中,手动为大家实现了数据集的预处理、ID序列化、Dataset/DataLoader封装等过程,旨在引导同学们更细节地了解NLP任务的基本数据处理过程。本节还是使用相同的数据集进行实践,但是直接从paddlenlp.datasets封装好的数据中读取即可。

```
from paddlenlp.datasets import load_dataset
train_ds, dev_ds = load_dataset("lcqmc", splits = ["train", "dev"])
for idx, example in enumerate(train_ds[:2]):
print(example)
```

输出如下：

```
{'query': '喜欢打篮球的男生喜欢什么样的女生', 'title': '爱打篮球的男生喜欢什么样的女生',
'label': 1}
{'query': '我手机丢了,我想换个手机', 'title': '我想买个新手机,求推荐', 'label': 1}
```

预训练-微调框架使用的数据输入格式通常包含3种：文本ID序列、文本段落标识和位置。通常位置信息会在模型中默认添加,因此,我们需要构建的输入格式必须包含前两者,即文本ID序列与文本段落标识,后者用来标识当前token所属段落(文本对任务)或者区分是否是 padding 符号(单文本任务)。此处,我们直接使用对应预训练模型的 ErnieGramTokenizer 即可。

```
tokenizer = paddlenlp.transformers.ErnieGramTokenizer.from_pretrained('ernie-
                                                                      gram-zh')
```

定义好分词器之后,定义数据集格式化处理函数。首先使用 toknizer 进行文本拼接、切割,然后返回我们需要的两项:序列 ID(input_ids)和文本段落标识(token_type_ids)。

```
def convert_example(example, tokenizer, max_seq_length=512, is_test=False):
    query, title = example["query"], example["title"]
    encoded_inputs = tokenizer(
        text=query, text_pair=title, max_seq_len=max_seq_length)
    input_ids = encoded_inputs["input_ids"]
    token_type_ids = encoded_inputs["token_type_ids"]
    if not is_test:
        label = np.array([example["label"]], dtype="int64")
        return input_ids, token_type_ids, label
    else:
        return input_ids, token_type_ids

input_ids, token_type_ids, label = convert_example(train_ds[0], tokenizer)
```

单个样本格式处理定义完毕后,还需要实现 minibatch 格式数据生成,本质上,与 3.1、3.2 节的 Dataset、DataLoader 是一致的,只不过使用了更高阶的函数。首先,定义一个转化函数 trans_func(),即 convert_example 固定传入 tokenizer,最大句子长度设置为 512。

```
trans_func = partial(
    convert_example,
    tokenizer=tokenizer,
    max_seq_length=512)
```

然后为每个样本执行如下一组操作:Pad-Pad-Stack。其中,对文本 ID 序列、token 类型序列 padding 到指定长度,然后将同一 batch 的标签进行堆叠 Stack,构建一个统一的 tensor。

```
batchify_fn = lambda samples, fn=Tuple(
    Pad(axis=0, pad_val=tokenizer.pad_token_id),              # input_ids
    Pad(axis=0, pad_val=tokenizer.pad_token_type_id),         # token_type_ids
    Stack(dtype="int64")                                      # label
): [data for data in fn(samples)]
```

定义分布式 Sampler,自动对训练数据进行切分,支持多卡并行训练。然后基于上述各处理函数,定义数据迭代器 DataLoader,完成模型输入的标准数据格式封装。

```
# 定义 train_data_loader
batch_sampler = paddle.io.DistributedBatchSampler(train_ds, batch_size=32,
shuffle=True)
train_data_loader = paddle.io.DataLoader(
        dataset=train_ds.map(trans_func),
```

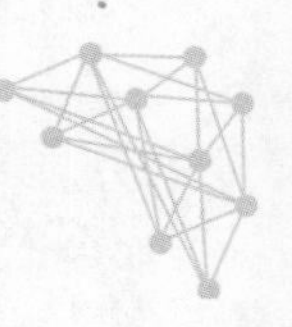

```
        batch_sampler = batch_sampler,
        collate_fn = batchify_fn,
        return_list = True)
# 定义 dev_data_loader
batch_sampler = paddle.io.BatchSampler(dev_ds, batch_size = 32, shuffle = False)
dev_data_loader = paddle.io.DataLoader(
        dataset = dev_ds.map(trans_func),
        batch_sampler = batch_sampler,
        collate_fn = batchify_fn,
        return_list = True)
```

步骤 2：模型加载

直接调用 paddlenlp.transformers.ErnieGramModel 的 from_pretrained()函数，便可下载相应的模型参数，简单便捷。

```
pretrained_model
                = paddlenlp.transformers.ErnieGramModel.from_pretrained('er
               nie - gram - zh')
```

对该预训练模型进行简单封装、模块化，此处包含两部分：第一，预训练模型的输出，即文本对的 CLS 向量，作为分类的特征向量；第二，全连接分类器层，输入维度为预训练模型的 hidden_size，输出维度为分类个数，此处为 2。

```
class PointwiseMatching(nn.Layer):

    def __init__(self, pretrained_model, dropout = None):
        super().__init__()
        self.ptm = pretrained_model
        # dropout:随机失活一部分单元，避免过拟合
        self.dropout = nn.Dropout(dropout if dropout is not None else 0.1)
        self.classifier = nn.Linear(self.ptm.config["hidden_size"], 2)

    def forward(self, input_ids,
                token_type_ids = None,
                position_ids = None,
                attention_mask = None):

        _, cls_embedding = self.ptm(input_ids, token_type_ids, position_ids,
                                    attention_mask)
        cls_embedding = self.dropout(cls_embedding)
        logits = self.classifier(cls_embedding)
        probs = F.softmax(logits)
        return probs
```

步骤 3：模型训练

模型训练依旧遵循模型初始化、优化器/损失函数定义、评价指标选择等过程，此处，我们使用 AdamW 优化器，损失函数为交叉熵损失函数 CrossEntropyLoss()。优化器对学习

率先进性 warmup，然后在指定步数之后进行学习率先行衰减，避免错过损失函数的最优值，或者在极小值附近振荡而导致无法收敛，采用正确率 Accuracy 作为评价指标。

```
model = PointwiseMatching(pretrained_model)
epochs = 3
num_training_steps = len(train_data_loader) * epochs

# 定义 learning_rate_scheduler，负责在训练过程中对 lr 进行调度
lr_scheduler = LinearDecayWithWarmup(5E - 5, num_training_steps, 0.0)

decay_params = [
    p.name for n, p in model.named_parameters()
    if not any(nd in n for nd in ["bias", "norm"])
]

# 定义 Optimizer
optimizer = paddle.optimizer.AdamW(
    learning_rate = lr_scheduler,
    parameters = model.parameters(),
    weight_decay = 0.0,
    apply_decay_param_fun = lambda x: x in decay_params)

# 采用交叉熵 损失函数
criterion = paddle.nn.loss.CrossEntropyLoss()

# 评估的时候采用准确率指标
metric = paddle.metric.Accuracy()
```

模型训练过程如下，整体遵循数据前向传播，损失函数计算梯度进行反向传播 loss.backward，间隔迭代次数验证模型微调效果，最后保存模型参数。

```
global_step = 0
tic_train = time.time()

for epoch in range(1, epochs + 1):
    for step, batch in enumerate(train_data_loader, start = 1):
        input_ids, token_type_ids, labels = batch
        probs = model(input_ids = input_ids, token_type_ids = token_type_ids)
        loss = criterion(probs, labels)
        correct = metric.compute(probs, labels)
        metric.update(correct)
        acc = metric.accumulate()
        global_step += 1
        if global_step % 100 == 0:
            print(
                "global step %d, epoch: %d, batch: %d, loss: %.5f, accu: %.5f,
                speed: %.2f step/s"
                % (global_step, epoch, step, loss, acc,
                    10 / (time.time() - tic_train)))
            tic_train = time.time()
```

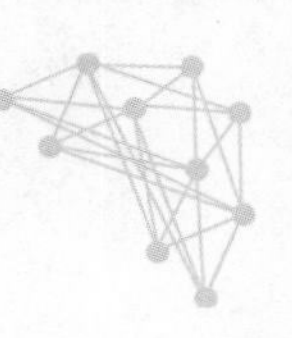


```
        loss.backward()
        optimizer.step()
        lr_scheduler.step()
        optimizer.clear_grad()

        # 每间隔 100 step 在验证集和测试集上进行评估
        if global_step % 100 == 0:
            evaluate(model, criterion, metric, dev_data_loader, "dev")

# 训练结束后,存储模型参数
save_dir = os.path.join("checkpoint", "model_%d" % global_step)
os.makedirs(save_dir)

save_param_path = os.path.join(save_dir, 'model_state.pdparams')
paddle.save(model.state_dict(), save_param_path)
tokenizer.save_pretrained(save_dir)
```

步骤 4：模型预测

模型预测与模型训练过程基本一致，只不过输入数据不含标签，因此需要对推理数据做额外处理，主要体现为去掉标签。

```
# 推理数据的转换函数
# predict 数据没有 label, 因此 convert_exmaple 的 is_test 参数设为 True
trans_func = partial(
    convert_example,
    tokenizer = tokenizer,
    max_seq_length = 512,
    is_test = True)

# 预测数据 batch 操作
# predict 数据只返回 input_ids 和 token_type_ids
batchify_fn = lambda samples, fn = Tuple(
    Pad(axis = 0, pad_val = tokenizer.pad_token_id),            # input_ids
    Pad(axis = 0, pad_val = tokenizer.pad_token_type_id),       # segment_ids
): [data for data in fn(samples)]

# 加载预测数据
test_ds = load_dataset("lcqmc", splits = ["test"])
batch_sampler = paddle.io.BatchSampler(test_ds, batch_size = 32, shuffle = False)

# 生成预测数据 data_loader
predict_data_loader = paddle.io.DataLoader(
        dataset = test_ds.map(trans_func),
        batch_sampler = batch_sampler,
        collate_fn = batchify_fn,
        return_list = True)
```

定义预测函数，分批次处理推理数据，避免内存溢出。

```
def predict(model, data_loader):
    batch_probs = []
    # 预测阶段打开 eval 模式,模型中的 dropout 等操作会关掉
    model.eval()

    with paddle.no_grad():
        for batch_data in data_loader:
            input_ids, token_type_ids = batch_data
            input_ids = paddle.to_tensor(input_ids)
            token_type_ids = paddle.to_tensor(token_type_ids)
            # 获取每个样本的预测概率: [batch_size, 2] 的矩阵
            batch_prob = model(
                input_ids = input_ids, token_type_ids = token_type_ids).numpy()
            batch_probs.append(batch_prob)
        batch_probs = np.concatenate(batch_probs, axis = 0)
        return batch_probs
```

初始化一个新的模型，加载保存好的参数，为新模型参数赋值，然后调用 predict 函数，并保存预测结果。

```
pretrained_model = paddlenlp.transformers.ErnieGramModel.from_pretrained('ernie - gram - zh')

model = PointwiseMatching(pretrained_model)
state_dict = paddle.load("./ernie_gram_zh_pointwise_matching_model/model_state.pdparams")

model.set_dict(state_dict)

# 执行预测函数
y_probs = predict(model, predict_data_loader)

# 根据预测概率获取预测 label
y_preds = np.argmax(y_probs, axis = 1)

test_ds = load_dataset("lcqmc", splits = ["test"])

with open("lcqmc.tsv", 'w', encoding = "utf - 8") as f:
    f.write("index\tprediction\n")
    for idx, y_pred in enumerate(y_preds):
        f.write("{}\t{}\n".format(idx, y_pred))
        text_pair = test_ds[idx]
        text_pair["label"] = y_pred
        print(text_pair)
```

第4章 信息抽取

信息抽取，即从自然语言文本中，抽取特定的事件或事实信息，帮助我们将海量内容自动分类、提取和重构。这些信息通常包括实体、关系、事件等，例如，从新闻中抽取时间、地点、关键人物，从文本中抽取关键实体的关系，从技术文档中抽取产品名称、开发时间、性能指标等。

信息抽取主要包括三个子任务：①实体抽取，也就是命名实体识别，识别出文本中的实体，如人名、地名、机构名等；②关系抽取，即通常说的三元组抽取，主要用于抽取两个实体在某一特定上下文中的关系；③事件抽取，相当于一种多元关系的抽取，识别特定类型的事件，并把事件中担任既定角色的要素找出来。

本章将利用 PaddlePaddle 深度学习框架，使用经典的深度学习方法，实现上述三个子任务。

4.1 实践一：基于 BiLSTM-CRF 的命名实体识别

基于 BiLSTM-CRF 的命名实体识别

命名实体识别任务主要识别文本中的实体，并且对识别出的实体进行分类，如人名、地名、机构名或其他类型。本质上，对于给定的文本，只需要对其中的每个单词进行分类，只不过需要对分类的标签进行重新定义。例如，对于“人名”，又可以分为两个子类“B-人名”“I-人名”，即人名的开始与人名的中间部分，其他类型同样规则，对于非指定类型的单词，可统一指定为“O”类型。在分类过程中还要进行类型转移的约束，也就是状态转移约束，例如，当

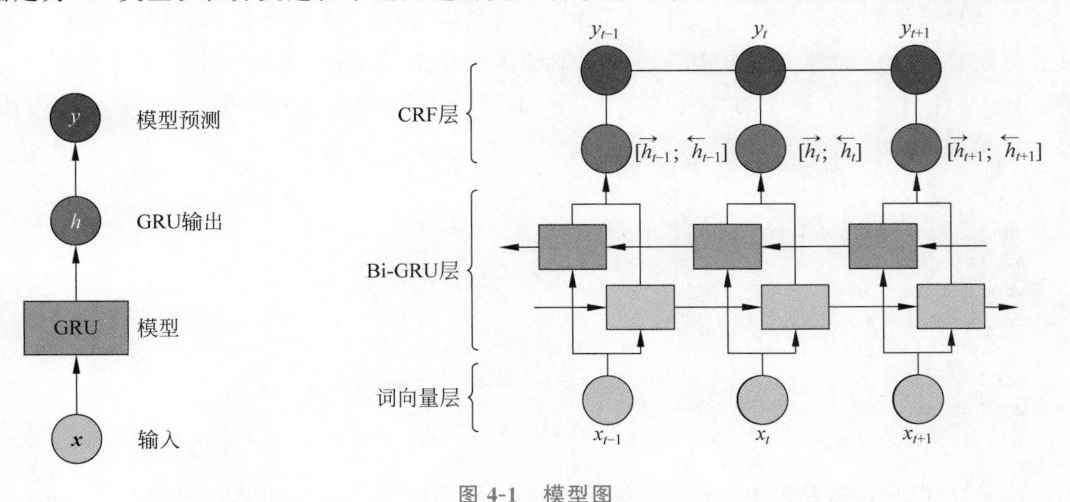

图 4-1 模型图

判断某个单词的类型为“B-人名”时，那么当前单词下一个单词类型可能为“O”类型，可能为“I-人名”类型，也可能为“B-机构”类型，但是不可能为“I-机构”类型，因为“B-人名”不可能转移到“I-机构”类型（连续单词块必须是包含连续的预测类型），条件随机场（CRF）可以实现上述状态转移约束，并且不需要先验条件。在对文本中的所有单词分类完成后，需要解析识别出的实体块，并且根据每个词的预测类型确定实体块的总体类型，即连续的[B-类型[，I-类型，…，I类型]]（[，I-类型，…，I-类型]表示0或多个中间部分类型）为一个被识别出的实体，O代表非实体类型。

本实践使用BiLSTM实现命名实体识别，代码运行的环境配置如下：Python版本为3.7，PaddlePaddle版本为2.0.0，操作平台为AI Studio。

步骤1：MSRA_NER数据集准备

本实践使用的数据集为微软开源的MSRA_NER数据集，PaddleNLP中集成了该数据集，并且将数据定义为JSON格式，如图4-2所示。

```
{'tokens': ['当', '希', '望', '工', '程', '救', '助', '的', '百', '万', '儿', '童', '成', '长', '起', '来', '，', '科', '教',
'兴', '国', '蔚', '然', '成', '风', '时', '，', '今', '天', '有', '收', '藏', '价', '值', '的', '书', '你', '没', '买', '，',
'明', '日', '就', '叫', '你', '悔', '不', '当', '初', '！'], 'labels': [6, 6, 6, 6, 6, 6, 6, 6, 6, 6, 6, 6, 6, 6, 6, 6, 6,
6, 6, 6, 6, 6, 6, 6, 6, 6, 6, 6, 6, 6, 6, 6, 6, 6, 6, 6, 6, 6, 6, 6, 6, 6, 6, 6, 6, 6, 6, 6, 6, 6]}
{'B-PER': 0, 'I-PER': 1, 'B-ORG': 2, 'I-ORG': 3, 'B-LOC': 4, 'I-LOC': 5, 'O': 6}
```

图4-2 数据集示例

本数据集一共包含51884条数据，为了更好地观察模型的性能，我们将集成的数据集切分为训练集、验证集和测试集3个子集（该数据集中包含测试集，为了简单操作，此处使用原数据集的测试集作为验证集使用）。

```
from paddlenlp.datasets import load_dataset
# 由于 MSRA_NER 数据集没有 dev dataset
# 这里重复加载 test dataset 作为 dev_ds
train_ds, dev_ds, test_ds = load_dataset(
        'msra_ner', splits = ('train', 'test', 'test'), lazy = False)
```

加载好数据集之后，需要手动构建词典，将自然语言单词处理为数字下标的形式，方便后面分布式词向量的转换。本实践统计待训练集中出现的单词，为每个不同的单词赋予一个下标，并且增加两个额外的“单词”符号，“PAD”符号作为长度填充单词，而“OOV”符号作为未登录词的替代词。

```
label_vocab = {label:label_id for label_id, label in
enumerate(train_ds.label_list)}
words = set()
word_vocab = []
for item in train_ds:
    word_vocab += item['tokens']
word_vocab = {k:v + 2 for v,k in enumerate(set(word_vocab))}
word_vocab['PAD'] = 0
word_vocab['OOV'] = 1
```

定义好词典后，需要将文本转化为词下标形式，作为模型训练的输入，该过程通过convert_

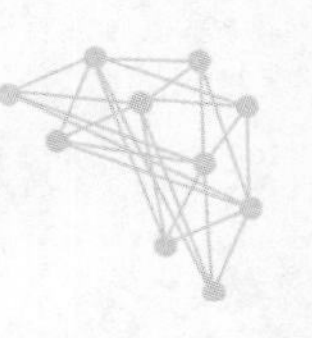

tokens_to_ids 函数实现，同时定义 convert_example 函数，处理单个样本，其中 train_ds. map (convert_example)命令表示对 train_ds 中的每一条数据都使用 convert_example 函数进行映射。

```
def convert_tokens_to_ids(tokens, vocab, oov_token = 'OOV'):
    token_ids = []
    oov_id = vocab.get(oov_token) if oov_token else None
    for token in tokens:
        token_id = vocab.get(token, oov_id)
        token_ids.append(token_id)
    return token_ids
def convert_example(example):
        tokens, labels = example['tokens'],example['labels']
        token_ids = convert_tokens_to_ids(tokens, word_vocab, 'OOV')
        label_ids = labels #convert_tokens_to_ids(labels, label_vocab, 'O')
        return token_ids, len(token_ids), label_ids
train_ds.map(convert_example)
dev_ds.map(convert_example)
test_ds.map(convert_example)
```

为了使样本能够批量输入模型中，需要定义批量转换函数 batchify_fn 操作，本实践实现该操作为一个 lambda 表达式，即将样本中的 token_ids 使用 Pad 函数进行填充，填充符号为“PAD”，对文本的原始序列长度，使用 Stack 函数将批量长度拼接，使用 Pad 函数对标签类型进行填充，即末尾填充“O”类型(对应“PAD”字符的类型)，然后使用 paddle. io. DataLoader 进行封装，在 DataLoader 中可指定批大小、是否打乱数据顺序、批量输出处理函数等操作。

```
batchify_fn = lambda samples, fn = Tuple(
        Pad(axis = 0, pad_val = word_vocab.get('PAD')),
        Stack(), # seq_len
        Pad(axis = 0, pad_val = label_vocab.get('O'))      # label_ids
    ): fn(samples)
train_loader = paddle.io.DataLoader(
        dataset = train_ds, batch_size = 32, shuffle = True,
        drop_last = True, return_list = True,
        collate_fn = batchify_fn)
dev_loader = paddle.io.DataLoader(
        dataset = dev_ds, batch_size = 32, drop_last = True,
        return_list = True, collate_fn = batchify_fn)
test_loader = paddle.io.DataLoader(
        dataset = test_ds, batch_size = 32, drop_last = True,
        return_list = True, collate_fn = batchify_fn)
```

步骤 2：BiLSTM＋CRF 模型配置

本实践实现基于 BiLSTM＋CRF 的命名实体识别。该模型首先继承 nn. Layer 抽象类，可实现模型训练、验证模式切换等功能，然后使用初始化 nn. Embedding 类，学习词向量表示，使用 nn. LSTM 类作为本方法的编码器部分，并且通过参数 direction 设置为双向网络，经过编码之后，需要将文本中的每个单词的隐状态表示映射到不同的类别上，此处为了方便后续处理，需要定义两个额外的状态，开始解码状态与结束解码状态，标识解码的开始与结束（一般对应开始字符与结束字符）。PaddleNLP 实现了 LinearChainCrf 类，该类是一个线性链条件随机场，在序列任务预测过程中，可以实现序列依赖关系，初始化 LinearChainCrf 类需要接收一个参数，即类型数（不包含开始解码状态与结束解码状态），实例化后的 LinearChainCrf 对象需要结合 ViterbiDecoder 进行解码，ViterbiDecoder 在解码标签序列时，使得到的标签序列打分最高，但是该解码器仅在测试时使用，在解码时，需要传递两个必要的参数，每个时间步的预测结果（概率分布）与每个句子的长度数组。

```
class BiLSTMWithCRF(nn.Layer):
    def __init__(self, emb_size,
                 hidden_size, word_num, label_num,
                 use_w2v_emb = False):
        super(BiLSTMWithCRF, self).__init__()
        self.word_emb = nn.Embedding(word_num, emb_size)
        self.lstm = nn.LSTM(emb_size,
                            hidden_size,
                            num_layers = 2,
                            direction = 'bidirectional')
        self.fc = nn.Linear(hidden_size * 2, label_num + 2)      # BOS EOS
        self.crf = LinearChainCrf(label_num)
        self.decoder = ViterbiDecoder(self.crf.transitions)
    def forward(self, x, lens):
        embs = self.word_emb(x)
        output, _ = self.lstm(embs)
        output = self.fc(output)
        _, pred = self.decoder(output, lens)
        return output, lens, pred
```

步骤 3：模型训练

定义好模型之后，需要定义训练模型所需要的优化器、损失函数、评价函数等组件，本实践仍旧使用 Adam 优化器进行参数更新。由于本实践需要使用 CRF 进行解码约束，因此，使用的损失函数为线性链条件随机场损失（LinearChainCrfLoss），初始化该损失类需要接收一个参数，即模型中定义的 LinearChainCrf 实例，自动学习并适应训练数据集的状态转移关系。对于命名实体识别问题，需要对预测结果进行实体块的解析，PaddleNLP 提供了 ChunkEvaluator 类，专门针对命名实体及其扩展任务类型进行评估。本实践使用 PaddlePadlle 的高层 API 进行训练，即首先使用 Model 类进行模型的封装，然后调用 model.prepare，配置模型优化使用的优化器、损失函数及评价函数，调用 model.fit 接口，传入训练数据、验证数据，配置训练轮数、保存参数的地址等参数。

```
# Define the model netword and its loss
network = BiLSTMWithCRF(300, 300, len(word_vocab), len(label_vocab))
model = paddle,Model(network)
optimizer = paddle.optimizer.Adam(learning_rate = 0.001, parameters = model.parameters())
crf_loss = LinearChainCrfLoss(network.crf)
chunk_evaluator = ChunkEvaluator(label_list =
                                 label_vocab.keys(),
                                 suffix = True)
```

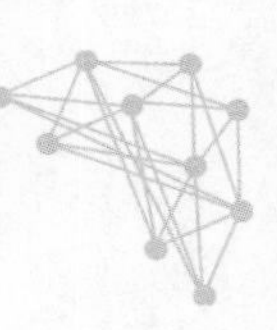

```
model.prepare(optimizer, crf_loss, chunk_evaluator)
model.fit(train_data = train_loader,
                eval_data = dev_loader,
                epochs = 10,
                save_dir = './results',
                log_freq = 100)
```

训练过程的部分输出如图 4-3 所示。

```
step  100/1406 - loss: 28.4015 - precision: 0.0960 - recall: 0.0502 - f1: 0.0659 - 140ms/step
step  200/1406 - loss: 0.0000e+00 - precision: 0.3223 - recall: 0.2206 - f1: 0.2620 - 137ms/step
step  300/1406 - loss: 0.1351 - precision: 0.4407 - recall: 0.3430 - f1: 0.3858 - 134ms/step
step  400/1406 - loss: 0.6926 - precision: 0.5028 - recall: 0.4158 - f1: 0.4552 - 130ms/step
step  500/1406 - loss: 16.1168 - precision: 0.5493 - recall: 0.4733 - f1: 0.5085 - 128ms/step
step  600/1406 - loss: 0.0000e+00 - precision: 0.5816 - recall: 0.5139 - f1: 0.5456 - 127ms/step
step  700/1406 - loss: 0.7591 - precision: 0.6063 - recall: 0.5462 - f1: 0.5747 - 126ms/step
step  800/1406 - loss: 9.2798 - precision: 0.6257 - recall: 0.5710 - f1: 0.5971 - 125ms/step
step  900/1406 - loss: 1.0206 - precision: 0.6429 - recall: 0.5928 - f1: 0.6169 - 125ms/step
step 1000/1406 - loss: 12.0070 - precision: 0.6582 - recall: 0.6123 - f1: 0.6344 - 127ms/step
step 1100/1406 - loss: 0.0000e+00 - precision: 0.6706 - recall: 0.6280 - f1: 0.6486 - 126ms/step
step 1200/1406 - loss: 0.0000e+00 - precision: 0.6816 - recall: 0.6418 - f1: 0.6611 - 125ms/step
step 1300/1406 - loss: 27.2865 - precision: 0.6925 - recall: 0.6550 - f1: 0.6732 - 125ms/step
step 1400/1406 - loss: 18.4932 - precision: 0.7016 - recall: 0.6667 - f1: 0.6837 - 125ms/step
step 1406/1406 - loss: 0.0000e+00 - precision: 0.7019 - recall: 0.6672 - f1: 0.6841 - 125ms/step
save checkpoint at /home/aistudio/results/0
Eval begin...
The loss value printed in the log is the current batch, and the metric is the average value of previous step.
step 100/107 - loss: 0.0000e+00 - precision: 0.7925 - recall: 0.7251 - f1: 0.7573 - 94ms/step
step 107/107 - loss: 0.0000e+00 - precision: 0.7903 - recall: 0.7241 - f1: 0.7558 - 91ms/step
Eval samples: 3424
Epoch 2/10
step  100/1406 - loss: 0.0000e+00 - precision: 0.8303 - recall: 0.8282 - f1: 0.8292 - 123ms/step
step  200/1406 - loss: 0.0000e+00 - precision: 0.8338 - recall: 0.8371 - f1: 0.8355 - 123ms/step
step  300/1406 - loss: 0.5830 - precision: 0.8327 - recall: 0.8366 - f1: 0.8346 - 123ms/step
```

图 4-3　训练过程的部分输出

步骤 4：模型评估

使用 PaddlePaddle 高层 API 进行模型性能的评估，只需要调用 model. evaluate，传入测试数据即可。

```
model.evaluate(eval_data = test_loader, log_freq = 10)
```

评估测试集的输出结果如图 4-4 所示。

```
Eval begin...
The loss value printed in the log is the current batch, and the metric is the average value of previous step.
step  10/107 - loss: 0.0000e+00 - precision: 0.9117 - recall: 0.8969 - f1: 0.9042 - 116ms/step
step  20/107 - loss: 0.0000e+00 - precision: 0.8991 - recall: 0.8424 - f1: 0.8698 - 173ms/step
step  30/107 - loss: 0.0000e+00 - precision: 0.9006 - recall: 0.8442 - f1: 0.8715 - 143ms/step
step  40/107 - loss: 0.0000e+00 - precision: 0.8950 - recall: 0.8523 - f1: 0.8731 - 128ms/step
step  50/107 - loss: 0.0000e+00 - precision: 0.8929 - recall: 0.8553 - f1: 0.8737 - 121ms/step
step  60/107 - loss: 0.0000e+00 - precision: 0.8915 - recall: 0.8633 - f1: 0.8772 - 121ms/step
step  70/107 - loss: 1.5039 - precision: 0.8871 - recall: 0.8576 - f1: 0.8721 - 118ms/step
step  80/107 - loss: 0.0000e+00 - precision: 0.8859 - recall: 0.8529 - f1: 0.8691 - 115ms/step
step  90/107 - loss: 0.0000e+00 - precision: 0.8848 - recall: 0.8516 - f1: 0.8679 - 112ms/step
step 100/107 - loss: 0.0000e+00 - precision: 0.8792 - recall: 0.8493 - f1: 0.8640 - 107ms/step
step 107/107 - loss: 0.0000e+00 - precision: 0.8764 - recall: 0.8475 - f1: 0.8617 - 104ms/step
Eval samples: 3424
{'loss': [0.0],
 'precision': 0.8764243441392103,
 'recall': 0.847527120526181,
 'f1': 0.8617335417752301}
```

图 4-4　评估测试集的输出结果

步骤5：命名实体识别预测

在使用模型阶段，由于任务的特殊性，需要对模型输出的解码结果进行进一步解析，即根据预测结果解析出其中的实体块。首先定义 parse_decodes 函数，在函数中，将连续的[B-类型[，I-类型，…，I 类型]]([，I-类型，…，I-类型]表示 0 或多个中间部分类型)合并为一个实体，O 代表非实体类型。

```
def parse_decodes(ds, decodes, lens, label_vocab):
    decodes = [x for batch in decodes for x in batch]
    lens = [x for batch in lens for x in batch]
    print(len(decodes), len(decodes))
    id_label = dict(zip(label_vocab.values(), label_vocab.keys()))
    outputs = []
    i = 0
    for idx, end in enumerate(lens):
        sent = ds.data[idx]['tokens'][:end]
        tags = [id_label[x] for x in decodes[idx][:end]]
        sent_out = []
        tags_out = []
        words = ""
        for s, t in zip(sent, tags):
            if t.startswith('B-') or t == 'O':
                if len(words):
                    sent_out.append(words)                    # 上一个实体保存
                tags_out.append(t.split('-')[-1])             # 保存该实体的类型
                words = s
            else:
                words += s
        if len(sent_out) < len(tags_out):
            sent_out.append(words)
        if len(sent_out) != len(tags_out):
            print(len(sent_out),len(tags_out))
            continue
        cs = [str((s, t)) for s, t in zip(sent_out, tags_out)]
        ss = ''.join(cs)
        i += 1
        outputs.append(ss)
    return outputs
```

调用 model.predict 接口，输入测试数据进行预测，并打印预测结果。

```
outputs, lens, decodes = model.predict(test_data=test_loader)
preds = parse_decodes(test_ds, decodes, lens, label_vocab)
print(preds[0])
print('----------------')
print(preds[1])
print('----------------')
print(preds[2])
```

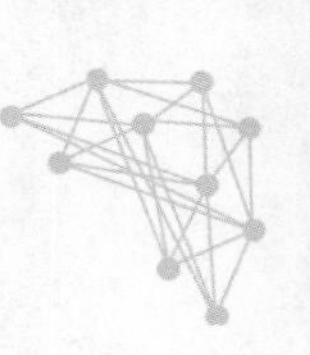

预测过程的部分输出如图 4-5 所示。

```
('中共中央致中国致公党', 'ORG')('十一大', 'O')('的', 'O')('贺', 'O')('词', 'O')('各', 'O')('位', 'O')('代', 'O')('表', 'O')
('、', 'O')('各', 'O')('位', 'O')('同', 'O')('志', 'O')(': ', 'O')('在', 'O')('中国致公党', 'ORG')('第', 'O')('十', 'O')
('一', 'O')('次', 'O')('全', 'O')('国', 'O')('代', 'O')('表', 'O')('大', 'O')('会', 'O')('隆', 'O')('重', 'O')('召', 'O')
('开', 'O')('之', 'O')('际', 'O')(', ', 'O')('中国共产党中央', 'ORG')('委', 'O')('员会', 'O')('谨', 'O')('向', 'O')('大',
'O')('会', 'O')('表', 'O')('示', 'O')('热', 'O')('烈', 'O')('的', 'O')('祝', 'O')('贺', 'O')(', ', 'O')('向', 'O')('致公党',
'O')('的', 'O')('同', 'O')('志', 'O')('们', 'O')('致', 'O')('以', 'O')('亲', 'O')('切', 'O')('的', 'O')('问', 'O')('候',
'O')('! ', 'O')
----------------
('在', 'O')('过', 'O')('去', 'O')('的', 'O')('五', 'O')('年', 'O')('中', 'O')(', ', 'O')('致公党', 'O')('在', 'O')('邓小平',
'PER')('理', 'O')('论', 'O')('指', 'O')('引', 'O')('下', 'O')(', ', 'O')('遵', 'O')('循', 'O')('社', 'O')('会', 'O')('主',
'O')('义', 'O')('初', 'O')('级', 'O')('阶', 'O')('段', 'O')('的', 'O')('基', 'O')('本', 'O')('路', 'O')('线', 'O')(', ',
'O')('努力', 'O')('实', 'O')('践', 'O')('致', 'O')('公党', 'O')('十大', 'O')('提', 'O')('出', 'O')('的', 'O')('发', 'O')
('挥', 'O')('参', 'O')('政', 'O')('党', 'O')('职', 'O')('能', 'O')('、', 'O')('加', 'O')('强', 'O')('自', 'O')('身', 'O')
('建', 'O')('设', 'O')('的', 'O')('基', 'O')('本', 'O')('任', 'O')('务', 'O')('。', 'O')
```

图 4-5　预测过程的部分输出

本实践展示了使用简单的 BiLSTM+CRF 解决命名实体识别问题，虽然简单易行，但是在性能上仍旧有较大的提升空间，读者可以尝试使用更加先进的方法，如在大规模预训练语言模型上进行微调。

4.2　实践二：基于 BiLSTM-CRF 的事件抽取

基于 BiLSTM-CRF 的事件抽取

事件抽取技术是从非结构化信息中抽取出用户感兴趣的事件，并以结构化呈现给用户。事件抽取任务可分解为 4 个子任务：触发词识别、事件类型分类、论元识别和角色分类任务。其中，触发词识别和事件类型分类可合并成事件识别任务。事件识别是一个基于单词的多分类任务，用来判断句子中的每个单词归属的事件类型。论元识别和角色分类可合并成论元角色分类任务，角色分类任务则是一个基于词对的多分类任务，判断句子中任意一对触发词和实体之间的角色关系。

根据上述合并后的两个子任务，可以将事件抽取分为两部分执行，即主流的方法是使用两个子任务完成事件抽取任务：①识别事件并判断类型，使用序列词分类的方式识别触发词并判断事件类型（与 4.1 节的 NER 任务类似），或者直接使用文本分类的方式判断 mention 对应的事件类型；②识别论元角色并判断类型，使用序列词分类（与 4.1 节的 NER 任务类似），或者三元组抽取的方式，把事件的重要角色识别出来并分类。

本实践使用 BiLSTM 实现两个子任务中的分类，代码运行的环境配置如下：Python 版本为 3.7，PaddlePaddle 版本为 2.0.0，操作平台为 AI Studio。

步骤 1：DuEE 1.0 数据准备

本实践使用 DuEE 1.0 数据集，该数据集为基于现实场景的大规模中文事件抽取数据集，提供了丰富的标注，包括触发器、事件类型、事件论元以及它们各自的论元角色，由 19640 个事件组成，分为 65 种事件类型，以及映射到 121 个论元角色的 41520 个事件论元，数据格式如图 4-6 所示。其中，event_type 为事件类型，对应 trigger 字段为该事件的触发词，arguments 中定义相关的论元角色。

```
{"text": "不仅仅是中国IT企业在裁员，为何500强的甲骨文也发生了全球裁员", "id": "c970d67bb8d3e57db77c4dbbd
fbe9769", "event_list": [{"event_type": "组织关系-裁员", "trigger": "裁员", "trigger_start_index": 11, "
arguments": [{"argument_start_index": 4, "role": "裁员方", "argument": "中国IT企业", "alias": []}], "cla
ss": "组织关系"}, {"event_type": "组织关系-裁员", "trigger": "裁员", "trigger_start_index": 30, "argumen
ts": [{"argument_start_index": 16, "role": "裁员方", "argument": "500强的甲骨文", "alias": []}], "class"
: "组织关系"}]}
{"text": "据猛龙随队记者Josh Lewenberg报道，消息人士透露，猛龙已将前锋萨加巴-科纳特裁掉。此前他与猛龙签>
下了一份Exhibit 10合同。在被裁掉后，科纳特下赛季大概率将前往猛龙的发展联盟球队效力。", "id": "8a440ade8a
8bac469e0357cc519ec9c0", "event_list": [{"event_type": "组织关系-裁员", "trigger": "裁掉", "trigger_star
t_index": 44, "arguments": [{"argument_start_index": 31, "role": "裁员方", "argument": "猛龙", "alias":
[]}], "class": "组织关系"}, {"event_type": "组织关系-加盟", "trigger": "签下", "trigger_start_index": 53
, "arguments": [{"argument_start_index": 35, "role": "加盟者", "argument": "前锋萨加巴-科纳特", "alias":
 []}, {"argument_start_index": 51, "role": "所加盟组织", "argument": "猛龙", "alias": []}], "class": "组
织关系"}, {"event_type": "组织关系-裁员", "trigger": "裁掉", "trigger_start_index": 73, "arguments": [{"
argument_start_index": 31, "role": "裁员方", "argument": "猛龙", "alias": []}], "class": "组织关系"}]}
```


图 4-6　数据集示例

在本实践中，我们对事件识别任务与论元角色识别任务均采用类命名实体识别的方法分别进行建模，因此首先需要将数据处理为命名实体识别任务相同的格式。

（1）读、写文件。

```
# 读文件，按行返回
def read_by_lines(path):
    result = list()
    with open(path, "r") as infile:
        for line in infile:
            result.append(line.strip())
    return result
# 按行写文件
def write_by_lines(path, data):
    with open(path, "w") as outfile:
        [outfile.write(d + "\n") for d in data]
# 读取字典文件，加载标签文件
def load_dict(dict_path):
    vocab = {}
    for line in open(dict_path, 'r', encoding = 'utf - 8'):
        value, key = line.strip('\n').split('\t')
        vocab[key] = int(value)
return vocab
```

（2）数据处理。

为事件识别任务与论元角色识别任务分别做准备。例如，对于一个触发词，我们可以将其拆分为几个单字（英文为单词），并对每个字进行类型标注，触发词的开始字标注为“B-类型”，而触发词的中间或结尾字标注为“I-类型”，论元角色分类任务也做同样的处理，然后将处理好的数据保存于文件中，便于重复利用。

```
def data_process(path, model = "trigger", is_predict = False):
    # 为事件或者论元角色打标签
    def label_data(data, start, l, _type):
        for i in range(start, start + l):
            suffix = "B - " if i == start else "I - "
            data[i] = "{}{}".format(suffix, _type)
        return data
    sentences = []
```

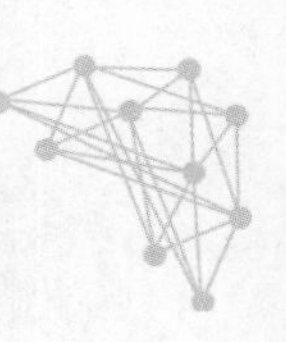


```
    output = ["text_a"] if is_predict else ["text_a\tlabel"]
    with open(path) as f:
        for line in f:
            d_json = json.loads(line.strip())
            _id = d_json["id"]
            # 特殊符号统一用,替代
            text_a = [
                "," if t == " " or t == "\n" or t == "\t" else t
                for t in list(d_json["text"].lower())
            ]
            if is_predict:
                sentences.append({"text": d_json["text"], "id": _id})
                output.append('\002'.join(text_a))
            else:
                if model == "trigger":
                    labels = ["O"] * len(text_a)
                    for event in d_json.get("event_list", []):
                        event_type = event["event_type"]
                        start = event["trigger_start_index"]
                        trigger = event["trigger"]
                        labels = label_data(labels, start,
                                            len(trigger), event_type)
                  output.append("{}\t{}".format('\002'.join(text_a),
                                                '\002'.join(labels)))
                elif model == "role":
                    for event in d_json.get("event_list", []):
                        labels = ["O"] * len(text_a)
                        for arg in event["arguments"]:
                            role_type = arg["role"]
                            argument = arg["argument"]
                            start = arg["argument_start_index"]
                            labels = label_data(labels, start, len(argument), role_type)
                            output.append("{}\t{}".format(
                            '\002'.join(text_a), '\002'.join(labels)))
    return output
# 处理标签(扩充),将标签处理为"B-类型""I-类型""O"格式
def schema_process(path, model = "trigger"):
    #标签形式扩充(处理单个标签),将单个标签拆分为两个标签
    def label_add(labels, _type):
        # 标签拆分
        if "B-{}".format(_type) not in labels:
            labels.extend(["B-{}".format(_type), "I-{}".format(_type)])
        return labels
    labels = []
    for line in read_by_lines(path):
        d_json = json.loads(line.strip())
        if model == "trigger":
            labels = label_add(labels, d_json["event_type"])
        elif model == "role":
            for role in d_json["role_list"]:
```

```
                labels = label_add(labels, role["role"])
        labels.append("O")
        tags = []
        for index, label in enumerate(labels):
            tags.append("{}\t{}".format(index, label))
    return tags
```

(3) 转换格式。

调用上述函数进行数据格式转换，并保存新生成的数据。

```
conf_dir = "./data/data80850"
schema_path = "{}/event_schema.json".format(conf_dir)
tags_trigger_path = "{}/trigger_tag.dict".format(conf_dir)
tags_role_path = "{}/role_tag.dict".format(conf_dir)
tags_trigger = schema_process(schema_path, "trigger")
write_by_lines(tags_trigger_path, tags_trigger)
tags_role = schema_process(schema_path, "role")
write_by_lines(tags_role_path, tags_role)
# 定义数据路径
data_dir = "./data/data80850"
trigger_save_dir = "{}/trigger".format(data_dir)
role_save_dir = "{}/role".format(data_dir)
if not os.path.exists(trigger_save_dir):
    os.makedirs(trigger_save_dir)
if not os.path.exists(role_save_dir):
    os.makedirs(role_save_dir)
trigger_save_dir))
```

事件识别任务数据格式转换，并将转换后的数据保存。

```
train_tri = data_process("{}/train.json".format(data_dir), "trigger")
write_by_lines("{}/train.tsv".format(trigger_save_dir), train_tri)
dev_tri = data_process("{}/dev.json".format(data_dir), "trigger")
write_by_lines("{}/dev.tsv".format(trigger_save_dir), dev_tri)
test_tri = data_process("{}/test.json".format(data_dir), "trigger")
write_by_lines("{}/test.tsv".format(trigger_save_dir), test_tri)
```

论元角色识别数据格式转换，并将转换后的数据保存。

```
train_role = data_process("{}/train.json".format(data_dir), "role")
write_by_lines("{}/train.tsv".format(role_save_dir), train_role)
dev_role = data_process("{}/dev.json".format(data_dir), "role")
write_by_lines("{}/dev.tsv".format(role_save_dir), dev_role)
test_role = data_process("{}/test.json".format(data_dir), "role")
write_by_lines("{}/test.tsv".format(role_save_dir), test_role)
print("train {} dev {} test {}".format(
    len(train_role), len(dev_role), len(test_role)))
```

处理好数据之后，进行字典构建，将文本中的字转换为唯一下标形式，便于模型中的分布式词向量表示。

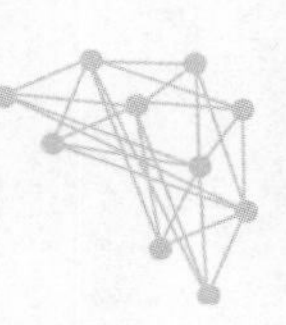

```
# 根据训练集与测试集的文本数据,构建字典
def get_vocab():
    train_lines = open('data/data80850/train.json','r',encoding='utf-8').readlines()
    dev_lines = open('data/data80850/dev.json','r',encoding='utf-8').readlines()
    lines = train_lines + dev_lines
    vocab = set()
    for line in lines:
        ll = json.loads(line.strip())
        for c in ll['text']:
            vocab.add(c)
    vocab = {c:i+2 for i,c in enumerate(list(vocab))}
    vocab['<pad>'],vocab['<unk>'] = 0,1                        # 添加填充、未登录词字符
return vocab
# 将单词转换为下标
def word2id(line,vocab,max_len=145):
    r = []
    for c in line:
        if c not in vocab:
            r.append(vocab['<unk>'])
        else:
            r.append(vocab[c])
    r = r[:max_len]
    lens = len(r)
    r = r+[0]*(max_len-len(r))
    return r,lens
# 调用函数,构建字典
vocab = get_vocab()
vocab_size = len(list(vocab))
```

步骤2:BiLSTM+CRF模型配置

数据准备好之后,便可以配置模型,本实践使用基于BiLSTM+CRF算法进行事件识别及论元角色识别,模型部分与4.1节中类似,此处不再赘述。

```
class LSTM_Model(nn.Layer):
    def __init__(self,vocab_num, emb_size, hidden_size, num_layers, num_labels, dropout):
        super(LSTM_Model, self).__init__()
        self.embedding = nn.Embedding(vocab_num, emb_size)
        self.lstm = nn.LSTM(emb_size, hidden_size, num_layers=num_layers, direction='bidirect',
dropout=dropout)
        self.linear = nn.Linear(hidden_size * 2, num_labels+2)
        self.dropout = nn.Dropout(dropout)
        self.crf = LinearChainCrf(num_labels)
        self.decoder = ViterbiDecoder(self.crf.transitions)

    def forward(self,input_ids,seq_lens=None,target=None):
        token_emb = self.embedding(input_ids)
        sequence_output, (hidden, cell) = self.lstm(token_emb)
        outputs = self.linear(sequence_output)
```

```
        _, logits = self.decoder(outputs,seq_lens)      # 仅预测时使用
        return outputs, logits
```

步骤 3：模型训练

（1）定义训练需要的参数及数据路径。

```
num_epoch = 10
learning_rate = 0.001
base_dir = 'data80850'
tag_path = './data/{}/trigger_tag.dict'.format(base_dir)
data_dir = './data/{}/trigger'.format(base_dir)
train_data = './data/{}/trigger/train.tsv'.format(base_dir)
dev_data = './data/{}/trigger/dev.tsv'.format(base_dir)
test_data = './data/{}/trigger/test.tsv'.format(base_dir)
predict_data = './data/{}/test.json'.format(base_dir)
checkpoints = './data/{}/trigger/'.format(base_dir)
init_ckpt = './data/{}/trigger/best.pdparams'.format(base_dir)
weight_decay = 0.01
warmup_proportion = 0.1
max_seq_len = 145
valid_step = 500
skip_step = 50
batch_size = 32
predict_save_path = None
seed = 1024
```

（2）在训练之前，还需要对样本数据进行适当转换以及批量化处理，首先将样本句子（上下文）填充到固定长度，并转换为单词下标形式，每个样本包含三部分：词下标 idx、词标签和原句长度。

```
def convert_example_to_feature(example, label_vocab = None,
    max_seq_len = 145, no_entity_label = "O",
    ignore_label = - 1, is_test = False):
    tokens, labels, seq_len = example
    input_ids,seq_lens = word2id(tokens,vocab)
    if is_test:
        return input_ids,seq_lens
    elif label_vocab is not None:
        encoded_label = labels[:seq_lens]
        encoded_label = [label_vocab[x] for x in encoded_label]
        encoded_label = encoded_label + [ - 1] * (max_seq_len - min(seq_lens,145) )
        return input_ids, encoded_label, seq_lens
```

（3）自定义数据集类 DuEventExtraction，继承 Dataset 类型，训练时再使用 paddle.io.DataLoader 进行批量数据处理，获取可批量迭代的数据加载器。

```
class DuEventExtraction(paddle.io.Dataset):
    def __init__(self, data_path, tag_path):
        self.label_vocab = load_dict(tag_path)
```

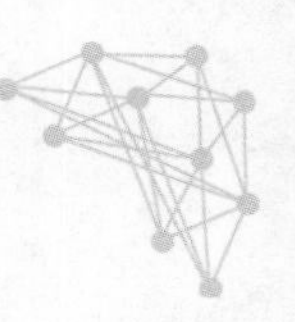

```
        self.word_ids = []
        self.label_ids = []
        self.seq_lens = []
        with open(data_path, 'r', encoding = 'utf-8') as fp:
            next(fp)
            for line in fp.readlines():
                words, labels = line.strip('\n').split('\t')
                words = words.split('\002')
                labels = labels.split('\002')
                self.word_ids.append(words)
                self.label_ids.append(labels)
                self.seq_lens.append(len(words[:145]))
        self.label_num = max(self.label_vocab.values()) + 1
    def __len__(self):
        return len(self.word_ids)
    def __getitem__(self, index):
        return self.word_ids[index], self.label_ids[index], self.seq_lens[index]
```

(4) 定义训练函数,主要包含以下几部分:模型实例化、数据集加载、数据集批量化、优化器定义(本实践使用 Adam 优化器)、评价类定义(本实践使用 ChunkEvaluator 类进行块预测评估)、损失函数定义(本实践同样使用 LinearChainCrfLoss 进行状态概率转移约束)。

```
def do_train():
    paddle.set_device('gpu')
    no_entity_label = "O"
    ignore_label = -1
    label_map = load_dict(tag_path)
    id2label = {val: key for key, val in label_map.items()}
    vocab_num, emb_size, hidden_size, num_layers, num_labels, \ dropout = vocab_size,256,
256,2,len(list(id2label)),0.1
    model = LSTM_Model(vocab_num, emb_size, hidden_size, num_layers, num_labels, dropout)
    train_ds = DuEventExtraction(train_data, tag_path)
    dev_ds = DuEventExtraction(dev_data, tag_path)
    test_ds = DuEventExtraction(test_data, tag_path)
    trans_func = partial(
        convert_example_to_feature,
        label_vocab = train_ds.label_vocab,
        max_seq_len = max_seq_len,
        no_entity_label = no_entity_label,
        ignore_label = ignore_label,
        is_test = False)
    batchify_fn = lambda samples, fn = Tuple(
        Pad(axis = 0, pad_val = 0),                      # input ids
        Pad(axis = 0, pad_val = ignore_label),           # labels
        Stack()                                          # seq_lens
    ): fn(list(map(trans_func, samples)))
    batch_sampler = paddle.io.DistributedBatchSampler(train_ds, batch_size = batch_size,
shuffle = True)
    train_loader = paddle.io.DataLoader(
        dataset = train_ds,
        batch_sampler = batch_sampler,
```

```
        collate_fn = batchify_fn)
    dev_loader = paddle.io.DataLoader(
        dataset = dev_ds,
        batch_size = batch_size,
        collate_fn = batchify_fn)
    test_loader = paddle.io.DataLoader(
        dataset = test_ds,
        batch_size = batch_size,
        collate_fn = batchify_fn)
    num_training_steps = len(train_loader) * num_epoch
    decay_params = [ p.name for n, p in model.named_parameters()
        if not any(nd in n for nd in ["bias", "norm"])]
    optimizer = paddle.optimizer.Adam(
        learning_rate = learning_rate,
        parameters = model.parameters(),
        weight_decay = weight_decay,
        apply_decay_param_fun = lambda x: x in decay_params)
    metric = ChunkEvaluator(label_list = train_ds.label_vocab.keys(), suffix = False)
    criterion = LinearChainCrfLoss(model.crf)
    step, best_f1 = 0, 0.0
    model.train()
    for epoch in range(num_epoch):
        for idx, (input_ids,labels,seq_lens) in enumerate(train_loader):
            outputs,logits = model(input_ids,seq_lens,labels)
            loss = criterion(inputs = outputs, lengths = seq_lens, labels = labels,predictions =
outputs)
            loss = paddle.mean(loss)
            loss.backward()
            optimizer.step()
            optimizer.clear_grad()
            loss_item = loss.numpy().item()
            if step > 0 and step % skip_step == 0:
                print(f'train epoch: {epoch} - step: {step} (total: {num_training_steps}) -
loss: {loss_item:.6f}')
            if step > 0 and step % valid_step == 0:
                p, r, f1, avg_loss = evaluate(model, criterion, metric, len(label_map), dev_
loader)
                print(f'dev step: {step} - loss: {avg_loss:.5f}, precision: {p:.5f}, recall:
{r:.5f}, '\
                      f'f1: {f1:.5f} current best {best_f1:.5f}')
                if f1 > best_f1:
                    best_f1 = f1 print(f'==================== save best model '\
                          f'best performerence {best_f1:5f}')
                    paddle.save(model.state_dict(), '{}/best.pdparams'.format(checkpoints))
            step += 1
paddle.save(model.state_dict(), '{}/final.pdparams'.format(checkpoints))
```

（5）为观察训练过程中模型的性能变化，每迭代一定次数，可以使用验证集进行模型验证，定义评估函数如下。

```
@paddle.no_grad()
def evaluate(model, criterion, metric, num_label, data_loader):
    model.eval()
```

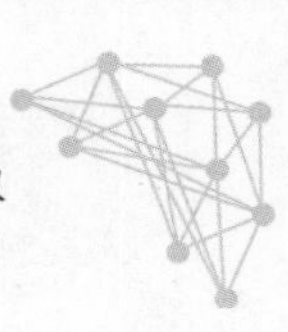


```
    metric.reset()
    losses = []
    for input_ids, labels, seq_lens in data_loader:
        outputs,logits = model(input_ids,seq_lens,labels)
        preds = logits
        n_infer, n_label, n_correct = metric.compute(None, seq_lens, preds, labels)
        metric.update(n_infer.numpy(),n_label.numpy(), n_correct.numpy())
        precision, recall, f1_score = metric.accumulate()
        loss = paddle.mean(
criterion(inputs = outputs,
lengths = seq_lens,labels = labels,
predictions = outputs))
        losses.append(loss.numpy()[0])
    avg_loss = np.mean(losses)
    model.train()
return precision, recall, f1_score, avg_loss
```

(6) 调用 do_train 函数进行训练，对于事件识别任务与论元角色识别任务，可通过传参的形式控制不同任务分别训练。

```
# 训练事件识别模型
base_dir = 'data80850'
tag_path = './data/{}/trigger_tag.dict'.format(base_dir)
data_dir = './data/{}/trigger'.format(base_dir)
train_data = './data/{}/trigger/train.tsv'.format(base_dir)
dev_data = './data/{}/trigger/dev.tsv'.format(base_dir)
test_data = './data/{}/trigger/test.tsv'.format(base_dir)
predict_data = './data/{}/test.json'.format(base_dir)
checkpoints = './data/{}/trigger/'.format(base_dir)
init_ckpt = './data/{}/trigger/final.pdparams'.format(base_dir)
do_train()
# do_predict()
```

事件识别模型训练过程部分输出如图 4-7 所示。

```
============start train==========
./data/data80850/trigger_tag.dict
in class: ./data/data80850/trigger_tag.dict
in class: ./data/data80850/trigger_tag.dict
in class: ./data/data80850/trigger_tag.dict
train epoch: 0 - step: 50 (total: 3740) - loss: 19.031086
train epoch: 0 - step: 100 (total: 3740) - loss: 16.959171
train epoch: 0 - step: 150 (total: 3740) - loss: 12.722326
train epoch: 0 - step: 200 (total: 3740) - loss: 11.749304
train epoch: 0 - step: 250 (total: 3740) - loss: 10.262821
train epoch: 0 - step: 300 (total: 3740) - loss: 9.943491
train epoch: 0 - step: 350 (total: 3740) - loss: 9.421361
train epoch: 1 - step: 400 (total: 3740) - loss: 11.823389
train epoch: 1 - step: 450 (total: 3740) - loss: 5.672486
train epoch: 1 - step: 500 (total: 3740) - loss: 7.578449
dev step: 500 - loss: 7.02757, precision: 0.55181, recall: 0.36266, f1: 0.43767 current best 0.00000
==============================================save best model best performerence 0.437671
train epoch: 1 - step: 550 (total: 3740) - loss: 4.572731
train epoch: 1 - step: 600 (total: 3740) - loss: 5.096625
train epoch: 1 - step: 650 (total: 3740) - loss: 3.942120
train epoch: 1 - step: 700 (total: 3740) - loss: 3.661419
train epoch: 2 - step: 750 (total: 3740) - loss: 2.303760
train epoch: 2 - step: 800 (total: 3740) - loss: 5.569954
```

图 4-7　事件识别模型训练过程

```
# 训练论元角色识别模型
tag_path = './data/{}/role_tag.dict'.format(base_dir)
data_dir = './data/{}/role'.format(base_dir)
train_data = './data/{}/role/train.tsv'.format(base_dir)
dev_data = './data/{}/role/dev.tsv'.format(base_dir)
test_data = './data/{}/role/test.tsv'.format(base_dir)
predict_data = './data/{}/test.json'.format(base_dir)
checkpoints = './data/{}/role/'.format(base_dir)
init_ckpt = './data/{}/role/final.pdparams'.format(base_dir)
do_train()
# do_predict()
```

论元角色识别模型训练过程部分输出如图 4-8 所示。

```
train epoch: 4 - step: 1850 (total: 2610) - loss: 20.487400
train epoch: 4 - step: 1900 (total: 2610) - loss: 17.771820
train epoch: 4 - step: 1950 (total: 2610) - loss: 12.705269
train epoch: 4 - step: 2000 (total: 2610) - loss: 17.738750
dev step: 2000 - loss: 24.94981, precision: 0.34778, recall: 0.33489, f1: 0.34121 current best 0.30353
==========================================save best model best performence 0.341211
train epoch: 4 - step: 2050 (total: 2610) - loss: 25.648294
train epoch: 4 - step: 2100 (total: 2610) - loss: 20.003466
train epoch: 4 - step: 2150 (total: 2610) - loss: 20.025286
train epoch: 5 - step: 2200 (total: 2610) - loss: 11.844006
train epoch: 5 - step: 2250 (total: 2610) - loss: 17.578817
train epoch: 5 - step: 2300 (total: 2610) - loss: 15.896798
train epoch: 5 - step: 2350 (total: 2610) - loss: 9.786781
train epoch: 5 - step: 2400 (total: 2610) - loss: 19.419754
train epoch: 5 - step: 2450 (total: 2610) - loss: 12.763751
train epoch: 5 - step: 2500 (total: 2610) - loss: 12.036349
dev step: 2500 - loss: 22.78435, precision: 0.38833, recall: 0.35273, f1: 0.36968 current best 0.34121
==========================================save best model best performence 0.369678
train epoch: 5 - step: 2550 (total: 2610) - loss: 19.716080
train epoch: 5 - step: 2600 (total: 2610) - loss: 13.820727
```

图 4-8　论元角色识别模型训练过程部分输出

步骤 4：事件抽取模型预测

（1）训练结束后，在使用训练好的模型时，我们定义 do_predict 函数实现，在进行预测时，同样需要对数据进行类训练时的预处理，即首先将样本转化为批量可迭代的形式，然后输入训练好的模型中，计算预测结果。此时，我们使用模型中的 ViterbiDecoder 解码器进行解码，求解概率最大的预测序列结果。

```
def do_predict():
    paddle.set_device('gpu')
    no_entity_label = "O"
    ignore_label = -1
    label_map = load_dict(tag_path)
    id2label = {val: key for key, val in label_map.items()}
    vocab_num, emb_size, hidden_size, num_layers, num_labels, dropout = vocab_size,256,256,
2,len(list(id2label)),0.1
    model = LSTM_Model(vocab_num, emb_size, hidden_size, num_layers, num_labels, dropout)
    if not init_ckpt or not os.path.isfile(init_ckpt):
        raise Exception("init checkpoints {} not exist".format(init_ckpt))
    else:
        state_dict = paddle.load(init_ckpt)
        model.set_dict(state_dict)
        print("Loaded parameters from %s" % init_ckpt)
```

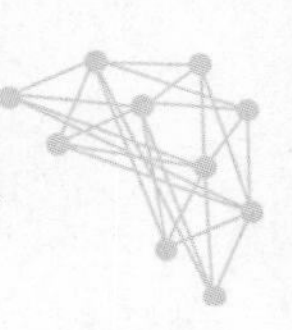


```
sentences = read_by_lines(predict_data)
sentences = [json.loads(sent) for sent in sentences]
    encoded_inputs_list = []
    for sent in sentences:
        sent = sent["text"].replace(" ", "\002")
        input_ids = convert_example_to_feature([list(sent), [],len(sent)], max_seq_len =
max_seq_len, is_test = True)
        encoded_inputs_list.append((input_ids))
    batchify_fn = lambda samples, fn = Tuple(
        Pad(axis = 0, pad_val = 0),                         # input_ids
        Stack()
    ): fn(samples)
    batch_encoded_inputs = [encoded_inputs_list[i: i + batch_size]
                           for i in range(0, len(encoded_inputs_list),batch_size)]
    results = []
    model.eval()
    for batch in batch_encoded_inputs:
        input_ids,seq_lens = batchify_fn(batch)
        input_ids = paddle.to_tensor(input_ids)
        seq_lens = paddle.to_tensor(seq_lens)
        outputs,logits = model(input_ids,seq_lens)
        probs_ids = logits.numpy()                         #paddle.argmax(probs, -1).numpy()
        for p_ids, seq_len in zip(probs_ids.tolist(), seq_lens.numpy().tolist()):
            label_one = [id2label[pid] for pid in p_ids[1: seq_len - 1]]
            results.append({"labels": label_one})
    assert len(results) == len(sentences)
    print(results[:10])
    for sent, ret in zip(sentences, results):
        sent["pred"] = ret
    sentences = [json.dumps(sent, ensure_ascii = False) for sent in sentences]
    print(sentences[:10])
```

(2) 调用 do_predict 函数进行预测，并输出预测结果（注意，do_predict 在执行时应紧跟其对应的 do_train 进行，避免两个子任务之间数据路径的不对应而导致代码执行错误）。

```
do_predict()
```

事件识别模型预测部分输出如图 4-9 所示。

```
['{"text": "振华三部曲的《暗恋橘生淮南》终于定档了，洛枳爱盛淮南谁也不知道，洛枳爱盛淮南其实全世界都知道。", "id": "a7c74f75eb898637709
6b4dc62db217d", "pred": {"labels": ["0", "0", "0", "0", "0", "0", "0", "0", "0", "0", "0", "0", "0", "0", "0", "B-产品行
为-上映", "I-产品行为-上映", "0", "0", "0", "0", "0", "0", "0", "0", "0", "0", "0", "0", "0", "0", "0", "0", "0", "0",
"0", "0", "0", "0", "0", "0", "0", "0", "0", "0"]}}', '{"text": "腾讯收购《全境封锁》瑞典工作室 欲开发另类游戏大IP", "id": "1bf
5de39669122e4458ed6db2cddc0c4", "pred": {"labels": ["0", "B-财经/交易-出售/收购", "I-财经/交易-出售/收购", "0", "0", "0",
"0", "0", "0", "0", "0", "0", "0", "0", "0", "0", "0", "0", "0", "0", "0", "0", "0", "0"]}}', '{"text": "6月22日，山外杯第
四届全国体育院校篮球联赛 (SCBA) 在日照市山东外国语职业技术大学拉开战幕。", "id": "b98df49b32e4e9924c23bb0cd0c1e83d", "pred": {"labe
ls": ["0", "0", "0", "0", "0", "0", "0", "0", "0", "0", "0", "0", "0", "0", "0", "0", "0", "0", "0", "0", "0", "0",
"0", "0", "0", "0", "0", "0", "0", "0", "0", "0", "0", "0", "0", "0", "0", "0", "0", "0", "0", "0", "0", "0", "I-组织行
为-开幕", "I-组织行为-开幕"]}}', '{"text": "e公司讯，工信部装备工业司发布2019年智能网联汽车标准化工作要点。", "id": "b73704c1d86084e
f14d942168b310b1c", "pred": {"labels": ["0", "0", "0", "0", "0", "0", "0", "0", "0", "0", "0", "0", "B-产品行为-发布", "I
-产品行为-发布", "0", "0", "0", "0", "0", "0", "0", "0", "0", "0", "0", "0", "0", "0", "0"]}}', '{"text":
"新京报讯  5月7日，台湾歌手陈绮贞在社交网络上宣布，已于两年前与交往18年的男友、音乐人钟成虎分手。", "id": "9f7f677595a7f19ca16304a3d85
ae94f", "pred": {"labels": ["0", "0", "0", "0", "0", "0", "0", "0", "0", "0", "0", "0", "0", "0", "0", "0", "0", "0", "0", "0",
"0", "0", "0", "0", "0", "0", "0", "0", "0", "0", "0", "0", "0", "0", "0", "0", "0", "0", "0", "0", "0", "0", "0", "0",
"0", "0", "0", "0", "0", "B-人生-分手", "I-人生-分手"]}}', '{"text": "国际金价短期回调 后市银价有望出现较大涨幅", "id": "4d1f9645
93cd077f9171c09512974e8c", "pred": {"labels": ["0", "0", "0", "0", "0", "0", "0", "0", "0", "0", "0", "0", "0", "0",
"0", "0", "0", "0", "0"]}}', '{"text": "央视名嘴韩乔生在赛前为中国男篮加油，期待球队展现英雄本色，输球后的韩乔生也相当无奈，他用3个“没
有”来点评中国男篮，没有投手、没有经验、没有体力，实在太扎心。", "id": "6e62429b5f2e65c9f6a0052d6d1fa20d", "pred": {"labels":
["0", "0", "0", "0", "0", "0", "0", "0", "0", "0", "0", "0", "0", "0", "0", "0", "0", "0", "0", "0", "0", "0", "0",
"0", "0", "0", "0", "0", "B-竞赛行为-胜负", "I-竞赛行为-胜负", "0", "0", "0", "0", "0", "0", "0", "0", "0", "0", "0", "0",
"0", "0", "0", "0", "0", "0", "0", "0", "0", "0", "0", "0", "0", "0", "0", "0", "0", "0", "0", "0", "0", "0", "0", "0",
```

图 4-9　事件识别模型预测部分输出

论元角色识别模型预测部分输出如图 4-10 所示。


```
['{"text": "振华三部曲的《暗恋橘生淮南》终于定档了，洛枳爱盛淮南谁也不知道，洛枳爱盛淮南其实全世界都知道。", "id": "a7c74f75eb898637709
6b4dc62db217d", "pred": {"labels": ["I-上映影视", "I-上映影视", "I-上映影视", "I-上映影视", "I-上映影视", "I-上映影视", "I-上映
影视", "I-上映影视", "I-上映影视", "I-上映影视", "I-上映影视", "I-上映影视", "I-上映影视", "O", "O", "O", "O", "O", "O", "O",
"O", "O", "O", "O", "O", "O", "O", "O", "O", "O", "O", "O", "O", "O", "O", "O", "O", "O", "O", "O", "O", "O", "O", "O",
"O"]}}', '{"text": "腾讯收购《全境封锁》瑞典工作室 欲开发另类游戏大IP", "id": "1bf5de39669122e4458ed6db2cddc0c4", "pred": {"lab
els": ["I-约谈发起方", "O", "O", "B-出售方", "I-约谈对象", "I-约谈对象", "I-约谈对象", "I-约谈对象", "I-交易物", "I-交易物", "I-交
易物", "I-交易物", "O", "O", "O", "O", "O", "O", "O", "O", "O", "O", "O", "O"]}}', '{"text": "6月22日，山外杯第四届全国体育院
校篮球联赛（SCBA）在日照市山东外国语职业技术大学拉开战幕。", "id": "b98df49b32e4e9924c23bb0cd0c1e83d", "pred": {"labels": ["I-时
间", "I-时间", "I-时间", "I-时间", "O", "B-活动名称", "I-活动名称", "I-活动名称", "I-活动名称", "I-活动名称", "I-活动名称", "I-活
动名称", "I-活动名称", "I-活动名称", "I-活动名称", "I-活动名称", "I-活动名称", "I-活动名称", "I-活动名称", "I-活动名称", "I-活动名
称", "I-活动名称", "I-活动名称", "I-活动名称", "I-活动名称", "I-活动名称", "I-活动名称", "O", "B-地点", "I-活动名称", "I-地点", "I
-地点", "I-地点", "I-地点", "I-地点", "I-活动名称", "I-活动名称", "I-活动名称", "I-活动名称", "I-活动名称", "I-活动名称", "I-活动名
称", "I-活动名称", "O", "O", "O"]}}', '{"text": "e公司讯，工信部装备工业司发布2019年智能网联汽车标准化工作要点。", "id": "b73704c1d
86084ef14d942168b310b1c", "pred": {"labels": ["O", "O", "O", "O", "O", "O", "O", "O", "O", "O", "O", "O", "O", "O",
"O", "O", "O", "O", "O", "O", "O", "O", "O", "O", "O", "O", "O", "O", "O", "O", "O", "O"]}}', '{"text": "新京报讯  5月7
日，台湾歌手陈绮贞在社交网络上宣布，已于两年前与交往18年的男友、音乐人钟成虎分手。", "id": "9f7f677595a7f19ca16304a3d85ae94f", "pre
d": {"labels": ["O", "O", "O", "O", "O", "O", "O", "O", "O", "O", "O", "O", "O", "I-分手双方", "I-分手双方", "I-分手双方",
"I-分手双方", "O", "O", "O", "O", "O", "O", "O", "O", "O", "O", "O", "O", "O", "O", "O", "O", "O", "O", "O", "O", "O",
"O", "O", "O", "O", "O", "O", "O", "O", "O", "O", "O"]}}', '{"text": "国际金价短期回调 后市银价有望出现较大涨幅", "id": "4d1f9
64593cd077f9171c09512974e8c", "pred": {"labels": ["O", "O", "O", "O", "O", "O", "O", "O", "O", "O", "O", "O", "O", "O",
"O", "O", "O", "O", "O"]}}', '{"text": "央视名嘴韩乔生在赛前为中国男篮加油，期待球队展现英雄本色，输球后的韩乔生也相当无奈，他用3个“没
有”来点评中国男篮，没有投手、没有经验、没有体力，实在太扎心。", "id": "6e62429b5f2e65c9f6a0052d6d1fa20d", "pred": {"labels":
["O", "O", "O", "O", "O", "O", "O", "O", "O", "O", "O", "O", "O", "O", "O", "O", "O", "O", "O", "O", "O", "O", "O",
"O", "O", "O", "O", "O", "O", "O", "O", "O", "O", "O", "O", "O", "O", "O", "O", "O", "O", "O", "O", "O", "O", "O", "O",
```


图 4-10　论元角色识别模型预测部分输出

本实践将事件抽取分为两个子任务分别执行，使用的为联合抽取模型，还有一种流水线结构模型，即先进行触发词抽取（事件识别），然后进行元素抽取（论元角色识别）。这种方法建模虽简单，但是存在误差累积，因此联合抽取模型更加常用。

基于 BiLSTM 的关系抽取

4.3　实践三：基于 BiLSTM 的关系抽取

关系抽取是信息抽取的重要子任务，其主要目的是将非结构化或半结构化描述的自然语言文本转化成结构化数据，关系抽取主要负责对文本中抽取出的实体对进行关系分类，即抽取实体间的语义关系。

关系抽取涉及三元组，即（实体 1，实体 2，关系），其中实体 1 又称为头实体，实体 2 又称为尾实体。在建模关系分类时，一般会分别获得实体对所处上下文的特征，然后与实体对的特征进行融合，获得整体的样本特征，再进行分类。

本实践使用 BiLSTM 实现关系抽取，代码运行的环境配置如下：Python 版本为 3.7，PaddlePaddle 版本为 2.0.0，操作平台为 AI Studio。

步骤 1：SemEval2020 数据集处理

本实践在开源关系抽取数据集 SemEval2020 上进行实践，数据链接为 https://aistudio.baidu.com/aistudio/datasetdetail/78726，该数据分为训练集、测试集与验证集 3 个部分，其中训练集包含 6500 余条数据，验证集包含 1400 余条数据，测试集包含 2700 余条数据，数据集示例如图 4-11 所示。

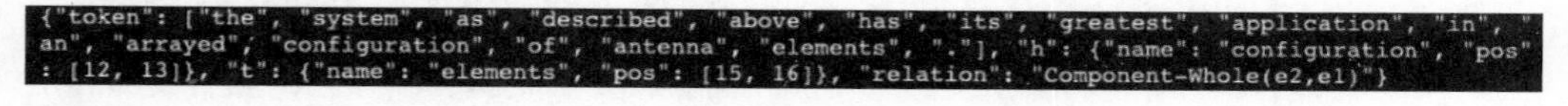

```
{"token": ["the", "system", "as", "described", "above", "has", "its", "greatest", "application", "in", "
an", "arrayed", "configuration", "of", "antenna", "elements", "."], "h": {"name": "configuration", "pos"
: [12, 13]}, "t": {"name": "elements", "pos": [15, 16]}, "relation": "Component-Whole(e2,e1)"}
```


图 4-11　数据集示例

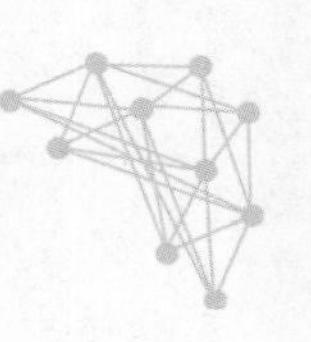

其中，token 字段为文本单词列表；h 字段为头实体相关信息，包含实体名与实体位置信息；t 字段为尾实体相关信息，也包含实体名与实体位置信息；relation 字段为头实体与尾实体在当前上下文中对应的关系类型，该数据集一共包含 19 种关系类型。

（1）在数据处理过程中，先将数据集读取至内存中，并且将关系类型进行数字映射。

```
train_data = open('data/data78726/semeval_train.txt').readlines()
val_data = open('data/data78726/semeval_val.txt').readlines()
test_data = open('data/data78726/semeval_test.txt').readlines()
train_data = [json.loads(line.strip()) for line in train_data]
val_data = [json.loads(line.strip()) for line in val_data]
test_data = [json.loads(line.strip()) for line in test_data]
print(train_data[0])
print('train_data:',len(train_data))
print('val_data:',len(val_data))
print('test_data:',len(test_data))
rel2id = json.loads(open('data/data78726/semeval_rel2id.json').read())
id2rel = {v:k for k,v in rel2id.items()}
num_classes = len(list(rel2id))
```

（2）在训练集与验证集上构建字典，同时添加填充字符与未登录词字符，然后定义函数将文本单词转换为单词索引，便于训练模型时的分布式词表示。

```
vocab = {}
vocab['<pad>'],vocab['<unk>'] = 0,1
idx = 2
for line in train_data + val_data:
    for w in line['token']:
        if w not in vocab:
            vocab[w] = idx
            idx += 1
chars = 'abcdefghijklmnopqrstuvwxyz'
for char in chars:
    if char not in vocab:
        vocab[char] = idx
        idx += 1
vocab_size = len(list(vocab))
maxlen = 30
def txt_to_list(datas):                          # 解析原始文件
    sents,e1,e2,y = [],[],[],[]
    for line in datas:
        sents.append(line['token'])
        e1.append(line['h']['name'])
        e2.append(line['t']['name'])
        y.append(line['relation'])
    return sents,e1,e2,y

dic = {}
def word2id(datas, maxlen=5):                    # 将句子转换为 id 序列 s
    res = []
```

```
    if maxlen < 10:                                    # 是实体,需要将实体拆分为字符序列
        maxlen = 10
        datas = [list(data) for data in datas]
    for data in datas:
        if len(data) not in dic:
            dic[len(data)] = 1
        else:
            dic[len(data)] += 1
        line = [vocab[c] if c in vocab else 1 for c in data][:maxlen]
        line = line + [0] * (maxlen - len(line)) # 固定长度
        res.append(np.array(line))
return res
```

(3) 调用上述函数,将数据集转化为(句子,实体1,实体2,关系)格式。

```
train_sents,train_e1,train_e2,train_y = txt_to_list(train_data)
val_sents,val_e1,val_e2,val_y = txt_to_list(val_data)
test_sents,test_e1,test_e2,test_y = txt_to_list(test_data)
train_idx = Stack()(word2id(train_sents,maxlen))
val_idx = Stack()(word2id(val_sents,maxlen))
test_idx = Stack()(word2id(test_sents,maxlen))
train_e1_idx = Stack()(word2id(train_e1,2))
val_e1_idx = Stack()(word2id(val_e1,2))
test_e1_idx = Stack()(word2id(test_e1,2))
train_e2_idx = Stack()(word2id(train_e2,2))
val_e2_idx = Stack()(word2id(val_e2,2))
test_e2_idx = Stack()(word2id(test_e2,2))
train_yid = [rel2id[c] for c in train_y]
val_yid = [rel2id[c] for c in val_y]
test_yid = [rel2id[c] for c in test_y]
```

(4) 自定义数据集类型 MyDataset,将数据集封装,并且使用 DataLoader 类实现批量数据加载。

```
class MyDataset(paddle.io.Dataset):
    def __init__(self, data):
        super(MyDataset, self).__init__()
        self.data = data
    def __getitem__(self, index):
        data = self.data[index][0]                    # ([train_sents,train_e1,train_e2],y)
        e1 = self.data[index][1]
        e2 = self.data[index][2]
        label = self.data[index][3]
        return data,e1,e2,label
    def __len__(self):
        return len(self.data)
    def get_labels(self):
        return [str(c) for c in range(19)]
batch_size = 64
```

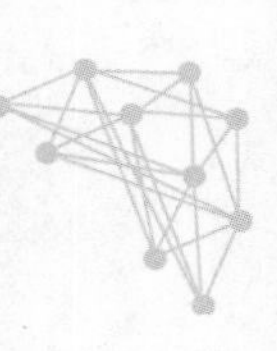

```
use_gpu = True
train = MyDataset([[x,e1,e2,y] for x,e1,e2,y in zip(train_idx,train_e1_idx,train_e2_idx,
train_yid)])
val = MyDataset([[x,e1,e2,y] for x,e1,e2,y in zip(val_idx,val_e1_idx,val_e2_idx,val_yid)])
test = MyDataset([(x,e1,e2,y) for x,e1,e2,y in zip(test_idx,test_e1_idx,test_e2_idx,test_
yid)])
train_loader = paddle.io.DataLoader(train, batch_size=batch_size, shuffle=True)
val_loader = paddle.io.DataLoader(val, batch_size=batch_size, shuffle=False)
test_loader = paddle.io.DataLoader(test, batch_size=batch_size, shuffle=False)
```

步骤2：搭建BiLSTM模型

对于关系抽取，需要充分利用实体对与上下文的信息。因此，本实践使用双向的LSTM首先对实体对所处上下文进行编码，然后对头实体与尾实体分别使用单向的LSTM进行编码(实体使用基于字符的表示)，最后用于关系分类的特征为下面4个特征的拼接形式：上下文正向LSTM的最后隐状态表示、上下文反向LSTM的第一个隐状态表示、头实体表示、尾实体表示，模型代码如下。

```
class Model(nn.Layer):
    def __init__(self,vocab_size, embedding_size, hidden_size, dropout_rate, fc_hidden_size,
num_layers=2):
        super(Model, self).__init__()
        self.hidden_size = hidden_size
        self.emb = paddle.nn.Embedding(vocab_size, embedding_size)
        self.lstm = nn.LSTM(embedding_size, hidden_size,
                num_layers=num_layers, direction='bidirectional')
        self.lstm_e1 = nn.LSTM(embedding_size, hidden_size,
                        num_layers=1)
        self.lstm_e2 = nn.LSTM(embedding_size, hidden_size,
                        num_layers=1)
        self.fc = nn.Linear(hidden_size*4, fc_hidden_size)
        self.output_layer = nn.Linear(fc_hidden_size, num_classes)
    def forward(self, text,e1,e2, y=None):
        emb_text = self.emb(text)
        emb_e1 = self.emb(e1)
        emb_e2 = self.emb(e2)
        r1,(_,_) = self.lstm(emb_text)
        r2,(_,_) = self.lstm_e1(emb_e1)
        r3,(_,_) = self.lstm_e2(emb_e2)
        f = paddle.concat([r1[:, -1,:self.hidden_size], r1[:, 0, self.hidden_size:],
r2[:,-1,:],r3[:,-1,:]],axis=-1)
        fc_out = paddle.tanh(self.fc(f))
        logits = self.output_layer(fc_out)
        return logits
```

步骤3：模型训练

（1）在训练模型前，先定义训练使用的超参数以及实例化模型类型使用的参数，然后实例化模型。

```
epoches = 10
embedding_size = 128
hidden_size = 256
dropout_rate = 0.1
fc_hidden_size = 128
num_layers = 3
model = Model(vocab_size, embedding_size, hidden_size, dropout_rate, fc_hidden_size, num_
layers)
```

（2）本实践使用Adam优化器进行参数梯度更新，初始化参数为5e-4。

```
optimizer = paddle.optimizer.Adam(
                parameters = model.parameters(), learning_rate = 5e - 4)
```

（3）本实践使用交叉熵损失函数进行梯度计算。

```
loss_func = paddle.nn.CrossEntropyLoss()
```

（4）训练模型，每隔一定批次后，打印模型的损失函数值及准确率并记录，在训练结束后保存模型参数。

```
steps = 0
total_loss = []
total_acc = []
Iters = []
for i in range(epoches):
    for data in train_loader:
        x,e1,e2,y = data
        steps += 1
        logits = model(x,e1,e2)
        pred = paddle.argmax(logits,axis = - 1)
        acc = sum(pred.numpy() == y.numpy())/len(y)
        loss = loss_func(logits,y)
        loss.backward()
        optimizer.step()
        optimizer.clear_grad()
        if steps % 30 == 0:
            Iters.append(steps)
            total_loss.append(loss.numpy()[0])
            total_acc.append(acc)
            print('epo: {}, step: {}, loss is: {}, acc is: {}'\
                  .format(i, steps, loss.numpy(), acc))
paddle.save(model.state_dict(),'model_{}.pdparams'.format(i))
```

训练过程的部分输出如图 4-12 所示。

```
epo: 0, step: 30, loss is: [2.6020365], acc is: 0.21875
epo: 0, step: 60, loss is: [2.7025185], acc is: 0.109375
epo: 0, step: 90, loss is: [2.665485], acc is: 0.171875
epo: 1, step: 120, loss is: [2.3253517], acc is: 0.28125
epo: 1, step: 150, loss is: [2.135975], acc is: 0.296875
epo: 1, step: 180, loss is: [2.1125617], acc is: 0.375
epo: 2, step: 210, loss is: [1.7306135], acc is: 0.40625
epo: 2, step: 240, loss is: [1.4433987], acc is: 0.484375
epo: 2, step: 270, loss is: [1.5506142], acc is: 0.515625
epo: 2, step: 300, loss is: [1.6581495], acc is: 0.53125
epo: 3, step: 330, loss is: [0.95176846], acc is: 0.625
epo: 3, step: 360, loss is: [0.5644201], acc is: 0.84375
epo: 3, step: 390, loss is: [1.1006504], acc is: 0.671875
epo: 4, step: 420, loss is: [0.5102728], acc is: 0.890625
epo: 4, step: 450, loss is: [0.5354006], acc is: 0.84375
epo: 4, step: 480, loss is: [0.61477774], acc is: 0.859375
epo: 4, step: 510, loss is: [0.5633418], acc is: 0.7441860465116279
epo: 5, step: 540, loss is: [0.12551625], acc is: 0.984375
```

图 4-12　训练过程的部分输出

(5) 绘制损失函数值、准确率随训练批次的变化趋势。

```
# 绘制损失函数值、准确率随训练批次的变化趋势
def draw_process(title,color,iters,data,label):
    plt.title(title, fontsize=24)
    plt.xlabel("iter", fontsize=20)
    plt.ylabel(label, fontsize=20)
    plt.plot(iters, data,color=color,label=label)
    plt.legend()
    plt.grid()
    plt.show()
draw_process("trainning loss","red",Iters,total_loss,"trainning loss")
draw_process("trainning acc","green",Iters,total_acc,"trainning acc")
```

绘制曲线如图 4-13 所示。

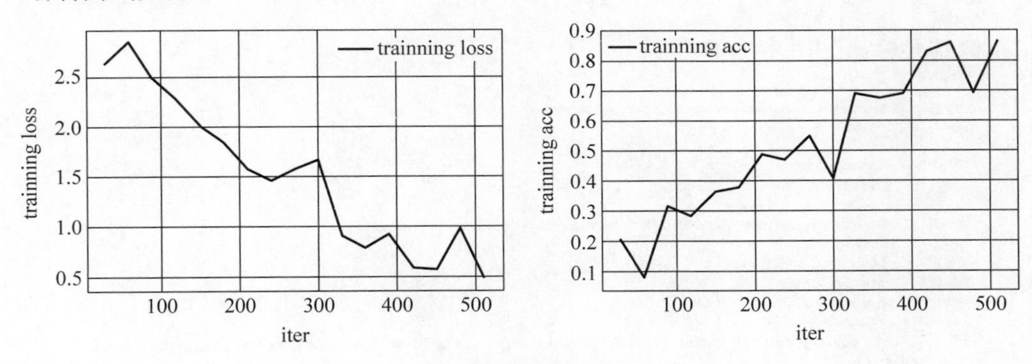

图 4-13　绘制曲线

步骤 4：模型评估

通过观察训练过程中误差和准确率随着迭代次数的变化趋势，可对网络性能进行评估，首先调用 model.eval 开启模型验证模式，然后将 val_loader 中的数据批量输入模型中，得到最终的预测结果。

```
model.eval()
preds = []
y = []
for data in val_loader:
    x,e1,e2,y_ = data
    steps += 1
    logits = model(x,e1,e2)
    pred = paddle.argmax(logits,axis = -1)
    y += list(y_.numpy())
    preds += list(pred.numpy())
cc = [1 if a == b else 0 for a,b in zip(preds,y)]
acc = sum(cc)/len(y)
```

步骤 5：关系抽取预测

在使用训练好的模型时，也需要开启模型的验证模式，将测试文本准备为合法的格式后输入模型中，解析返回结果并打印。

```
model.eval()
x = paddle.to_tensor(test_idx)
e1 = paddle.to_tensor(test_e1_idx)
e2 = paddle.to_tensor(test_e2_idx)
y = paddle.to_tensor(test_yid)
logits = model(x,e1,e2)
pred = paddle.argmax(logits,axis = -1)
for i in range(4):
    print('-' * 30)
    print('上下文: ',' '.join(test_sents[i]))
    print('实体 1: ',test_e1[i])
    print('实体 2: ',test_e2[i])
    print('真实标签:',test_y[i].split('(')[0])
print('预测标签:',id2rel[pred[i].numpy()[0]].split('(')[0])
```

预测结果输出如图 4-14 所示。

```
------------------------------
上下文:   the most common audits were about waste and recycling .
实体1:    audits
实体2:    waste
真实标签:  Message-Topic
预测标签:  Message-Topic
------------------------------
上下文:   this thesis defines the clinical characteristics of amyloid disease .
实体1:    thesis
实体2:    clinical characteristics
真实标签:  Message-Topic
预测标签:  Message-Topic
------------------------------
上下文:   this outline focuses on spirituality , esotericism , mysticism , religion and/or parapsychology .
实体1:    outline
实体2:    spirituality
真实标签:  Message-Topic
预测标签:  Message-Topic
------------------------------
上下文:   many of his literary pieces narrate and mention stories that took place in lipa .
实体1:    pieces
实体2:    stories
真实标签:  Message-Topic
预测标签:  Message-Topic
```

图 4-14　预测结果输出

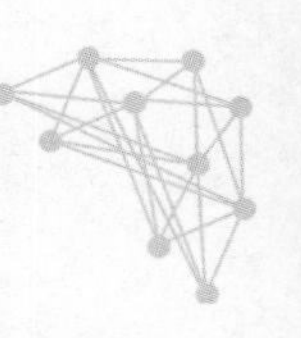

本实践对简单的数据集使用经典的深度学习方法进行建模，但是在处理复杂的数据集，如远程监督产生的带有噪声的数据集时，简单的关系抽取方法不能满足需求，需要开发更加鲁棒的噪声抑制的算法或者使用更强大的样本编码器进行编码，以达到更好的效果。

基于预训练-微调的关系抽取

4.4　实践四：基于预训练-微调的关系抽取

关系抽取的目标是对于给定的自然语言句子(输入)，根据预先定义的 schema 集合，抽取出所有满足 schema 约束的 SPO 三元组(输出)。schema 定义了关系 P 以及其对应的主体 S 和客体 O 的类别。例如，“妻子”关系的 schema 定义如下：

```
{
    S_TYPE: 人物,
    P: 妻子,
    O_TYPE: {
        @value: 人物
    }
}
```

本次实践使用 PaddleNLP 快速完成实体关系抽取，AI Studio 平台默认安装了 Paddle 和 PaddleNLP，并定期更新版本，有效提升开发者在文本领域的开发效率。

步骤 1：构建模型

关系抽取可以被视为一个序列标注任务，因此基线模型可以采用 ERNIE 序列标注模型。PaddleNLP 提供了 ERNIE 预训练模型常用序列标注模型，可以通过指定模型名称完成一键加载。同时，PaddleNLP 为了方便用户处理数据，内置了多个预训练模型对应的 Tokenizer，可以完成文本序列化、文本长度截断等操作。

```
label_map_path = os.path.join('data', "predicate2id.json")

if not (os.path.exists(label_map_path) and os.path.isfile(label_map_path)):
    sys.exit("{} dose not exists or is not a file.".format(label_map_path))
with open(label_map_path, 'r', encoding='utf8') as fp:
    label_map = json.load(fp)

num_classes = (len(label_map.keys()) - 2) * 2 + 2

# 加载预训练模型
model = ErnieForTokenClassification.from_pretrained("ernie-1.0", num_classes=(len(label_
map) - 2) * 2 + 2)
# 文本数据处理直接调用 tokenizer 即可输出模型所需输入数据
tokenizer = ErnieTokenizer.from_pretrained("ernie-1.0")
```

步骤 2：加载并处理数据

本次实践使用 DuIE 2.0 数据集。DuIE 2.0 是业界规模最大的基于 schema 的中文关系抽取数据集，包含超过 43 万三元组数据、21 万中文句子及 48 个预定义的关系类型，数据集中的句子来自百度百科、百度贴吧和百度信息流文本。数据格式如图 4-15 所示。


```
{"text": "贵阳金龙房地产开发有限责任公司于2002年11月19日在贵阳市观山湖区市场监督管理局登记成立", "spo_list": [{"predicate": "成立日期", "object_type": {"@value": "Date"}, "subject_type": "机构", "object": {"@value": "2002年11月19日"}, "subject": "贵阳金龙房地产开发有限责任公司"}]}
{"text": "基于此，母亲王桂荃忍痛把幼子梁思礼送到美国，学习西方先进的科学技术，希望他学成后回来报效祖国", "spo_list": [{"predicate": "母亲", "object_type": {"@value": "人物"}, "subject_type": "人物", "object": {"@value": "王桂荃"}, "subject": "梁思礼"}]}
{"text": "宇文娥英的母亲是隋文帝之女乐平公主杨丽华，在隋文帝杨坚篡北周之前，乐平公主嫁给了北周宣帝宇文赟，并诞下了北周公主宇文娥英", "spo_list": [{"predicate": "母亲", "object_type": {"@value": "人物"}, "subject_type": "人物", "object": {"@value": "杨丽华"}, "subject": "宇文娥英"}, {"predicate": "朝代", "object_type": {"@value": "Text"}, "subject_type": "历史人物", "object": {"@value": "北周"}, "subject": "杨坚"}, {"predicate": "朝代", "object_type": {"@value": "Text"}, "subject_type": "历史人物", "object": {"@value": "北周"}, "subject": "宇文赟"}, {"predicate": "父亲", "object_type": {"@value": "人物"}, "subject_type": "人物", "object": {"@value": "周宣帝"}, "subject": "宇文娥英"}]}
```


图 4-15　数据格式

下载数据集并解压存放于/relation_extraction/data 目录下，同时将数据文件重命名为 train_data.json、dev_data.json 和 test_data.json，通过继承 paddle.io.Dataset 类，自定义实现__getitem__ 和 __len__两个方法，进行数据集加载。

```
# 加载自定义数据集的类
class DuIEDataset(paddle.io.Dataset):
    def __init__(self, data, label_map, tokenizer, max_length = 512, pad_to_max_length = 
False):
        super(DuIEDataset, self).__init__()

        self.data = data
        self.chn_punc_extractor = ChineseAndPunctuationExtractor()
        self.tokenizer = tokenizer
        self.max_seq_length = max_length
        self.pad_to_max_length = pad_to_max_length
        self.label_map = label_map

    def __len__(self):
        return len(self.data)

    def __getitem__(self, item):

        example = json.loads(self.data[item])
        input_feature = convert_example_to_feature(
            example, self.tokenizer, self.chn_punc_extractor,
            self.label_map, self.max_seq_length, self.pad_to_max_length)
        return {
            "input_ids": np.array(input_feature.input_ids, dtype = "int64"),
            "seq_lens": np.array(input_feature.seq_len, dtype = "int64"),
            "tok_to_orig_start_index":
            np.array(input_feature.tok_to_orig_start_index, dtype = "int64"),
            "tok_to_orig_end_index":
            np.array(input_feature.tok_to_orig_end_index, dtype = "int64"),
            "labels": np.array(input_feature.labels, dtype = "float32"),
        }

    @classmethod
```

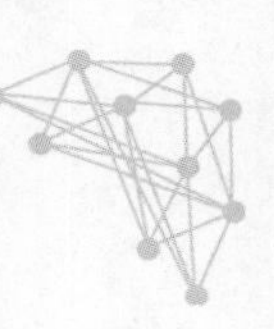


```
    def from_file(cls,file_path,tokenizer,max_length=512,pad_to_max_length=None):
        assert os.path.exists(file_path) and os.path.isfile(
            file_path), f"{file_path} dose not exists or is not a file."
        label_map_path = os.path.join(
            os.path.dirname(file_path), "predicate2id.json")
        assert os.path.exists(label_map_path) and os.path.isfile(
            label_map_path
        ), f"{label_map_path} dose not exists or is not a file."
        with open(label_map_path, 'r', encoding='utf8') as fp:
            label_map = json.load(fp)

        with open(file_path, "r", encoding="utf-8") as fp:
            data = fp.readlines()
            return cls(data, label_map, tokenizer, max_length, pad_to_max_length)
```

使用定义的 DuIEDataset 类分别加载训练数据、验证数据和测试数据。

```
# 加载训练数据
train_file_path = os.path.join(data_path, 'train_data.json')
train_dataset = DuIEDataset.from_file(
    train_file_path, tokenizer, max_seq_length, True)
train_batch_sampler = paddle.io.BatchSampler(
    train_dataset, batch_size=batch_size, shuffle=True, drop_last=True)
collator = DataCollator()
train_data_loader = paddle.io.DataLoader(
    dataset=train_dataset,
    batch_sampler=train_batch_sampler,
    collate_fn=collator)

# 加载验证数据
eval_file_path = os.path.join(data_path, 'dev_data.json')
eval_dataset = DuIEDataset.from_file(
    eval_file_path, tokenizer, max_seq_length, True)
eval_batch_sampler = paddle.io.BatchSampler(
    eval_dataset, batch_size=batch_size, shuffle=False, drop_last=True)
eval_data_loader = paddle.io.DataLoader(
    dataset=eval_dataset,
    batch_sampler=eval_batch_sampler,
    collate_fn=collator)

# 加载测试数据
test_file_path = os.path.join(data_path, 'test_data.json')
test_dataset = DuIEDataset.from_file(
    test_file_path, tokenizer, max_seq_length, True)
test_batch_sampler = paddle.io.BatchSampler(
    test_dataset, batch_size=batch_size, shuffle=False, drop_last=True)
test_data_loader = paddle.io.DataLoader(
    dataset=test_dataset,
    batch_sampler=test_batch_sampler,
    collate_fn=collator)
```

步骤3：定义损失函数和优化器

选择均方误差作为损失函数，使用 paddle.optimizer.AdamW 作为优化器。

```
# 损失函数定义
class BCELossForDuIE(nn.Layer):
    def __init__(self, ):
        super(BCELossForDuIE, self).__init__()
        self.criterion = nn.BCEWithLogitsLoss(reduction='none')

    # 定义前向传播过程
    def forward(self, logits, labels, mask):
        loss = self.criterion(logits, labels)
        mask = paddle.cast(mask, 'float32')
        loss = loss * mask.unsqueeze(-1)
        loss = paddle.sum(loss.mean(axis=2), axis=1) / paddle.sum(mask, axis=1)
        loss = loss.mean()
        return loss
```

定义模型的评估过程，当 mode 为 eval 时，在训练时进行调用，每间隔一定训练轮次对验证集进行结果预测；当 mode 为 predict 时，在测试时进行调用，训练结束后对测试集进行结果预测。

```
@paddle.no_grad()
def evaluate(model, criterion, data_loader, file_path, mode):
    example_all = []
    with open(file_path, "r", encoding="utf-8") as fp:
        for line in fp:
            example_all.append(json.loads(line))
    id2spo_path = os.path.join(os.path.dirname(file_path), "id2spo.json")
    with open(id2spo_path, 'r', encoding='utf8') as fp:
        id2spo = json.load(fp)

    model.eval()
    loss_all = 0
    eval_steps = 0
    formatted_outputs = []
    current_idx = 0
    for batch in tqdm(data_loader, total=len(data_loader)):
        eval_steps += 1
        input_ids, seq_len, tok_to_orig_start_index, tok_to_orig_end_index, labels = batch
        logits = model(input_ids=input_ids)
        mask = (input_ids != 0).logical_and((input_ids != 1)).logical_and((input_ids != 2))
        loss = criterion(logits, labels, mask)
        loss_all += loss.numpy().item()
        probs = F.sigmoid(logits)
        logits_batch = probs.numpy()
        seq_len_batch = seq_len.numpy()
        tok_to_orig_start_index_batch = tok_to_orig_start_index.numpy()
```

```
        tok_to_orig_end_index_batch = tok_to_orig_end_index.numpy()
        formatted_outputs.extend(decoding(example_all[current_idx: current_idx + len
(logits)],
                                          id2spo,
                                          logits_batch,
                                          seq_len_batch,
                                          tok_to_orig_start_index_batch,
                                          tok_to_orig_end_index_batch))
        current_idx = current_idx + len(logits)
    loss_avg = loss_all / eval_steps
    print("eval loss: %f" % (loss_avg))

    if mode == "predict":
        predict_file_path = os.path.join("/home/aistudio/relation_extraction/data",
'predictions.json')
    else:
        predict_file_path = os.path.join("/home/aistudio/relation_extraction/data",
'predict_eval.json')

    # 将预测结果持久化到本地
    predict_zipfile_path = write_prediction_results(formatted_outputs,
                                                    predict_file_path)

    if mode == "eval":
        precision, recall, f1 = get_precision_recall_f1(file_path,
                                                        predict_zipfile_path)
        os.system('rm {} {}'.format(predict_file_path, predict_zipfile_path))
        return precision, recall, f1
    elif mode != "predict":
        raise Exception("wrong mode for eval func")
```

设置训练过程中的学习率、损失函数和优化器，同时进行训练时超参数的设置。

```
learning_rate = 2e-5
num_train_epochs = 5
warmup_ratio = 0.06

criterion = BCELossForDuIE()
# 动态调整学习率
steps_by_epoch = len(train_data_loader)
num_training_steps = steps_by_epoch * num_train_epochs
lr_scheduler = LinearDecayWithWarmup(learning_rate, num_training_steps, warmup_ratio)
optimizer = paddle.optimizer.AdamW(
    learning_rate=lr_scheduler,
    parameters=model.parameters(),
    apply_decay_param_fun=lambda x: x in [
        p.name for n, p in model.named_parameters()
        if not any(nd in n for nd in ["bias", "norm"])])
```

步骤 4：模型训练

在完成预训练模型加载、数据处理和损失函数定义之后，我们就可以开始模型训练过程，利用 DuIE 2.0 数据集对预训练模型进行微调。

```
# 开始训练
tic_train = time.time()
model.train()
for epoch in range(num_train_epochs):
    print("\n===== start training of %d epochs =====" % epoch)
    tic_epoch = time.time()
    for step, batch in enumerate(train_data_loader):
        input_ids, seq_lens, tok_to_orig_start_index, tok_to_orig_end_index, labels = batch
        logits = model(input_ids=input_ids)
        mask = (input_ids != 0).logical_and((input_ids != 1)).logical_and(
            (input_ids != 2))
        loss = criterion(logits, labels, mask)
        loss.backward()
        optimizer.step()
        lr_scheduler.step()
        optimizer.clear_gradients()
        loss_item = loss.numpy().item()

        if global_step % logging_steps == 0:
            print(
                "epoch: %d / %d, steps: %d / %d, loss: %f, speed: %.2f step/s"
                % (epoch, num_train_epochs, step, steps_by_epoch,
                    loss_item, logging_steps / (time.time() - tic_train)))
            tic_train = time.time()

        if global_step % save_steps == 0 and global_step != 0:
            print("\n===== start evaluating ckpt of %d steps =====" %
                    global_step)
            precision, recall, f1 = evaluate(
                model, criterion, eval_data_loader, eval_file_path, "eval")
            print("precision: %.2f\t recall: %.2f\t f1: %.2f\t" %
                    (100 * precision, 100 * recall, 100 * f1))
            print("saving checkpoing model_%d.pdparams to %s " %
                    (global_step, output_dir))
            paddle.save(model.state_dict(),
                        os.path.join(output_dir,
                                     "model_%d.pdparams" % global_step))
            model.train()

        global_step += 1
    tic_epoch = time.time() - tic_epoch
    print("epoch time footprint: %d hour %d min %d sec" %
            (tic_epoch // 3600, (tic_epoch % 3600) // 60, tic_epoch % 60))
```

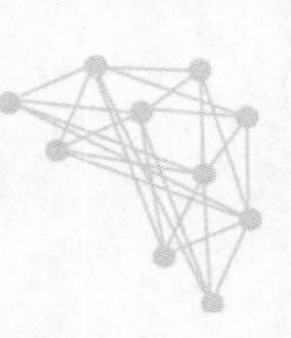


```
print("\n===== start evaluating last ckpt of %d steps =====" %
        global_step)
precision, recall, f1 = evaluate(model, criterion, test_data_loader,
                                   eval_file_path, "eval")
print("precision: %.2f\t recall: %.2f\t f1: %.2f\t" %
        (100 * precision, 100 * recall, 100 * f1))
paddle.save(model.state_dict(),
            os.path.join(output_dir,
                         "model_%d.pdparams" % global_step))
print("\n===== training complete =====")
```

训练过程的部分输出如图 4-16 所示。

```
=====start training of 0 epochs=====
epoch: 0 / 2, steps: 0 / 5347, loss: 0.717352, speed: 33.30 step/s
epoch: 0 / 2, steps: 50 / 5347, loss: 0.708382, speed: 3.60 step/s
epoch: 0 / 2, steps: 100 / 5347, loss: 0.684268, speed: 3.67 step/s
epoch: 0 / 2, steps: 150 / 5347, loss: 0.618787, speed: 3.67 step/s
epoch: 0 / 2, steps: 200 / 5347, loss: 0.440034, speed: 3.62 step/s
epoch: 0 / 2, steps: 250 / 5347, loss: 0.303303, speed: 3.48 step/s
epoch: 0 / 2, steps: 300 / 5347, loss: 0.251096, speed: 3.72 step/s
```

图 4-16　训练过程的部分输出

步骤 5：模型评估

加载最终训练的模型参数进行测试集的结果预测，输出预测结果的 P/R/F1 值。

```
param_path = "./checkpoints/model_10694.pdparams"
state_dict = paddle.load(param_path)
model.set_state_dict(state_dict)

precision, recall, f1 = evaluate(model, criterion, eval_data_loader, eval_file_path, "eval")
print("precision: %.2f\t recall: %.2f\t f1: %.2f\t" % (100 * precision, 100 * recall,
100 * f1))
```

测试结果如图 4-17 所示。

```
100%|██████████| 645/645 [01:36<00:00,  6.67it/s]
eval loss: 0.002410
correct spo num = 23092.0
submitted spo num = 37482.0
golden set spo num = 37767.0
submitted recall spo num = 23092.0
precision: 61.61         recall: 61.14    f1: 61.37
```

图 4-17　测试结果

本次实践采用的预训练模型为 ERNIE，PaddleNLP 还提供了丰富的预训练模型，如 BERT、RoBERTa、Electra、XLNet 等，我们在加载预训练模型时只需要指定特定的模型名称，即可实现无缝衔接。

基于预训练-微调的事件抽取

4.5 实践五：基于预训练-微调的事件抽取

事件抽取的目标是对于给定的自然语言句子（输入），根据预先指定的事件类型和论元角色，识别句子中所有目标事件类型的事件，并根据相应的论元角色集合抽取事件所对应的论元（输出）。

其中目标事件类型（event_type）和论元角色（role）限定了抽取的范围，如（event_type，胜负；role，时间，胜者，败者，赛事名称）、（event_type，夺冠；role：夺冠事件，夺冠赛事，冠军）。图 4-18 展示了一个关于事件抽取的样例，可以看到原句子描述中共计包含了 2 个事件类型 event_type：胜负和夺冠，其中对于胜负事件类型，论元角色 role 包含时间、赛事名称、败者、胜者；对于夺冠事件类型，论元角色 role 包含夺冠赛事、冠军、时间。总而言之，事件抽取期望从这样非结构化的文本描述中，提取出事件类型和元素角色的结构化信息。

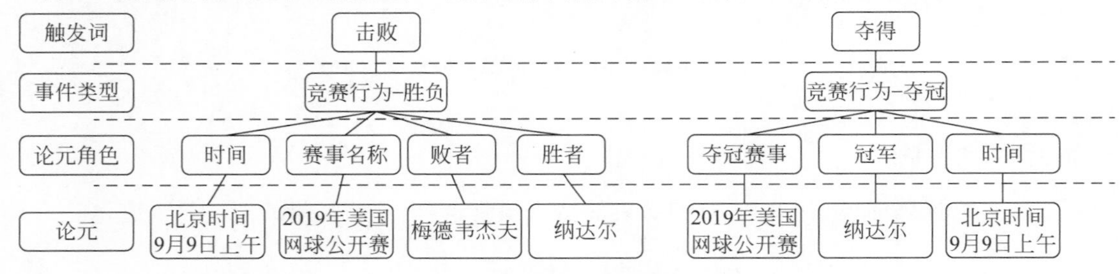

图 4-18　事件抽取示意图

本次实践设计方案如图 4-19 所示，本案例将采用分阶段的方式，分别训练触发词识别和事件元素识别两个模型去抽取对应的触发词和事件元素。模型的输入是一串描述事件的文本，模型的输出是从事件描述中提取的事件类型、事件元素等信息。

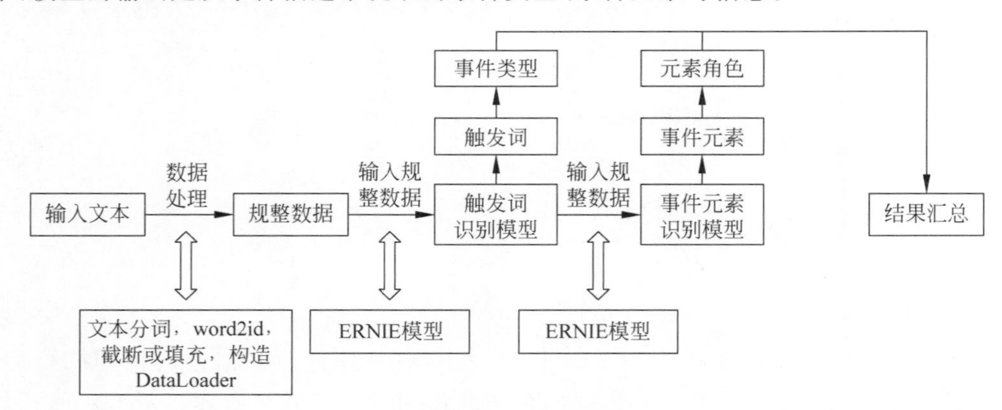

图 4-19　模型图

具体而言，在建模过程中，对于输入的待分析事件描述文本，首先需要进行数据处理生成规整的文本序列数据，包括语句分词、将词转换为 ID、过长文本截断、过短文本填充等操

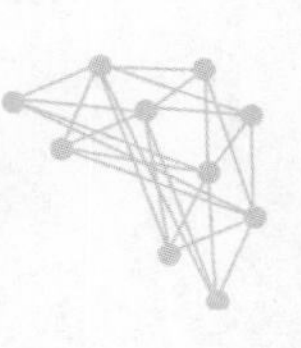

作；其次，将规整的数据输入触发词识别模型中，识别出事件描述中的触发词，并且根据触发词判断该事件的类型；再次，将规整的数据继续输入事件元素识别模型中，并确定这些事件元素的角色；最后，将两个模型的输出内容进行汇总，获得最终的提取事件结果，主要包括事件类型、事件元素和事件角色。

其中，触发词识别模型和事件元素模型均被定义为序列标注任务，基于 ERNIE 模型完成，从而分别抽取出事件类型和事件元素，后续将两者的结果进行汇总，得到最终的事件提取结果。

步骤 1：数据处理

（1）数据集介绍。

DuEE 1.0 是百度发布的中文事件抽取数据集，包含 65 个事件类型的 1.7 万个具有事件信息的句子(2 万个事件)。事件类型根据百度风云榜的热点榜单选取确定，具有较强的代表性。65 个事件类型中不仅包含“结婚”“辞职”“地震”等传统事件抽取评测中常见的事件类型，还包含了“点赞”等极具时代特征的事件类型。数据集中的句子来自百度信息流资讯文本，相比传统的新闻资讯，文本表达自由度更高，事件抽取的难度也更大。

DuEE 1.0 数据集包含 4 个数据文件，分别是 train.json(训练集数据文件)、dev.json(开发集数据文件)、test.json(测试集数据文件)和 event_schema.json(DuEE 1.0 事件抽取模式文件，定义了事件类型和事件元素角色等内容)。在实践之前，我们先利用如下 Linux 命令将 DuEE 1.0 数据集进行解压，并将解压后的上述 4 个数据文件存放在./dataset 目录下。

```
# 解压数据集
!unzip -d data/data70975/ data/data70975/DuEE_1_0.zip
# 创建./dataset 目录
!mkdir dataset
# 将 4 个数据文件存放在./dataset 目录下
!mv data/data70975/DuEE_1_0/train.json data/data70975/DuEE_1_0/dev.json
data/data70975/DuEE_1_0/test.json
data/data70975/DuEE_1_0/event_schema.json dataset/
# 数据文件重命名
!mv dataset/train.json dataset/duee_train.json
!mv dataset/dev.json dataset/duee_dev.json
!mv dataset/test.json dataset/duee_test.json
!mv dataset/event_schema.json dataset/duee_event_schema.json
```

数据格式如图 4-20 所示。

{"text": "这一全球巨头“凉凉” “捅刀”华为后 裁员5000 现市值缩水800亿", "id": "82c4db0b0b209565485a1776b6f1b580", "event_list": [{"event_type": "组织关系-裁员", "trigger": "裁员", "trigger_start_index": 19, "arguments": [{"argument_start_index": 21, "role": "裁员人数", "argument": "5000", "alias": []}], "class": "组织关系"}]}
{"text": "被证实将再裁员1800人 AT&T在为落后的经营模式买单", "id": "1f0eac3455f94c9d93dbacc92bbf4aec", "event_list": [{"event_type": "组织关系-裁员", "trigger": "裁员", "trigger_start_index": 5, "arguments": [{"argument_start_index": 7, "role": "裁员人数", "argument": "1800人", "alias": []}, {"argument_start_index": 13, "role": "裁员方", "argument": "AT&T", "alias": []}], "class": "组织关系"}]}
{"text": "又一网约车巨头倒下：三个月裁员835名员工，滴滴又该何去何从", "id": "d5b9a75b8d1dd37f07667ed72bf69c4f", "event_list": [{"event_type": "组织关系-裁员", "trigger": "裁员", "trigger_start_index": 13, "arguments": [{"argument_start_index": 15, "role": "裁员人数", "argument": "835名员工", "alias": []}], "class": "组织关系"}]}

图 4-20　数据格式

（2）数据加载。

从展示的数据样例可以看出，我们无法将这样的数据直接输入模型，这样的数据格式离我们模型的输入格式还有很大差别，因此我们将基于这些原数据生成适合加载和训练的中间数据格式，如图 4-21 所示。

语句	华	为	手	机	已	经	降	价	，	3	…
Trigger标签	O	O	O	O	O	O	B-降价	I-降价	O	O	…

语句	华	为	手	机	已	经	降	价	，	3	…
Role标签	B-降价方	I-降价方	B-降价物	I-降价物	O	O	O	O	O	O	…

图 4-21　中间数据格式

我们将原始的数据进行处理分别生成用于触发词识别和事件元素识别的数据，存放于./dataset/trigger 和./dataset/role 目录下，同时根据 duee_event_schema.json 生成两种模型所用的词典，存放于./dataset/dict 目录下。在将数据处理成中间格式数据之后，便可以调用数据加载函数将中间数据加载至内存之中。

```
# 将原始数据转换成中间格式数据
data_prepare("./dataset")

# 加载用于触发词识别的数据
trigger_dict_path = "./dataset/dict/trigger.dict"
trigger_train_path = "./dataset/trigger/duee_train.tsv"
trigger_dev_path = "./dataset/trigger/duee_train.tsv"
trigger_tag2id, trigger_id2tag = load_dict(trigger_dict_path)
trigger_train_ds = load_dataset(read, data_path=trigger_train_path, lazy=False)
trigger_dev_ds = load_dataset(read, data_path=trigger_dev_path, lazy=False)

# 加载用于事件元素识别的数据
role_dict_path = "./dataset/dict/role.dict"
role_train_path = "./dataset/role/duee_train.tsv"
role_dev_path = "./dataset/role/duee_train.tsv"
role_tag2id, role_id2tag = load_dict(role_dict_path)
role_train_ds = load_dataset(read, data_path=role_train_path, lazy=False)
role_dev_ds = load_dataset(read, data_path=role_dev_path, lazy=False)
```

（3）将数据转换成特征形式。

完成数据加载后，我们将触发词数据和事件元素数据转换成适合输入模型的特征形式，即将文本字符串数据转换成字典 ID 的形式。这里我们需要加载 paddleNLP 中的 ErnieTokenizer，帮助我们完成字符串到字典 ID 的转换。

```
model_name = "ernie-1.0"
max_seq_len = 300
batch_size = 16
tokenizer = ErnieTokenizer.from_pretrained(model_name)
```

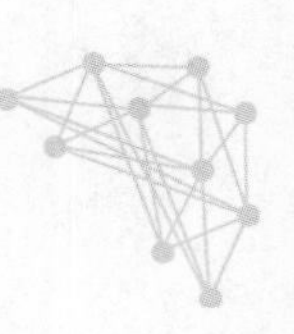


```
trigger_trans_func = partial(convert_example_to_features, tokenizer = tokenizer, tag2id =
trigger_tag2id, max_seq_length = max_seq_len, pad_default_tag = "O", is_test = False)
trigger_train_ds = trigger_train_ds.map(trigger_trans_func, lazy = False)
trigger_dev_ds = trigger_dev_ds.map(trigger_trans_func, lazy = False)

role_trans_func = partial(convert_example_to_features, tokenizer = tokenizer, tag2id = role_
tag2id, max_seq_length = max_seq_len, pad_default_tag = "O", is_test = False)
role_train_ds = role_train_ds.map(role_trans_func, lazy = False)
role_dev_ds = role_dev_ds.map(role_trans_func, lazy = False)
```

（4）构造数据加载器。

接下来，我们需要构造触发词数据和事件元素数据的 DataLoader，该 DataLoader 将支持以 batch 的形式将数据进行划分，从而以 batch 的形式训练相应模型。

```
batchify_fn = lambda samples, fn = Tuple(
        Pad(axis = 0, pad_val = tokenizer.pad_token_id),
        Pad(axis = 0, pad_val = tokenizer.pad_token_type_id),
        Stack(),
        Pad(axis = 0, pad_val = -1)
    ): fn(samples)

trigger_train_batch_sampler = paddle.io.DistributedBatchSampler(trigger_train_ds, batch_
size = batch_size, shuffle = True)
trigger_dev_batch_sampler = paddle.io.DistributedBatchSampler(trigger_dev_ds, batch_size =
batch_size, shuffle = False)
trigger_train_loader = paddle.io.DataLoader(trigger_train_ds, batch_sampler = trigger_train_
batch_sampler, collate_fn = batchify_fn)
trigger_dev_loader = paddle.io.DataLoader(trigger_dev_ds, batch_sampler = trigger_dev_
batch_sampler, collate_fn = batchify_fn)

role_train_batch_sampler = paddle.io.DistributedBatchSampler(role_train_ds, batch_size =
batch_size, shuffle = True)
role_dev_batch_sampler = paddle.io.DistributedBatchSampler(role_dev_ds, batch_size = batch_
size, shuffle = False)
role_train_loader = paddle.io.DataLoader(role_train_ds, batch_sampler = role_train_batch_
sampler, collate_fn = batchify_fn)
role_dev_loader = paddle.io.DataLoader(role_dev_ds, batch_sampler = role_dev_batch_sampler,
collate_fn = batchify_fn)
```

步骤 2：模型构建

接下来，我们将基于 ERNIE 实现序列标注功能。具体来讲，我们将处理好的文本数据输入 ERNIE 模型中，ERNIE 将会对文本的每个 token 进行编码，产生对应向量序列，然后根据每个 token 位置的向量进行分类以获得相应位置的序列标签。

```
class ErnieForTokenClassification(paddle.nn.Layer):
    def __init__(self, ernie, num_classes = 2, dropout = None):
        super(ErnieForTokenClassification, self).__init__()
        self.num_classes = num_classes
```

```
        self.ernie = ernie
        self.dropout = nn.Dropout(dropout if dropout is not None else self.ernie.config
["hidden_dropout_prob"])
        self.classifier = nn.Linear(self.ernie.config["hidden_size"], num_classes)

    def forward(self, input_ids, token_type_ids = None, position_ids = None, attention_mask =
None):
        sequence_output, _ = self.ernie(input_ids, token_type_ids = token_type_ids, position_
ids = position_ids, attention_mask = attention_mask)
        sequence_output = self.dropout(sequence_output)
        logits = self.classifier(sequence_output)

        return logits
```

步骤3：训练配置

定义触发词模型和事件元素识别模型训练时的环境，包括配置训练参数、配置模型参数、定义模型的实例化对象、指定模型训练迭代的优化算法等。

```
# 模型超参设置
trigger_model = ErnieForTokenClassification(ErnieModel.from_pretrained(model_name), num_
classes = len(trigger_tag2id))
trigger_num_training_steps = len(trigger_train_loader) * num_epoch
trigger_lr_scheduler = LinearDecayWithWarmup(learning_rate, trigger_num_training_steps,
warmup_proportion)
trigger_decay_params = [p.name for n, p in trigger_model.named_parameters() if not any(nd in n
for nd in ["bias", "norm"])]
trigger_optimizer = paddle.optimizer.AdamW(learning_rate = trigger_lr_scheduler, parameters =
trigger_model.parameters(), weight_decay = weight_decay, apply_decay_param_fun = lambda x: x
in trigger_decay_params)
trigger_metric = ChunkEvaluator(label_list = trigger_tag2id.keys(), suffix = False)

role_model = ErnieForTokenClassification(ErnieModel.from_pretrained(model_name), num_
classes = len(role_tag2id))
role_num_training_steps = len(role_train_loader) * num_epoch
role_lr_scheduler = LinearDecayWithWarmup(learning_rate, role_num_training_steps, warmup_
proportion)
role_decay_params = [p.name for n, p in role_model.named_parameters() if not any(nd in n for nd
in ["bias", "norm"])]
role_optimizer = paddle.optimizer.AdamW(learning_rate = role_lr_scheduler, parameters = role_
model.parameters(), weight_decay = weight_decay, apply_decay_param_fun = lambda x: x in role_
decay_params)
role_metric = ChunkEvaluator(label_list = role_tag2id.keys(), suffix = False)
```

步骤4：模型训练与评估

我们通过定义一个通用的 train 函数和 evaluate 函数，通过指定“trigger”和“role”参数便可以训练相应的模型。在训练过程中，每隔 log_steps 步打印一次日志，每隔 eval_steps

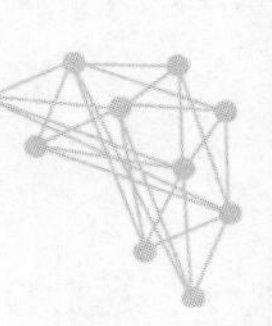

步进行一次模型评估，并始终保存验证效果最好的模型。

```
def evaluate(model, data_loader, metric):
    model.eval()
    metric.reset()
    for batch_data in data_loader:
        input_ids, token_type_ids, seq_lens, tag_ids = batch_data
        logits = model(input_ids, token_type_ids)
        preds = paddle.argmax(logits, axis= -1)
        n_infer, n_label, n_correct = metric.compute(seq_lens, preds, tag_ids)
        metric.update(n_infer.numpy(), n_label.numpy(), n_correct.numpy())
        precision, recall, f1_score = metric.accumulate()

    return precision, recall, f1_score

def train(model_flag):
    # 解析 model_flag
    assert model_flag in ["trigger", "role"]
    if model_flag == "trigger":
        model = trigger_model
        train_loader, dev_loader = trigger_train_loader, trigger_dev_loader
        optimizer, lr_scheduler, metric = trigger_optimizer, trigger_lr_scheduler, trigger_metric
        tag2id, num_training_steps = trigger_tag2id, trigger_num_training_steps
    else:
        model = role_model
        train_loader, dev_loader = role_train_loader, role_dev_loader
        optimizer, lr_scheduler, metric = role_optimizer, role_lr_scheduler, role_metric
        tag2id, num_training_steps = role_tag2id, role_num_training_steps

    global_step, best_f1 = 0, 0.
    model.train()
    for epoch in range(1, num_epoch + 1):
        for batch_data in train_loader:
            input_ids, token_type_ids, seq_len, tag_ids = batch_data
            # logits: [batch_size, seq_len, num_tags] --> [batch_size * seq_len, num_tags]
            logits = model(input_ids, token_type_ids).reshape([ - 1, len(tag2id)])
            loss = paddle.mean(F.cross_entropy(logits, tag_ids.reshape([ - 1]), ignore_
index = - 1))

            loss.backward()
            lr_scheduler.step()
            optimizer.step()
            optimizer.clear_grad()

            if global_step > 0 and global_step % log_step == 0:
                print(f"{model_flag} - epoch: {epoch} - global_step:
{global_step}/{num_training_steps} - loss:{loss.numpy().item():.6f}")
            if global_step > 0 and global_step % eval_step == 0:
                precision, recall, f1_score = evaluate(model, dev_loader, metric)
                model.train()
```

```
                if f1_score > best_f1:
                    print(f"best F1 performence has been updated: {best_f1:.5f} -->
{f1_score:.5f}")
                    best_f1 = f1_score
                    paddle.save(model.state_dict(),
f"{save_path}/{model_flag}_best.pdparams")
                print(f'{model_flag} evalution result: precision: {precision:.5f},
recall: {recall:.5f}, F1: {f1_score:.5f} current best {best_f1:.5f}')
            global_step += 1

    paddle.save(model.state_dict(), f"{save_path}/{model_flag}_final.pdparams")

# 训练触发词模型
train("trigger")
print("training trigger end!")

# 训练事件元素识别模型
train("role")
print("training role end!")
```

步骤5：模型推理

实现一个模型预测函数，任意输入一段事件描述文本，能够输出这段描述所蕴含的事件。首先我们先加载训练好的模型参数，然后进行推理。

```
model_name = "ernie-1.0"
tokenizer = ErnieTokenizer.from_pretrained(model_name)

schema_path = "./dataset/duee_event_schema.json"
schema = load_schema(schema_path)

trigger_tag_path = "./dataset/dict/trigger.dict"
trigger_tag2id, trigger_id2tag = load_dict(trigger_tag_path)
role_tag_path = "./dataset/dict/role.dict"
role_tag2id, role_id2tag = load_dict(role_tag_path)

# 加载触发词模型
trigger_model_path = "./checkpoint/trigger_best.pdparams"
trigger_state_dict = paddle.load(trigger_model_path)
trigger_model = ErnieForTokenClassification(ErnieModel.from_pretrained(model_name), num_
classes=len(trigger_tag2id))
trigger_model.load_dict(trigger_state_dict)

# 加载事件元素识别模型
role_model_path = "./checkpoint/role_best.pdparams"
role_state_dict = paddle.load(role_model_path)
role_model = ErnieForTokenClassification(ErnieModel.from_pretrained(model_name), num_
classes=len(role_tag2id))
role_model.load_dict(role_state_dict)

def predict(input_text, trigger_model, role_model, tokenizer, trigger_id2tag, role_id2tag,
```

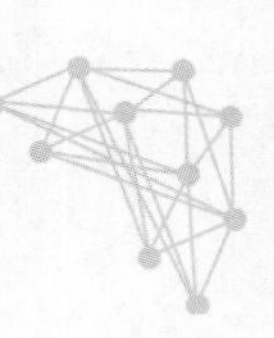


```
schema):
    trigger_model.eval()
    role_model.eval()

    splited_input_text = list(input_text.strip())
    features = tokenizer(splited_input_text, is_split_into_words=True, max_seq_len=max_
seq_len, return_length=True)
    input_ids = paddle.to_tensor(features["input_ids"]).unsqueeze(0)
    token_type_ids = paddle.to_tensor(features["token_type_ids"]).unsqueeze(0)
    seq_len = features["seq_len"]

    trigger_logits = trigger_model(input_ids, token_type_ids)
    trigger_preds = paddle.argmax(trigger_logits, axis=-1).numpy()[0][1:seq_len]
    trigger_preds = [trigger_id2tag[idx] for idx in trigger_preds]
    trigger_entities = get_entities(trigger_preds, suffix=False)

    role_logits = role_model(input_ids, token_type_ids)
    role_preds = paddle.argmax(role_logits, axis=-1).numpy()[0][1:seq_len]
    role_preds = [role_id2tag[idx] for idx in role_preds]
    role_entities = get_entities(role_preds, suffix=False)

    events = []
    visited = set()
    for event_entity in trigger_entities:
        event_type, start, end = event_entity
        if event_type in visited:
            continue
        visited.add(event_type)
        events.append({"event_type":event_type, "trigger":"".join(splited_input_text
[start:end+1]), "arguments":[]})

    for event in events:
        role_list = schema[event["event_type"]]
        for role_entity in role_entities:
            role_type, start, end = role_entity
            if role_type not in role_list:
                continue
            event["arguments"].append({"role":role_type, "argument":"".join(splited_input_
text[start:end+1])})

    format_print(events)

text = "华为手机已经降价,3200 万像素只需千元,性价比××无法比!"
predict(text, trigger_model, role_model, tokenizer, trigger_id2tag, role_id2tag, schema)
```

输出结果如图 4-22 所示。

```
event0 - event_type:财经/交易-降价, trigger:降价
role_type:降价物, argument:华为手机
```

图 4-22　输出结果

第5章 机器翻译

机器翻译(Machine Translation),又称为自动翻译,是指利用计算机将一种自然语言(源语言)转换为另一种自然语言(目标语言)的过程。它是计算语言学的一个分支,是人工智能的终极目标之一,具有重要的科学研究价值。同时,随着经济全球化以及互联网的飞速发展,机器翻译在促进政治、经济、文化交流等方面的作用也日益凸显。

机器翻译技术的发展一直与计算机技术、信息论、语言学等学科的发展紧密相关。从早期的词典匹配,到词典结合语言学专家知识的规则翻译,再到基于语料库的统计机器翻译,随着计算机计算能力的提升和多语言信息的爆发式增长,机器翻译技术正在逐渐走出"象牙塔",开始为普通用户提供实时便捷的翻译服务。

本章将会学习使用飞桨提供的 API 来完成不同的机器翻译任务。

基于序列到序列模型的中-英机器翻译

5.1 实践一:基于序列到序列模型的中-英机器翻译

机器翻译是典型的 seq2seq 预测问题,即序列到序列的预测问题:将输入序列映射为另外一个输出序列。由于同时存在多个输入和输出时间步,这种形式的问题也被称为是 many-to-many 序列预测问题。

对 seq2seq 预测问题进行建模的一个难点是输入和输出序列的长度均有可能发生变化,一种被证明能够有效解决 seq2seq 预测问题的方法被称为 Encoder-Decoder。该体系结构包括两部分:Encoder 用于读取输入序列并将其编码成一个固定长度的向量,Decoder 用于解码该固定长度的向量并输出预测序列。

如图 5-1 所示,编码阶段的 RNN 网络接收输入序列"A B C < EOS > (EOS=End of Sentence,句末标记)",并输出一个向量作为输入序列的语义表示向量;之后解码阶段的 RNN 网络在每一个时间步进行单个字符的解码,最终模型输出"W X Y Z < EOS >",这样就实现了句子的翻译过程。

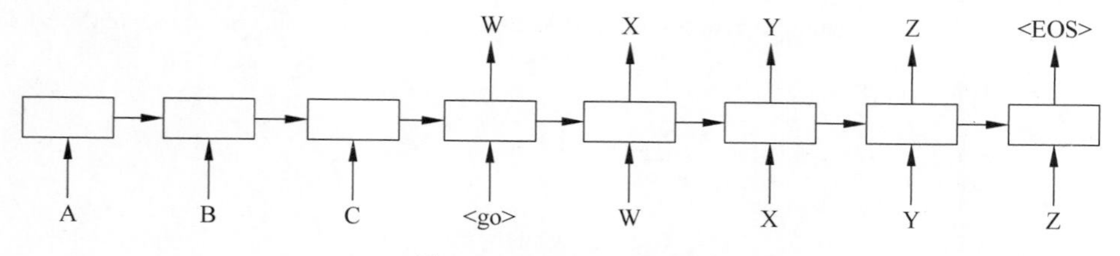

图 5-1 Encoder-Decoder

在学习了 Encoder-Decoder 的结构之后，就可以使用飞桨深度学习开源框架完成基于序列到序列模型的中-英机器翻译。

步骤1：中英数据准备

本次实践将使用 http://www.manythings.org/anki/提供的 24697 个中英双语句子对作为数据集。

```
# 下载数据集并进行解压，得到包含双语句子对的文本文件 cmn.txt
!wget -c https://www.manythings.org/anki/cmn-eng.zip && unzip cmn-eng.zip
```

我们将得到的双语句子对进行如下处理，并将其读取到 Python 的数据结构中：①对于英文，将所有字母转换为小写并只保留英文单词；②对于中文，未做分词，只按照字做了切分；③为了提高后续模型的训练速度，我们通过限制句子长度和只保留一部分英文单词作为开头的句子的方式，得到了一个包含 5746 个句子对的较小的数据集。

```
# 只保留长度不超过 10 个单词或汉字的句子
MAX_LEN = 10
lines = open('cmn.txt', encoding='utf-8').read().strip().split('\n')
# 对于英文，只保留英文单词、数字和下画线
words_re = re.compile(r'\w+')
pairs = []
for l in lines:
    en_sent, cn_sent, _ = l.split('\t')
    pairs.append((words_re.findall(en_sent.lower()), list(cn_sent)))
# 为了加速训练，构造一个较小的数据集
filtered_pairs = []
for x in pairs:
    if len(x[0]) < MAX_LEN and len(x[1]) < MAX_LEN and \
    x[0][0] in ('i', 'you', 'he', 'she', 'we', 'they'):
        filtered_pairs.append(x)
print(len(filtered_pairs))
for x in filtered_pairs[:3]: print(x)
```

接下来我们分别创建中英文的词表，这两份词表被用于单词或汉字和词表 ID 之间的相互转换，词表中还会加入如下 3 个特殊的词："<pad>"，用于对较短的句子进行填充；"<bos>"即"begin of sentence"，表示句子开始的特殊词；"<eos>"即"end of sentence"，表示句子结束的特殊词。

```
# 英文词表
en_vocab = {}
# 中文词表
cn_vocab = {}

# 中英词表中分别加入三个特殊字符:<pad>,<bos>,<eos>
en_vocab['<pad>'], en_vocab['<bos>'], en_vocab['<eos>'] = 0, 1, 2
cn_vocab['<pad>'], cn_vocab['<bos>'], cn_vocab['<eos>'] = 0, 1, 2
```

```
en_idx, cn_idx = 3, 3
for en, cn in filtered_pairs:
    for w in en:
        if w not in en_vocab:
            en_vocab[w] = en_idx
            en_idx += 1
    for w in cn:
        if w not in cn_vocab:
            cn_vocab[w] = cn_idx
            cn_idx += 1
```

根据构造的词表，我们创建一份实际用于训练的用 NumPy 组织的数据集，在该数据集中：①所有句子都通过< pad >的填充变成了长度相同的句子；②对于英文句子（源语言），为了达到更好的翻译效果，我们将其进行了翻转；③所创建的 padded_cn_label_sents 是训练过程中的预测目标，即当前时间步应该预测输出的单词。

```
padded_en_sents = []
padded_cn_sents = []
padded_cn_label_sents = []
for en, cn in filtered_pairs:
    # 编码器端的输入需要为英文添加结束符，并且填充至固定长度
padded_en_sent = en + ['<eos>'] + ['<pad>'] * (MAX_LEN - len(en))
# 翻转源语言
padded_en_sent.reverse()
# 解码器端的输入需要以开始符号作为第一个输入
padded_cn_sent = ['<bos>'] + cn + ['<eos>'] + ['<pad>'] * (MAX_LEN - len(cn))
# 解码器端的输出无须添加开始符号，自回归解码方式
    padded_cn_label_sent = cn + ['<eos>'] + ['<pad>'] * (MAX_LEN - len(cn) + 1)
    # 将单词或汉字转换成词表 ID
    padded_en_sents.append([en_vocab[w] for w in padded_en_sent])
    padded_cn_sents.append([cn_vocab[w] for w in padded_cn_sent])
    padded_cn_label_sents.append([cn_vocab[w] for w in padded_cn_label_sent])

train_en_sents = np.array(padded_en_sents)
train_cn_sents = np.array(padded_cn_sents)
train_cn_label_sents = np.array(padded_cn_label_sents)
```

步骤 2：Encoder-Decoder 模型配置

我们将会创建一个 Encoder-Decoder 架构的模型来完成机器翻译任务。先设置一些必要的网络结构中将会用到的参数。

```
embedding_size = 128
hidden_size = 256
num_encoder_lstm_layers = 1
en_vocab_size = len(list(en_vocab))
cn_vocab_size = len(list(cn_vocab))
epochs = 20
batch_size = 16
```

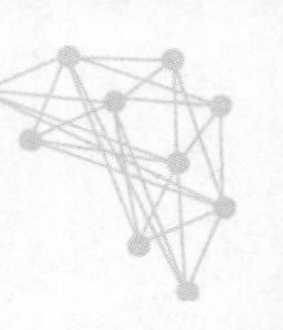

（1）Encoder 部分。

在 Encoder 端，我们在得到字符对应的 Embedding 之后连接 LSTM，构建一个对源语言进行编码的网络。除了 LSTM 之外，飞桨的 RNN 系列还提供了 SimpleRNN、GRU 等 API，我们还可以使用反向 RNN、双向 RNN、多层 RNN 等结构。同时，也可以通过设置 dropout 参数对多层 RNN 的中间层进行 dropout 处理，防止过拟合。

除了使用序列到序列的 RNN 操作，还可以通过 SimpleRNN，GRUCell，LSTMCell 等 API 更加灵活地创建单步的 RNN 计算，甚至可以通过继承 RNNCellBase 来实现自己的 RNN 计算单元。

```
class Encoder(paddle.nn.Layer):
    def __init__(self):
        super(Encoder, self).__init__()
        self.emb = paddle.nn.Embedding(en_vocab_size, embedding_size,)
        self.lstm = paddle.nn.LSTM(input_size = embedding_size,
               hidden_size = hidden_size,
               num_layers = num_encoder_lstm_layers)

    def forward(self, x):
        x = self.emb(x)
        x, (_, _) = self.lstm(x)
        return x
```

（2）Decoder 部分。

在 Decoder 端，我们同样使用 LSTM 来完成解码，与 Encoder 端不同的是，如下代码每次只计算一个时间步的输出，解码端在不同时间步的循环结构是在训练循环内实现的。

如果读者是第一次接触这样的网络结构，可以通过打印并观察每个 tensor 在不同步骤时的形状来更好地理解下面的代码。

```
# 每次只让 LSTM 向前计算一次
class Decoder(paddle.nn.Layer):
    def __init__(self):
        super(Decoder, self).__init__()
        self.emb = paddle.nn.Embedding(cn_vocab_size, embedding_size)
        self.lstm = paddle.nn.LSTM(input_size = embedding_size + hidden_size,
                                   hidden_size = hidden_size)

        # 输出词典单词的概率分布
        self.outlinear = paddle.nn.Linear(hidden_size, cn_vocab_size)

    def forward(self, x, previous_hidden, previous_cell, encoder_outputs):
        x = self.emb(x)
        # 得到 encoder 端对输入序列进行编码的 context vector
        context_vector = paddle.sum(encoder_outputs, 1)
        context_vector = paddle.unsqueeze(context_vector, 1)

        lstm_input = paddle.concat((x, context_vector), axis = -1)
```

```
        previous_hidden = paddle.transpose(previous_hidden, [1, 0, 2])
        previous_cell = paddle.transpose(previous_cell, [1, 0, 2])

        x, (hidden, cell) = self.lstm(lstm_input, (previous_hidden, previous_cell))

        # 将 LSTM 单元输出的 tensor 形状转为:(batch, number_of_layers * direction, hidden)
        hidden = paddle.transpose(hidden, [1, 0, 2])
        cell = paddle.transpose(cell, [1, 0, 2])

        output = self.outlinear(hidden)
        output = paddle.squeeze(output)
        return output, (hidden, cell)
```

步骤 3：模型训练

接下来我们开始进行模型的训练，在训练过程中我们采取了如下策略：①在每个 epoch 开始之前，对训练数据进行随机打乱；②通过多次调用 decoder 实现解码时的循环结构；③teacher forcing 策略。在每次解码单词时，将训练数据中的真实词作为预测当前单词时的输入。相应地，读者也可以尝试使用模型上一个时间步输出的结果作为预测当前单词时的输入。

```
# 实例化编码器、解码器
encoder = Encoder()
decoder = Decoder()
# 定义优化器:同时优化编码器与解码器的参数
opt = paddle.optimizer.Adam(learning_rate = 0.001,
parameters = encoder.parameters() + decoder.parameters())
# 开始训练
for epoch in range(epochs):
    print("epoch:{}".format(epoch))
    # 随机打乱训练数据
    perm = np.random.permutation(len(train_en_sents))
    train_en_sents_shuffled = train_en_sents[perm]
    train_cn_sents_shuffled = train_cn_sents[perm]
    train_cn_label_sents_shuffled = train_cn_label_sents[perm]
    # 批量数据迭代
for iteration in range(train_en_sents_shuffled.shape[0] // batch_size):
        x_data = train_en_sents_shuffled[(batch_size * iteration):(batch_size * (iteration + 1))]
        sent = paddle.to_tensor(x_data)
        # Encoder 端得到需要翻译的英文句子的编码表示
        en_repr = encoder(sent)
        # 解码器端原始输入
        x_cn_data = train_cn_sents_shuffled[(batch_size * iteration):(batch_size *
(iteration + 1))]
```

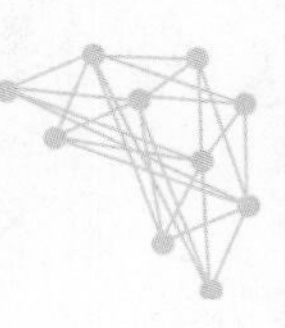


```
        # 解码器端输出的标准答案,用于计算损失
        x_cn_label_data = train_cn_label_sents_shuffled[(batch_size * iteration):(batch_
size * (iteration + 1))]
        # Decoder 端在第一步进行解码时需要初始化 h0 和 c0,tensor 形状为: (batch, num_layer
* num_of_direction, hidden_size)
        hidden = paddle.zeros([batch_size, 1, hidden_size])
        cell = paddle.zeros([batch_size, 1, hidden_size])
        loss = paddle.zeros([1])
        # Decoder 端的循环解码
        for i in range(MAX_LEN + 2):
            # 获取每步的输入以及输出的标准答案
            cn_word = paddle.to_tensor(x_cn_data[:,i:i+1])
            cn_word_label = paddle.to_tensor(x_cn_label_data[:,i])
            # 解码器解码
            logits, (hidden, cell) = decoder(cn_word, hidden, cell, en_repr)
            # 计算解码损失:交叉熵损失,解码的词是否正确
            step_loss = F.cross_entropy(logits, cn_word_label)
            loss += step_loss
        # 计算平均损失
        loss = loss / (MAX_LEN + 2)
        if(iteration % 200 == 0):
            print("iter {}, loss:{}".format(iteration, loss.numpy()))
        # 反向传播,梯度更新
        loss.backward()
        opt.step()
        opt.clear_grad()
```

模型在训练过程中的部分输出如图 5-2 所示,我们可以看出在经过几个轮次的训练之后,loss 不断下降并最终趋于稳定。

```
epoch:15
iter 0, loss:[0.657116]
iter 200, loss:[0.71158755]
epoch:16
iter 0, loss:[0.60776967]
iter 200, loss:[0.47258767]
epoch:17
iter 0, loss:[0.47723645]
iter 200, loss:[0.53901356]
epoch:18
iter 0, loss:[0.44978726]
iter 200, loss:[0.36394048]
epoch:19
iter 0, loss:[0.4093375]
iter 200, loss:[0.41582176]
```

图 5-2　训练过程的部分输出

步骤 4:机器翻译模型预测

模型训练完成后,我们就得到了一个能够将英文翻译成中文的机器翻译模型。在预测过程中,我们需要通过贪心策略(Greedy Search)来实现使用该模型完成机器翻译。

```
encoder.eval()
decoder.eval()
# 从训练集中随机抽取 10 个样本
num_of_exampels_to_evaluate = 10

indices = np.random.choice(len(train_en_sents), num_of_exampels_to_evaluate,
replace = False)
x_data = train_en_sents[indices]
sent = paddle.to_tensor(x_data)
# 编码器提取特征
```

```
en_repr = encoder(sent)

word = np.array(
    [[cn_vocab['<bos>']]] * num_of_exampels_to_evaluate
)
word = paddle.to_tensor(word)

hidden = paddle.zeros([num_of_exampels_to_evaluate, 1, hidden_size])
cell = paddle.zeros([num_of_exampels_to_evaluate, 1, hidden_size])

# 逐步解码
decoded_sent = []
for i in range(MAX_LEN + 2):
    logits, (hidden, cell) = decoder(word, hidden, cell, en_repr)
    word = paddle.argmax(logits, axis=1)
    decoded_sent.append(word.numpy())
    word = paddle.unsqueeze(word, axis=-1)

results = np.stack(decoded_sent, axis=1)
for i in range(num_of_exampels_to_evaluate):
    en_input = " ".join(filtered_pairs[indices[i]][0])
    ground_truth_translate = "".join(filtered_pairs[indices[i]][1])
    model_translate = ""
    for k in results[i]:
        w = list(cn_vocab)[k]
        if w != '<pad>' and w != '<eos>':
            model_translate += w
    print(en_input)
    print("true: {}".format(ground_truth_translate))
print("pred: {}".format(model_translate))
```

我们将目标语言的真实值和模型预测输出的结果进行对比，来验证机器翻译的效果，预测结果如图 5-3 所示。

```
she studies english every day
true: 她每天学习英语。
pred: 她每天学习英语。
i plan to go there
true: 我打算去那里。
pred: 我打算去那里。
i am interested in sports
true: 我对运动感兴趣。
pred: 我对运动感兴趣。
they obeyed orders
true: 他们服从了命令。
pred: 他们服从了命令。
he is tall
true: 他高。
pred: 他高。
we won the battle
true: 我们战争胜利了。
pred: 我们战争胜利了。
```

图 5-3　预测结果

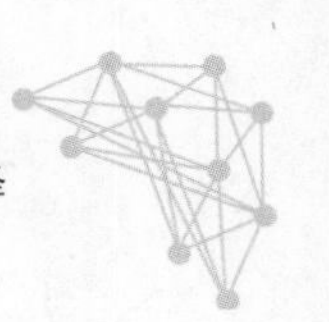

基于注意力机制的中-英机器翻译

5.2　实践二：基于注意力机制的中-英机器翻译

5.1 节中我们学习了能够解决 seq2seq 预测问题的 Encoder-Decoder 结构，知道了 Encoder 将所有的输入序列都编码成一个统一的语义向量 Context vector，然后再由 Decoder 进行解码。这种结构实际上存在一个很明显的问题，我们很难寄希望于将输入的序列转化为固定的向量而保存所有的有效信息，尤其是随着所需翻译句子的长度增加，这种结构的效果会显著下降。除此之外，解码器只用到了编码器的最后一个隐藏层状态，信息利用率低下。因此，如果想要改进 Encoder-Decoder 结构，最好的切入角度就是利用 Encoder 端的所有隐藏层状态 h_T 来解决 Context 的长度限制问题，这就是 Attention 机制。

人类在翻译文章时，会将注意力关注于当前正在翻译的部分。Attention 机制与此十分类似，假设需要翻译"Machine Learning"-"机器学习"这个句子对，当在翻译"机器"时，只需要将注意力放在源语言中"Machine"的部分；同样地，在翻译"学习"时，也只用关注原句中的"Learning"。这样，当我们在 Decoder 端进行预测时就可以利用 Encoder 端的所有信息，而不是局限于原来模型中定长的隐藏向量 Context，减少了长程信息的丢失。

以上是对于 Attention 机制的直观理解，接下来我们详细介绍 Attention 机制的内部运算，如图 5-4 所示。

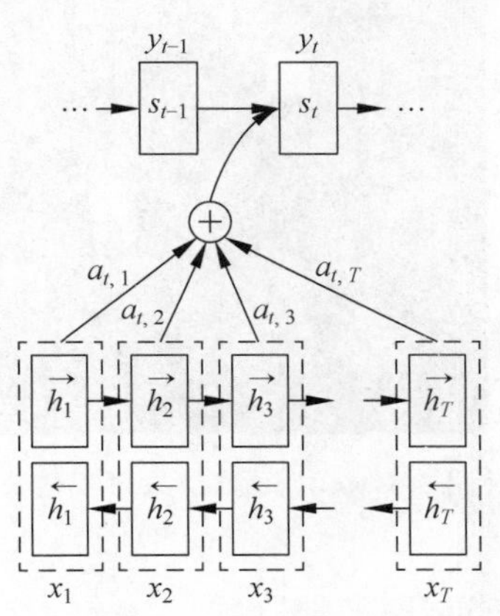

图 5-4　Attention 机制

首先我们基于 RNN 网络得到 Encoder 端的隐藏层：$(h_1, h_2, \cdots, h_T)$。假设当前 Decoder 端的隐藏层是 s_{t-1}，我们可以计算 Encoder 端每一个输入位置 j 与当前输出位置的相关性，记为 $e_{tj}=a(s_{t-1}, h_j)$，写成对应的向量形式即为 $\vec{e}_t=(a(s_{t-1},h_1), a(s_{t-1},h_2), \cdots, a(s_{t-1},h_T))$，其中 $a(\cdot)$ 表示相关性运算，常见的有点乘 $\vec{e}_t=\vec{s}_{t-1}{}^{\mathrm{T}}\vec{h}$，加权点乘 $\vec{e}_t=\vec{s}_{t-1}{}^{\mathrm{T}}W\vec{h}$，加和 $\vec{e}_t=\vec{v}^{\mathrm{T}}\tanh(W_1\vec{h}+W_2\vec{s}_{t-1})$ 等形式。然后对 $\vec{e}_t$ 进行 Softmax 操作将其归一化得到 Attention 的概率分布：$\vec{\alpha}_t=\mathrm{Softmax}(\vec{e}_t)$，其展开形式为 $\alpha_{tj}=\dfrac{\exp(e_{tj})}{\sum_{k=1}^{T}\exp(e_{tk})}$。利用 $\vec{\alpha}_t$ 对

Encoder 端的隐藏层状态进行加权求和即得到相应的 Context vector：$\vec{c}_t=\sum_{j=1}^{T}\alpha_{tj}h_j$。由此，我们可以计算 Decoder 端的下一时刻的隐藏层：$s_t=f(s_{t-1},y_{t-1},c_t)$以及该位置的输出 $p(y_t|y_1,y_2,\cdots,y_{t-1},\vec{x})=g(y_{t-1},s_t,c_t)$。

这里的关键操作是计算 Encoder 端各个隐藏层状态和 Decoder 端当前隐藏层状态的关联性的权重，得到 Attention 分布，从而得到对于当前输出位置比较重要的输入位置的权重，在预测输出时该输入位置的单词表示对应的比重会较大。

通过 Attention 机制的引入，我们打破了只能利用 Encoder 端最终单一向量结果的限制，从而使模型可以将注意力集中在所有对于下一个目标单词重要的输入信息上，使模型效果得到极大的改善。还有一个优点是，我们通过观察 Attention 权重矩阵的变化，可以知道机器翻译的结果和源文字之间的对应关系，有助于更好地理解模型工作机制，如图 5-5 所示。

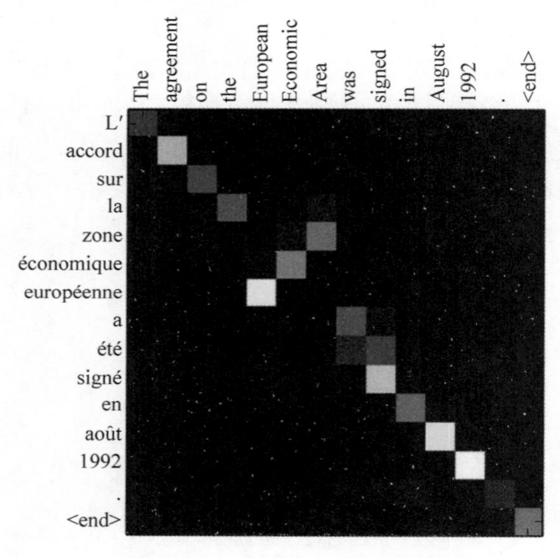

图 5-5　Attention 结果可视化

步骤 1：Encoder -AttentionDecoder 模型配置

带有注意力机制的 Encoder-Decoder 结构与原始结构相比仅在 Decoder 端的代码部分略有差异，在这里我们仅给出 Decoder 端的代码，读者可以参考 5.1 节的内容进行完整的机器翻译的实现。

```
# 和 5.1 节一样,每次只让 LSTM 向前计算一次
class AttentionDecoder(paddle.nn.Layer):
    def __init__(self):
        super(AttentionDecoder, self).__init__()
        self.emb = paddle.nn.Embedding(cn_vocab_size, embedding_size)
        self.lstm = paddle.nn.LSTM(input_size = embedding_size + hidden_size,
                                   hidden_size = hidden_size)

        # 这里使用了一个由两层 Linear 组成的网络来完成注意力机制的计算,它用来计算目标语
```

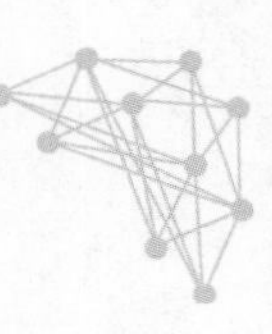

```
言在每次翻译一个词的时候,需要对源语言当中的每个词赋予多少的权重
        self.attention_linear1 = paddle.nn.Linear(hidden_size * 2, hidden_size)
        self.attention_linear2 = paddle.nn.Linear(hidden_size, 1)

        self.outlinear = paddle.nn.Linear(hidden_size, cn_vocab_size)

    def forward(self, x, previous_hidden, previous_cell, encoder_outputs):
        x = self.emb(x)
        # 将 Encoder 端所有隐藏层状态和当前时刻 Decoder 端隐藏层状态拼接,作为 Attention 模
        # 块的输入
        attention_inputs = paddle.concat((encoder_outputs,
                                          paddle.tile(previous_hidden,
repeat_times = [1, MAX_LEN + 1, 1])),
                                          axis = - 1
                                         )

        attention_hidden = self.attention_linear1(attention_inputs)
        attention_hidden = F.tanh(attention_hidden)
        attention_logits = self.attention_linear2(attention_hidden)
        attention_logits = paddle.squeeze(attention_logits)

        # 得到 attention 的概率分布
        attention_weights = F.softmax(attention_logits)
        attention_weights = paddle.expand_as(paddle.unsqueeze(attention_weights, - 1),
                                             encoder_outputs)

        # 将 Encoder 端每一个时刻的隐藏层状态乘以相对应的 attention 权重
        context_vector = paddle.multiply(encoder_outputs, attention_weights)
        context_vector = paddle.sum(context_vector, 1)
        context_vector = paddle.unsqueeze(context_vector, 1)

        lstm_input = paddle.concat((x, context_vector), axis = - 1)

        previous_hidden = paddle.transpose(previous_hidden, [1, 0, 2])
        previous_cell = paddle.transpose(previous_cell, [1, 0, 2])

        x, (hidden, cell) = self.lstm(lstm_input, (previous_hidden, previous_cell))

        hidden = paddle.transpose(hidden, [1, 0, 2])
        cell = paddle.transpose(cell, [1, 0, 2])

        output = self.outlinear(hidden)
        output = paddle.squeeze(output)
        return output, (hidden, cell)
```

步骤 2: 模型训练

接下来我们开始进行模型的训练,在训练过程中采取了和 5.1 节相似的策略。

```
# 实例化编码器、解码器
encoder = Encoder()
decoder = AttentionDecoder()
```

```
# 定义优化器:同时优化编码器与解码器的参数
opt = paddle.optimizer.Adam(learning_rate=0.001,
parameters=encoder.parameters() + decoder.parameters())
# 开始训练
for epoch in range(epochs):
    print("epoch:{}".format(epoch))
    # 随机打乱训练数据
    perm = np.random.permutation(len(train_en_sents))
    train_en_sents_shuffled = train_en_sents[perm]
    train_cn_sents_shuffled = train_cn_sents[perm]
    train_cn_label_sents_shuffled = train_cn_label_sents[perm]
    # 批量数据迭代
for iteration in range(train_en_sents_shuffled.shape[0] // batch_size):
        x_data = train_en_sents_shuffled[(batch_size * iteration):(batch_size * (iteration + 1))]
        sent = paddle.to_tensor(x_data)
        # Encoder 端得到需要翻译的英文句子的编码表示
        en_repr = encoder(sent)
        # 解码器端原始输入
        x_cn_data = train_cn_sents_shuffled[(batch_size * iteration):(batch_size *
(iteration + 1))]
        # 解码器端输出的标准答案,用于计算损失
        x_cn_label_data = train_cn_label_sents_shuffled[(batch_size * iteration):(batch_
size * (iteration + 1))]
        # Decoder 端在第一步进行解码时需要初始化 h0 和 c0,tensor 形状为:(batch,
num_layer * num_of_direction, hidden_size)
        hidden = paddle.zeros([batch_size, 1, hidden_size])
        cell = paddle.zeros([batch_size, 1, hidden_size])
        loss = paddle.zeros([1])
        #AttentionDecoder 端的循环解码
        for i in range(MAX_LEN + 2):
            # 获取每步的输入以及输出的标准答案
            cn_word = paddle.to_tensor(x_cn_data[:,i:i+1])
            cn_word_label = paddle.to_tensor(x_cn_label_data[:,i])
            # 解码器解码
            logits, (hidden, cell) = decoder(cn_word, hidden, cell, en_repr)
            # 计算解码损失,交叉熵损失,解码的词是否正确
            step_loss = F.cross_entropy(logits, cn_word_label)
            loss += step_loss
        # 计算平均损失
        loss = loss / (MAX_LEN + 2)
        if(iteration % 200 == 0):
            print("iter {}, loss:{}".format(iteration, loss.numpy()))
        # 反向传播,梯度更新
        loss.backward()
        opt.step()
        opt.clear_grad()
```

模型在训练过程中的 loss 不断下降并最终趋于稳定，而且在效果上是明显优于不带注意力机制的 Encoder-Decoder 模型结构的。

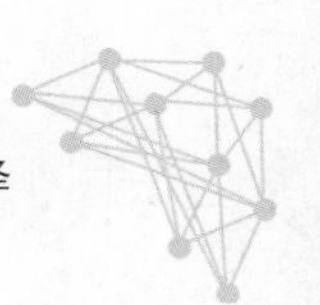

基于 Transformer 的中-英机器翻译

5.3　实践三：基于 Transformer 的中-英机器翻译

5.2 节中我们学习了 Attention 机制，知道了它可以解决 Encoder-Decoder 结构中固定的语义向量 Context 无法保存所有输入信息的问题。既然 Attention 机制如此有效，那么我们可不可以去掉模型中的 RNN 部分，只利用 Attention 结构呢？这就是谷歌提出的 Self-Attention 机制以及 Transformer 架构。

我们仍然从一个翻译例子来引出 Self-Attention 机制，假设我们需要翻译"I arrived at the bank after crossing the river"这句话，当我们在翻译"bank"时，如何知道它指的是"银行"还是"河岸"呢？这就需要我们联系上下文，当我们看到"river"之后就知道这里的"bank"有很大的概率可以被翻译为"河岸"。但是在 RNN 网络中，我们需要顺序处理从"bank"到"river"的所有单词，当它们相距较远时 RNN 的效果往往很差，同时由于其处理的顺序性导致 RNN 网络的效率也比较低。Self-Attention 则利用了 Attention 机制，可以计算每个单词与其他所有单词之间的关联性。在这句话中，当翻译"bank"一词时，"river"被分配得到较高的 Attention score，利用这些 Attention score 就可以得到一个加权表示的向量用来表征"bank"的语义信息，这一表示能够很好地利用上下文所提供的信息。

接下来我们详细介绍一下 Self-Attention 的计算过程，其基本结构如图 5-6 所示。

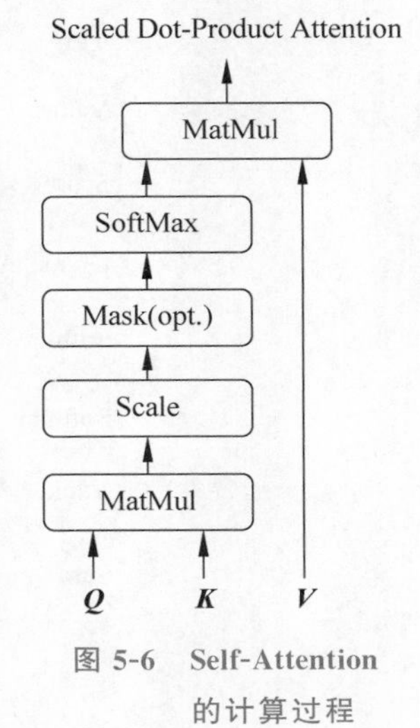

图 5-6　Self-Attention 的计算过程

对于 Self-Attention 来讲，$\boldsymbol{Q}$(Query)，$\boldsymbol{K}$(Key)，$\boldsymbol{V}$(Value)三个矩阵均来自同一个输入，首先我们要计算 $\boldsymbol{Q}$ 与 $\boldsymbol{K}$ 之间的点乘，为了防止其结果过大，会除以一个尺度标度 $\sqrt{d_k}$，其中 d_k 为一个 $\boldsymbol{Q}$ 或 $\boldsymbol{K}$ 向量的维度。再利用 Softmax 操作将其结果归一化为概率分布，然后再乘以矩阵 $\boldsymbol{V}$ 就得到权重求和的表示。上述操作可以表示为：

$$\text{Attention}(\boldsymbol{Q},\boldsymbol{K},\boldsymbol{V})=\text{Softmax}\left(\frac{\boldsymbol{Q}\boldsymbol{K}^{\mathrm{T}}}{\sqrt{d_k}}\right)\boldsymbol{V}。$$

以上描述可能比较抽象且难以理解，我们来看一个具体的例子，假设我们要翻译一个词组"Thinking Machines"，其中"Thinking"的 embedding vector 用 $\boldsymbol{x}_1$ 表示，"Machines"的 embedding vector 用 $\boldsymbol{x}_2$ 表示。当我们在处理"Thinking"这个单词时，我们需要计算句子中所有单词与它的 Attention Score，这就类似于将当前单词作为搜索的 Query，和句子中所有单词(包含该词本身)的 Key 去匹配，计算两者之间的相关程度。我们用 $\boldsymbol{q}_1$ 代表"Thinking"对应的 Query vector，$\boldsymbol{k}_1$、$\boldsymbol{k}_2$ 分别代表"Thinking"和"Machines"对应的 Key vector，那么在计算"Thinking"的 Attention score 时需要计算 $\boldsymbol{q}_1$ 与 $\boldsymbol{k}_1$、$\boldsymbol{k}_2$ 的点乘，如图 5-7、图 5-8 所示。同理在计算"Machines"的 Attention score 时需要计算 $\boldsymbol{q}_2$ 与 $\boldsymbol{k}_1$、$\boldsymbol{k}_2$ 的点乘。

然后我们对得到的结果进行尺度缩放和 Softmax 归一化，就得到了其他单词相对于当前单词的 Attention 概率分布。显然，当前单词与其自身的 Attention score 一般最大，其他单词根据与当前单词的重要程度也有相应的打分。然后我们将这些 Attention score 与 Value vector 相乘，即得到加权表示的向量 z_1。

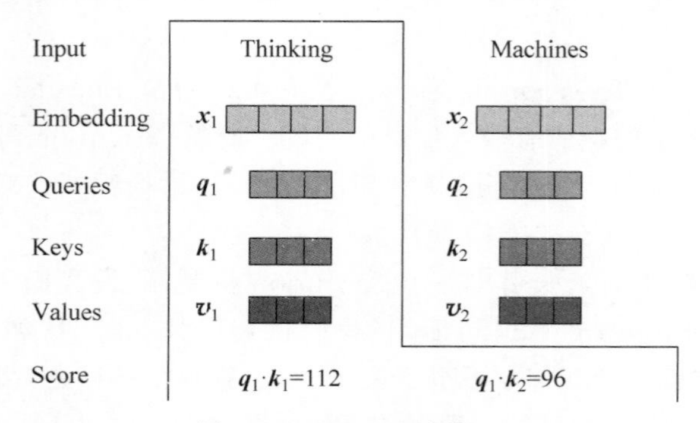

图 5-7　Attention 计算（1）

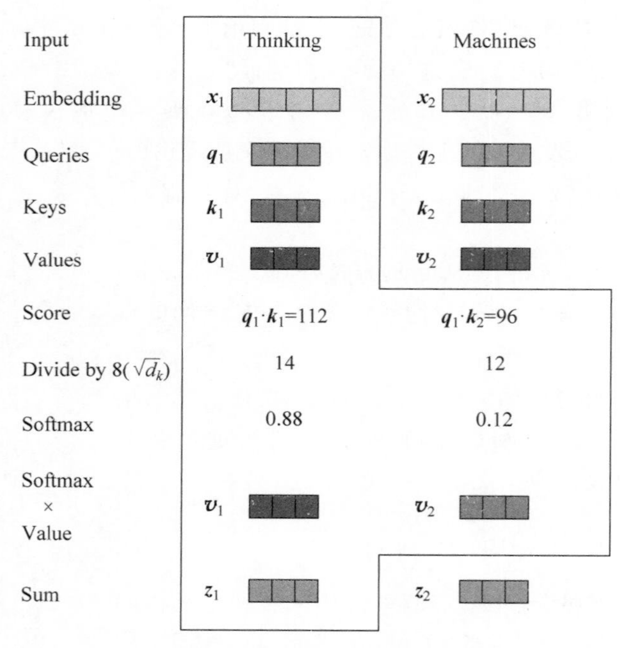

图 5-8　Attention 计算（2）

如果将所有输入的 Embedding vector 合并为矩阵形式，那么所有的 Query，Key 和 Value 向量也可以合并为矩阵形式表示，其中 $\boldsymbol{W}^Q$、$\boldsymbol{W}^K$、$\boldsymbol{W}^V$ 是模型在训练过程中需要学习的参数，上述操作即可简化为如图 5-9 所示的矩阵形式。

以上就是 Self-Attention 机制的主要内容，在 Transformer 的网络架构中，编码器和解码器没有采用 RNN 或 CNN 等网络，而是完全依赖于 Self-Attention 机制，其网络架构如图 5-10 所示。

这里的 Multi-Head Attention 实际上就是多个 Self-Attention 结构的结合，模型需要学习不同的 $\boldsymbol{W}^Q$、$\boldsymbol{W}^K$、$\boldsymbol{W}^V$ 参数，来得到不同的 $\boldsymbol{Q}$，$\boldsymbol{K}$，$\boldsymbol{V}$ 矩阵，如图 5-11 所示，每个 Head 能够学习到在不同表示空间中的特征，这使模型具有更强的表示能力。

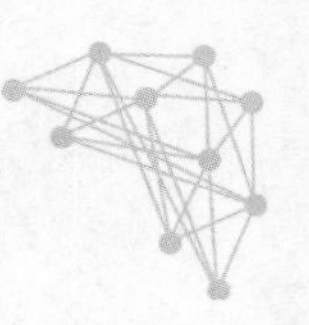

$$X \times W^{Q} = Q$$

$$X \times W^{K} = K$$

$$X \times W^{V} = V$$

$$\text{Softmax}\left(\frac{Q \times K^{\mathrm{T}}}{\sqrt{d_k}}\right) V = Z$$

图 5-9　矩阵形式

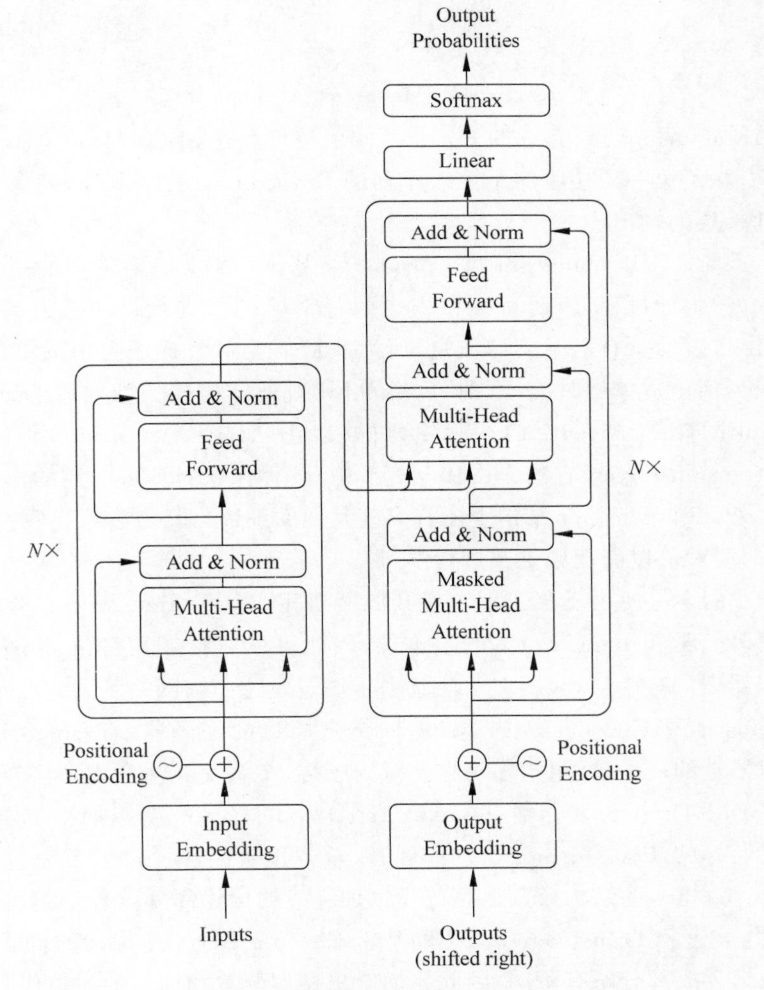

图 5-10　**Multi-Head Attention**

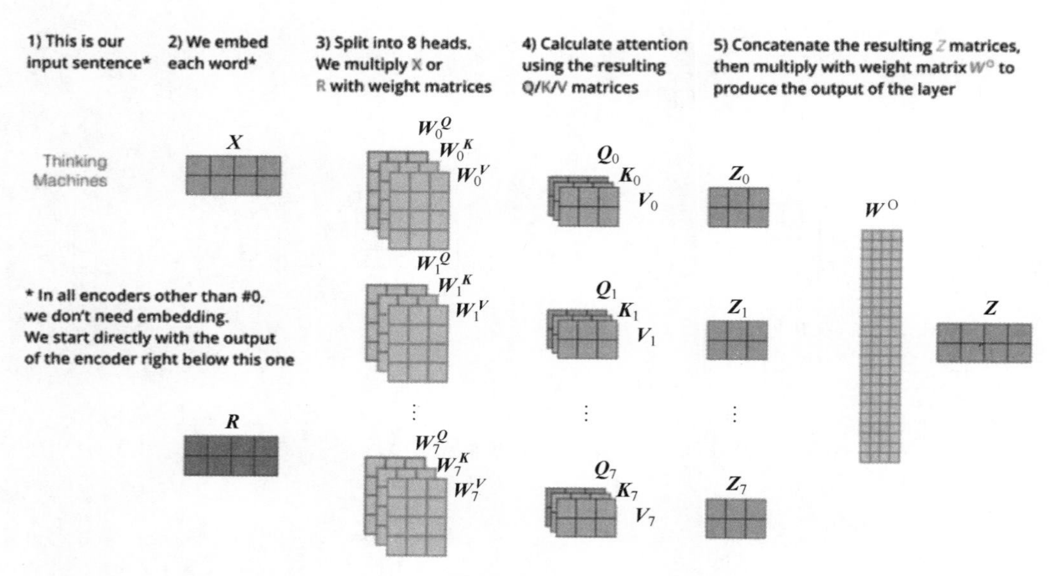

图 5-11　Multi-Head Attention 计算

对于 Transformer 结构，它的 Encoder 端就是将上述 Multi-Head Attention 作为基本单元进行堆叠，除了第一层接收的是输入序列的 Embedding 表示以外，其余每一层的 $\boldsymbol{Q}$，$\boldsymbol{K}$，$\boldsymbol{V}$ 均来自于前一层的输出。

Decoder 端的 Self-Attention 和 Encoder 端基本一致，需要注意的一点是解码过程是 step by step 的生成过程，因此目标序列中的每个单词在进行自注意力编码时，仅可以“看到”当前输出位置的所有前驱词的信息，所以我们需要对目标序列中的单词进行掩码操作，确保在编码当前位置单词时“看不到”后继单词的信息，该操作即对应 Decoder 端第一级的 Masked Multi-Head Attention。第二级的 Multi-Head Attention 也被称作 Encoder-Decoder Attention Layer，它的作用和 5.2 节中介绍的 Attention 机制的作用相同。

除此之外，Transformer 结构中还有一些其他的细节，如位置编码、残差连接和层标准化等，感兴趣的读者可以阅读原论文进行学习。

接下来我们学习使用飞桨深度学习开源框架完成基于 Transformer 的中-英机器翻译模型。飞桨框架实现了 Transformer 的基本层，因此可以直接调用 TransformerEncoderLayer 类定义编码器端的一个层，包括多头注意力子层及逐位前馈网络子层；TransformerEncoder 类堆叠 TransformerEncoderLayer 层，返回指定层数的编码器；TransformerDecoderLayer 类定义解码器端的一个层，包括多头自注意力子层、多头交叉注意力子层及逐位前馈网络子层；TransformerDecoder 类堆叠 TransformerDecoderLayer 层，返回指定层数的解码器。我们将飞桨封装好的 Transformer 类进行展开，希望读者能够通过学习完整的代码更进一步地掌握 Transformer 的结构及其运算过程。训练集的构建部分读者仍然可以参考第 5.1 节进行实现，由于基于 Transformer 架构和基于 Encoder-Decoder 架构的机器翻译模型在训练过程中的数据读取部分略有不同，因此我们给出模型配置和训练的完整代码。

步骤1：Transformer模型配置

我们通过定义TransformerEncoder类和TransformerDecoder类详细的内部实现来更好地理解Transformer的运行过程。首先定义MultiHeadAttention()多头注意力子层，实现隐状态的注意力计算。

```
# 多头注意力子层
class MultiHeadAttention(Layer):
    Cache = collections.namedtuple("Cache", ["k", "v"])
    StaticCache = collections.namedtuple("StaticCache", ["k", "v"])
    def __init__(self, embed_dim, num_heads, dropout = 0.,
                 kdim = None, vdim = None, need_weights = False,
                 weight_attr = None, bias_attr = None):
        super(MultiHeadAttention, self).__init__()
        self.embed_dim = embed_dim
        self.kdim = kdim if kdim is not None else embed_dim
        self.vdim = vdim if vdim is not None else embed_dim
        self.num_heads = num_heads
        self.dropout = dropout
        self.need_weights = need_weights
        self.head_dim = embed_dim // num_heads
        assert self.head_dim * num_heads == self.embed_dim, "embed_dim must
be divisible by num_heads"
        self.q_proj = Linear(
            embed_dim, embed_dim, weight_attr, bias_attr = bias_attr)
        self.k_proj = Linear(
            self.kdim, embed_dim, weight_attr, bias_attr = bias_attr)
        self.v_proj = Linear(
            self.vdim, embed_dim, weight_attr, bias_attr = bias_attr)
        self.out_proj = Linear(
            embed_dim, embed_dim, weight_attr, bias_attr = bias_attr)

    def _prepare_qkv(self, query, key, value, cache = None):
        q = self.q_proj(query)
        q = tensor.reshape(x = q, shape = [0, 0, self.num_heads, self.head_dim])
        q = tensor.transpose(x = q, perm = [0, 2, 1, 3])
        if isinstance(cache, self.StaticCache):
            # Decoder 端计算 encoder - decoder attention
            k, v = cache.k, cache.v
        else:
            k, v = self.compute_kv(key, value)
        if isinstance(cache, self.Cache):
            # Decoder 端计算 self - attention
            k = tensor.concat([cache.k, k], axis = 2)
            v = tensor.concat([cache.v, v], axis = 2)
            cache = self.Cache(k, v)
        return (q, k, v) if cache is None else (q, k, v, cache)
    def compute_kv(self, key, value):
        k = self.k_proj(key)
```

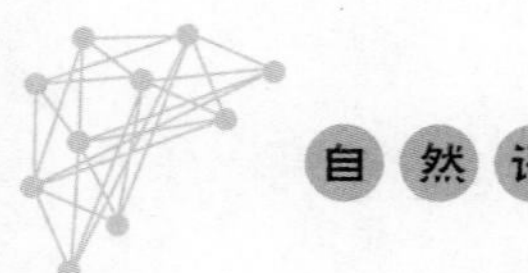


```
        v = self.v_proj(value)
        k = tensor.reshape(x = k, shape = [0, 0, self.num_heads, self.head_dim])
        k = tensor.transpose(x = k, perm = [0, 2, 1, 3])
        v = tensor.reshape(x = v, shape = [0, 0, self.num_heads, self.head_dim])
        v = tensor.transpose(x = v, perm = [0, 2, 1, 3])
        return k, v

    def forward(self, query, key = None, value = None, attn_mask = None, cache = None):
        key = query if key is None else key
        value = query if value is None else value
        # 计算 q ,k ,v
        if cache is None:
            q, k, v = self._prepare_qkv(query, key, value, cache)
        else:
            q, k, v, cache = self._prepare_qkv(query, key, value, cache)
        # 注意力权重系数的计算采用缩放点乘的形式
        product = layers.matmul(
            x = q, y = k, transpose_y = True, alpha = self.head_dim ** - 0.5)
        if attn_mask is not None:
            product = product + attn_mask
        weights = F.softmax(product)
        if self.dropout:
            weights = F.dropout(
                weights,
                self.dropout,
                training = self.training,
                mode = "upscale_in_train")
        out = tensor.matmul(weights, v)
        out = tensor.transpose(out, perm = [0, 2, 1, 3])
        out = tensor.reshape(x = out, shape = [0, 0, out.shape[2] * out.shape[3]])
        out = self.out_proj(out)
        outs = [out]
        if self.need_weights:
            outs.append(weights)
        if cache is not None:
            outs.append(cache)
        return out if len(outs) == 1 else tuple(outs)
```

到这里就实现了多头注意力机制的运算，然后通过 TransformerEncoderLayer 网络层封装 Encoder 的每一层，方便 Transformer 中模块的堆叠。

```
# Encoder 端的一层
class TransformerEncoderLayer(Layer):
    def __init__(self, d_model, nhead, dim_feedforward,
                 dropout = 0.1, activation = "relu",
                 attn_dropout = None, act_dropout = None,
                 normalize_before = False, weight_attr = None,
                 bias_attr = None):
        self._config = locals()
        self._config.pop("self")
```

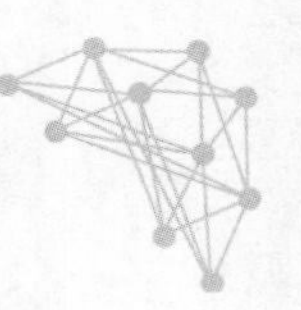

```
        self._config.pop("__class__", None)       # py3
        super(TransformerEncoderLayer, self).__init__()
        attn_dropout = dropout if attn_dropout is None else attn_dropout
        act_dropout = dropout if act_dropout is None else act_dropout
        self.normalize_before = normalize_before

        weight_attrs = _convert_param_attr_to_list(weight_attr, 2)
        bias_attrs = _convert_param_attr_to_list(bias_attr, 2)
        self.self_attn = MultiHeadAttention(d_model, nhead,
            dropout = attn_dropout, weight_attr = weight_attrs[0],
            bias_attr = bias_attrs[0])
        self.linear1 = Linear(
            d_model, dim_feedforward, weight_attrs[1], bias_attr = bias_attrs[1])
        self.dropout = Dropout(act_dropout, mode = "upscale_in_train")
        self.linear2 = Linear(
            dim_feedforward, d_model, weight_attrs[1], bias_attr = bias_attrs[1])
        self.norm1 = LayerNorm(d_model)
        self.norm2 = LayerNorm(d_model)
        self.dropout1 = Dropout(dropout, mode = "upscale_in_train")
        self.dropout2 = Dropout(dropout, mode = "upscale_in_train")
        self.activation = getattr(F, activation)

    def forward(self, src, src_mask = None, cache = None):
        residual = src
        if self.normalize_before:
            src = self.norm1(src)
        if cache is None:
            src = self.self_attn(src, src, src, src_mask)
        else:
            src, incremental_cache = self.self_attn(src, src, src, src_mask, cache)
        src = residual + self.dropout1(src)
        if not self.normalize_before:
            src = self.norm1(src)
        residual = src
        if self.normalize_before:
            src = self.norm2(src)
        src = self.linear2(self.dropout(self.activation(self.linear1(src))))
        src = residual + self.dropout2(src)
        if not self.normalize_before:
            src = self.norm2(src)
        return src if cache is None else (src, incremental_cache)
```

TransformerEncoder 主要是将上面的单个网络层串联起来，变成一个完整的 Encoder 结构。

```
# Encoder 端的多层堆叠
class TransformerEncoder(Layer):
    def __init__(self, encoder_layer, num_layers, norm = None):
        super(TransformerEncoder, self).__init__()
        self.layers = LayerList([(encoder_layer if i == 0 else
```

```
type(encoder_layer)(**encoder_layer._config))
                                        for i in range(num_layers)])
        self.num_layers = num_layers
        self.norm = norm

    def forward(self, src, src_mask=None, cache=None):
        output = src
        new_caches = []
        for i, mod in enumerate(self.layers):
            if cache is None:
                output = mod(output, src_mask=src_mask)
            else:
                output, new_cache = mod(output,
                                        src_mask=src_mask,
                                        cache=cache[i])
                new_caches.append(new_cache)
        if self.norm is not None:
            output = self.norm(output)
        return output if cache is None else (output, new_caches)
```

TransformerDecoderLayer 和 TransformerEncoderLayer 作用类似。

```
# Decoder 端的一层
class TransformerDecoderLayer(Layer):
    def __init__(self, d_model, nhead, dim_feedforward,
                 dropout=0.1, activation="relu",
                 attn_dropout=None, act_dropout=None,
                 normalize_before=False, weight_attr=None,
                 bias_attr=None):
        self._config = locals()
        self._config.pop("self")
        self._config.pop("__class__", None)     # py3
        super(TransformerDecoderLayer, self).__init__()
        attn_dropout = dropout if attn_dropout is None else attn_dropout
        act_dropout = dropout if act_dropout is None else act_dropout
        self.normalize_before = normalize_before
        weight_attrs = _convert_param_attr_to_list(weight_attr, 3)
        bias_attrs = _convert_param_attr_to_list(bias_attr, 3)
        self.self_attn = MultiHeadAttention(d_model, nhead,
            dropout=attn_dropout, weight_attr=weight_attrs[0],
            bias_attr=bias_attrs[0])
        self.cross_attn = MultiHeadAttention(d_model, nhead,
            dropout=attn_dropout, weight_attr=weight_attrs[1],
            bias_attr=bias_attrs[1])
        self.linear1 = Linear(
            d_model, dim_feedforward, weight_attrs[2], bias_attr=bias_attrs[2])
        self.dropout = Dropout(act_dropout, mode="upscale_in_train")
        self.linear2 = Linear(
            dim_feedforward, d_model, weight_attrs[2], bias_attr=bias_attrs[2])
        self.norm1 = LayerNorm(d_model)
```

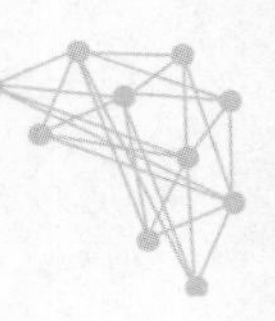

```
        self.norm2 = LayerNorm(d_model)
        self.norm3 = LayerNorm(d_model)
        self.dropout1 = Dropout(dropout, mode="upscale_in_train")
        self.dropout2 = Dropout(dropout, mode="upscale_in_train")
        self.dropout3 = Dropout(dropout, mode="upscale_in_train")
        self.activation = getattr(F, activation)

    def forward(self, tgt, memory, tgt_mask=None, memory_mask=None, cache=None):
        residual = tgt
        if self.normalize_before:
            tgt = self.norm1(tgt)
        if cache is None:
            tgt = self.self_attn(tgt, tgt, tgt, tgt_mask, None)
        else:
            tgt, incremental_cache = self.self_attn(tgt, tgt, tgt, tgt_mask, cache[0])
        tgt = residual + self.dropout1(tgt)
        if not self.normalize_before:
            tgt = self.norm1(tgt)
        residual = tgt
        if self.normalize_before:
            tgt = self.norm2(tgt)
        if cache is None:
            tgt = self.cross_attn(tgt, memory, memory, memory_mask, None)
        else:
            tgt, static_cache = self.cross_attn(tgt, memory, memory,
memory_mask, cache[1])
        tgt = residual + self.dropout2(tgt)
        if not self.normalize_before:
            tgt = self.norm2(tgt)
        residual = tgt
        if self.normalize_before:
            tgt = self.norm3(tgt)
        tgt = self.linear2(self.dropout(self.activation(self.linear1(tgt))))
        tgt = residual + self.dropout3(tgt)
        if not self.normalize_before:
            tgt = self.norm3(tgt)
        return tgt if cache is None else (tgt, (incremental_cache,
                                                static_cache))

# Decoder 端的多层堆叠
class TransformerDecoder(Layer):
    def __init__(self, decoder_layer, num_layers, norm=None):
        super(TransformerDecoder, self).__init__()
        self.layers = LayerList([(decoder_layer if i == 0 else
type(decoder_layer)(**decoder_layer._config))
                                 for i in range(num_layers)])
        self.num_layers = num_layers
        self.norm = norm

    def forward(self, tgt, memory, tgt_mask=None, memory_mask=None,
```

```
cache = None):
        output = tgt
        new_caches = []
        for i, mod in enumerate(self.layers):
            if cache is None:
                output = mod(output,
                             memory,
                             tgt_mask = tgt_mask,
                             memory_mask = memory_mask,
                             cache = None)
            else:
                output, new_cache = mod(output,
                                        memory,
                                        tgt_mask = tgt_mask,
memory_mask = memory_mask,
                                        cache = cache[i])
                new_caches.append(new_cache)

        if self.norm is not None:
            output = self.norm(output)
        return output if cache is None else (output, new_caches)
```

此时，我们可以利用定义好的 TransformerEncoder 类和 TransformerDecoder 类构建基于 Transformer 的机器翻译模型。首先进行超参数的定义，用于后续模型的设计与训练。

```
embedding_size = 128
hidden_size = 512
num_encoder_lstm_layers = 1
en_vocab_size = len(list(en_vocab))
cn_vocab_size = len(list(cn_vocab))
epochs = 20
batch_size = 16
```

然后分别使用 TransformerEncoder 类和 TransformerDecoder 类定义 Encoder 端和 Decoder 端。

```
# Encoder 端定义
class Encoder(paddle.nn.Layer):
    def __init__(self,en_vocab_size,
embedding_size,num_layers = 2,head_number = 2,middle_units = 512):
        super(Encoder, self).__init__()
        self.emb = paddle.nn.Embedding(en_vocab_size, embedding_size,)
        encoder_layer = TransformerEncoderLayer(embedding_size,
head_number, middle_units)
        self.encoder = TransformerEncoder(encoder_layer, num_layers)

    def forward(self, x):
        x = self.emb(x)
        en_out = self.encoder(x)
        return en_out
```

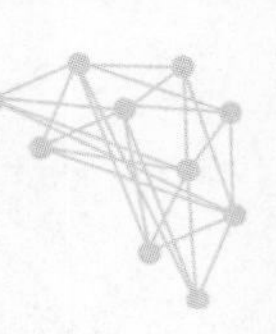

```
# Decoder 端定义
class Decoder(paddle.nn.Layer):
    def __init__(self,cn_vocab_size,
embedding_size,num_layers = 2,head_number = 2,middle_units = 512):
        super(Decoder, self).__init__()
        self.emb = paddle.nn.Embedding(cn_vocab_size, embedding_size)

        decoder_layer = TransformerDecoderLayer(embedding_size,
head_number, middle_units)
        self.decoder = TransformerDecoder(decoder_layer, num_layers)

        self.outlinear = paddle.nn.Linear(embedding_size, cn_vocab_size)

    def forward(self, x, encoder_outputs):
        x = self.emb(x)

        de_out = self.decoder(x, encoder_outputs)
        output = self.outlinear(de_out)
        output = paddle.squeeze(output)
        return output
```

步骤 2：模型训练

模型训练依旧包含模型实例化、优化器定义、损失函数定义等部分。

```
# 实例化编码器、解码器
encoder = Encoder(en_vocab_size, embedding_size)
decoder = Decoder(cn_vocab_size, embedding_size)
# 优化器:同时优化编码器与解码器的参数
opt = paddle.optimizer.Adam(learning_rate = 0.00001,
                            parameters = encoder.parameters() +
decoder.parameters())
# 开始训练
for epoch in range(epochs):
    print("epoch:{}".format(epoch))

    # 打乱训练数据顺序
    perm = np.random.permutation(len(train_en_sents))
    train_en_sents_shuffled = train_en_sents[perm]
    train_cn_sents_shuffled = train_cn_sents[perm]
train_cn_label_sents_shuffled = train_cn_label_sents[perm]

# 批量数据迭代
    for iteration in range(train_en_sents_shuffled.shape[0] // batch_size):
        x_data = train_en_sents_shuffled[(batch_size * iteration):
(batch_size * (iteration + 1))]
        sent = paddle.to_tensor(x_data)
        # 编码器处理英文句子
```

```
        en_repr = encoder(sent)
        # 解码器端原始输入
        x_cn_data = train_cn_sents_shuffled[(batch_size * iteration):
(batch_size * (iteration + 1))]
        # 解码器端输出的标准答案,用于计算损失
        x_cn_label_data = train_cn_label_sents_shuffled[(batch_size *
iteration):(batch_size * (iteration + 1))]

        loss = paddle.zeros([1])
        # 逐步解码,每步解码一个词
        for i in range(cn_length + 2):
            # 获取每步的输入以及输出的标准答案
            cn_word = paddle.to_tensor(x_cn_data[:,i:i+1])
            cn_word_label = paddle.to_tensor(x_cn_label_data[:,i])
            # 解码器解码
            logits = decoder(cn_word, en_repr)
            # 计算解码损失:交叉熵损失,解码的词是否正确
            step_loss = F.cross_entropy(logits, cn_word_label)
            loss += step_loss
        # 计算平均损失
        loss = loss / (cn_length + 2)
        if(iteration % 50 == 0):
            print("iter {}, loss:{}".format(iteration, loss.numpy()))
        # 反向传播,梯度更新
        loss.backward()
        opt.step()
        opt.clear_grad()
```

输出结果部分内容如图 5-12 所示。

```
epoch:0
iter 0, loss:[8.359558]
iter 50, loss:[6.6431913]
iter 100, loss:[5.613313]
iter 150, loss:[5.3523498]
iter 200, loss:[5.0697136]
iter 250, loss:[5.2516413]
iter 300, loss:[4.8820877]
iter 350, loss:[5.020339]
iter 400, loss:[4.6380825]
iter 450, loss:[4.937914]
iter 500, loss:[4.5123353]
```

图 5-12　输出结果

基于预训练-微调的中-英机器翻译

5.4　实践四：基于预训练-微调的中-英机器翻译

目前，在大规模的无标注语料上预训练模型，在下游任务上进行微调的自监督表示学习模型已经成为自然语言处理领域的一种范式，已有的生成式预训练模型如 MASS、UniLM、BART 等，将 Mask LM 学习任务和 seq2seq 框架结合，在一系列自然语言生成任务上取得了 SOTA 的研究成果。但是这些预训练模型很少关注自然语言生成中的曝光偏差问题，百

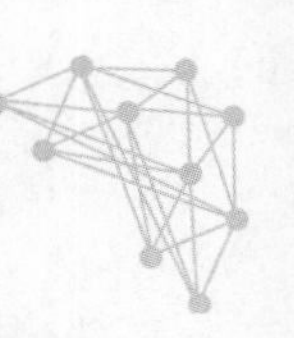

度提出的 ERNIE-GEN 模型通过填充生成机制和噪声感知生成方法弥补了训练和推理之间的差异，同时为了使生成更接近人类的写作模式，该框架提出了逐片段(span-by-span)的学习范式，即训练时每步不只预测一个字符，而是预测一个完整的语义片段。

本次实践我们将利用 PaddleHub 来实现基于 ERNIE-GEN 的中-英机器翻译模型，PaddleHub 可以帮助我们便捷地获取 PaddlePaddle 生态下的预训练模型，完成模型的管理和一键预测。配合使用 Fine-tune API，可以基于大规模预训练模型快速完成迁移学习，让预训练模型能够更好地服务于用户特定场景的应用。

步骤 1：数据处理

本次实践仍然使用 cmn. txt 数据集进行模型训练，通过对原始数据文件进行划分得到包含中-英句子对的训练数据和只包含英文句子的测试数据。

```
# 统计数据集中句子的长度等信息
lines = open('data/data78721/cmn.txt','r',encoding = 'utf - 8').readlines()
random.shuffle(lines)
train_sample = lines[:int(len(lines) * 0.8)]
test_sample = lines[int(len(lines) * 0.8):]

train_data = []
for line in train_sample:
    ll = line.strip().split('\t')
    train_data.append('1\t%s\t%s\n' % (ll[0], ll[1]))

with open('data/train.tsv', 'w', encoding = 'UTF - 8') as f:
    for line in train_data:
        f.write(line)

test_data = []
for line in test_sample:
    ll = line.strip().split('\t')
    test_data.append('%s\n' % (ll[0]))

with open('data/test.tsv', 'w', encoding = 'UTF - 8') as f:
    for line in test_data:
        f.write(line)
```

步骤 2：预训练模型加载和微调

飞桨提供了 PaddleHub 预训练模型管理工具。用户可以直接使用 PaddleHub 中的预训练模型，或以迁移学习的方式训练自己想要的模型，快速实现推理业务。

```
import paddlehub as hub

# 加载 ernie_gen 模型
module = hub.Module(name = "ernie_gen")
```

```
# 启动模型微调
result = module.finetune(
  train_path = 'data/train.tsv',                # 训练集路径
  dev_path = None,                              # 验证集路径
  save_dir = "save",                            # 模型保存以及验证集预测输出路径
  init_ckpt_path = None,                        # 模型初始化加载路径,可实现增量训练
  use_gpu = True,                               # 是否使用 GPU
  max_steps = 5000,                             # 最大训练步数
  batch_size = 16,                              # 训练时的 batch 大小
  max_encode_len = 256,                         # 最长编码长度
  max_decode_len = 64,                          # 最长解码长度
  learning_rate = 5e - 5,                       # 学习率大小
  warmup_proportion = 0.1,                      # 学习率 warmup 比例
  weight_decay = 0.1,                           # 权值衰减大小
  noise_prob = 0,                               # 噪声概率
  label_smooth = 0,                             # 标签平滑权重
  beam_width = 5,                               # 验证集预测时的 beam 大小
  length_penalty = 1.0,                         # 验证集预测时的长度惩罚权重
  log_interval = 100,                           # 训练时的日志打印间隔步数
  save_interval = 500, # 训练时的模型保存间隔部署.验证集将在模型保存完毕后进行预测
)
```

步骤 3：模型导出

PaddleHub 还提供了导出 API，通过此 API 可以一键将训练参数打包为 hub module，然后像“ernie_gen”一样通过指定的 module 名称即可实现一键加载。

```
# 删除 Report_GEN 文件夹,避免二次生成时冲突
!rm -r Report_GEN

import paddlehub as hub

# 加载 ernie_gen 模型
module = hub.Module(name = "ernie_gen")

# PaddleHub 模型导出
module.export(
  params_path = result['last_save_path'],     # 模型参数路径,可手动更换其他检测点文件
  module_name = 'Report_GEN',                 # module 名称
  author = 'aistudio',                        # 作者名称
  max_encode_len = 256,
  max_decode_len = 64,
  version = "1.0.0",                          # 版本号
  summary = "",                               # module 的英文简介
  author_email = "",                          # 作者的邮箱地址
  export_path = "./")                         # module 的导出路径
```

步骤 4：模型预测

模型转换完毕之后，通过 hub install ＄module_name 安装指定模型，通过 API 调用自制 module 进行结果预测。

```
# 配置运行环境
%env CUDA_VISIBLE_DEVICES = 0

import paddlehub as hub

!hub install Report_GEN

# 加载模型
module = hub.Module(name = "Report_GEN")

# 测试输入文本，可自行更换文本进行尝试
input_texts = []

with open('data/test.tsv', 'r', encoding = 'UTF - 8') as f:
    for line in f:
        input_texts.append(line)

# 模型预测
results = module.generate(texts = input_texts, use_gpu = True, beam_width = 1)

# 输出候选问题
for i ,result in enumerate(results):
    print('第 %d 个输入文本生成的报告为：%s' % (i + 1, result[0]))
```

第6章 自动文摘

自动文本摘要(Automatic Text Summarization),又称自动文摘,是利用计算机自动地从原始文献中提取文摘。文摘即全面准确地反映某一文献中心内容的简单连贯的短文。

为了适应大规模真实语料的需要,自动文摘应立足于面向非受域,不断提高文摘质量。篇章结构属于语言学范畴,不触及领域知识,因此基于篇章结构的自动文摘方法不受领域的限制。同时篇章结构比语言表层结构深入了一大步,根据篇章结构能够更准确地探测文章的中心内容,因此基于篇章结构的自动文摘能够避免机械文摘的许多不足,保证文摘质量。

自动文摘技术主要有抽取式自动文摘和生成式自动文摘两种。抽取式方法相对比较简单,通常利用不同文档结构单元(句子、段落等)进行评价,对每个结构单元赋予一定权重,然后选择最重要的结构单元组成摘要。生成式方法通常需要利用自然语言理解技术对文本进行语法、语义分析,对信息进行融合,利用自然语言生成技术主动生成新的摘要句子。本章我们将会学习使用飞桨提供的 API 来完成不同的生成式自动文摘任务。

抽取式中文
自动文摘

6.1 实践一:抽取式中文自动文摘

自动文本摘要从实现的方法上可以分为抽取式摘要和生成式摘要两大类。抽取式摘要从原始文本中抽取文本单元组成摘要,这里的文本单元可以是短语,也可以是句子。但是为了保证生成摘要的可读性,一般抽取式方法都是以句子作为抽取单元。抽取式方法的优点是实现简单,组成摘要的句子都是从原文中抽取的,保证了句子的可读性。它的缺点是容易出现内容的冗余,句子之间的连贯性难以保证。抽取式方法的一般思路是利用不同的方法对文档结构单元(句子或段落)进行打分,对每个结构单元赋予一定的权重,然后选择最重要的结构单元组成摘要。

本次实践我们基于抽取式摘要两种经典的方法:Lead-3 和 TextRank,实现中文文本的摘要生成。

步骤1:数据处理

为了更加直观地展示结果,本次实践我们使用中文数据集进行摘要生成。

```
article = []
with open('data/data38953/summ.txt', 'r', encoding = 'UTF - 8') as f:
    for i, line in enumerate(f):
        if i == 0:
            continue
```

```
        dic = eval(line)
        article.append(dic['article'].replace('<Paragraph>', ''))
```

步骤 2：Lead-3 实现抽取式摘要

Lead-3 指的是选择文章的前三句话作为摘要，是自动文本摘要领域的一个强基线，尤其是对于新闻领域的数据集。在新闻业中，新闻文章大多遵循"倒金字塔"式的写作结构，在这种形式中，开头的段落往往包含整篇文章中最具价值的信息，其次是事件的细节和背景。这种结构使 Lead-3 尽管是一种非常简单的方式，但是它生成的摘要即使是和一些先进的摘要系统产生的结果相比都具有很强的竞争力。

```
for text in article:
    # 根据标点符号进行分句
    sentences = re.split(r"([.!!??])", text)
    sentences.append("")
    sentences = ["".join(i) for i in zip(sentences[0::2],sentences[1::2])]

    # 选择前三句话作为摘要
    sentences = sentences[:3]
    summ = "".join(sentences)
    summary.append(summ)

print(summary[-10:-1])
```

步骤 3：Textrank 实现抽取式摘要

Textrank 是一种基于图的方法，该方法通过全局信息确定文本单元（单词、句子），将文本单元构成图的顶点，两个相似的点用边连接起来，将文本构建成拓扑结构图，然后利用图排序算法 Textrank 对包含文本自身的结构信息的词句进行排序。我们可以使用 TextRank4ZH 库，它是针对中文文本的 TextRank 算法的 Python 实现。

```
from textrank4zh import TextRank4Keyword, TextRank4Sentence

tr4w = TextRank4Keyword()
tr4s = TextRank4Sentence()

for text in article:
    tr4w.analyze(text=text, lower=True, window=2) # py2 中 text 必须是 utf8 编码的 str 或
者 unicode 对象,py3 中必须是 utf8 编码的 bytes 或者 str 对象

    print('关键词:')
    for item in tr4w.get_keywords(20, word_min_len=1):
        print(item.word, item.weight)

    print()
    print('关键短语:')
    for phrase in tr4w.get_keyphrases(keywords_num=20, min_occur_num= 2):
```

```
        print(phrase)

    tr4s.analyze(text = text, lower = True, source = 'all_filters')

    print()
    print('摘要:')
    for item in tr4s.get_key_sentences(num = 3):
        print(item.index, item.weight, item.sentence) # index是语句在文本中位置,weight是权重
```

生成式英文自动文摘

6.2 实践二：生成式英文自动文摘

自动文摘和机器翻译类似，都是典型的 seq2seq 预测问题，这两个任务的不同之处在于自动文摘没有很强的对齐性。由于自动文摘大多是将一个长文本概括成一个较短的文本，因此对齐关系较弱，在任务难度上也有所增加。我们在本节学习使用飞桨深度学习开源框架完成复杂的生成式英文自动文摘任务，包括基于注意力机制的和基于 Transformer 的英文自动文摘。

步骤 1：Gigaword 数据准备

本次实践使用的数据集为英文 Gigaword，该数据集最早在 2003 年由 David 和 Christopher 提出，数据是由法新社（Agence France Press）、美联社（The Associated Press）、纽约时报（New York Times）、新华社（Xinhua News Agency）中的英文新闻专线文本组成，后来 Rush 等将带注解的英文 Gigaword 数据集进行了整理，得到了用于自动文摘任务的数据。Gigaword 约有 950 万篇新闻文章，数据集用第一句话作为输入，用标题作为文本的摘要，即输出文本，属于单句摘要的数据集。

我们将得到的数据对进行如下处理，并将其读取到 Python 的数据结构中：①将所有字母转换为小写并只保留英文单词；②为了提高后续模型的训练速度，通过限制句子长度和只保留开头的一部分单词等方式，得到了一个包含 1720 个句子对的较小的数据集。

```
# 只保留长度不超过 50 个单词的句子
MAX_LEN = 50
word_dict = train_dataset.word_idx
lines = open('train.txt', encoding = 'utf - 8').read().strip().split('\n')
# 对于英文,只保留英文单词、数字和下画线
words_re = re.compile(r'\w + ')
pairs = []
for l in lines:
    en_sent, su_sent = l.split('\t')
    pairs.append((words_re.findall(en_sent.lower()),
words_re.findall(su_sent.lower())))
# 为了加速训练,构造一个较小的数据集
filtered_pairs = []
for x in pairs:
    if len(x[0]) < MAX_LEN and len(x[1]) < MAX_LEN and \
```

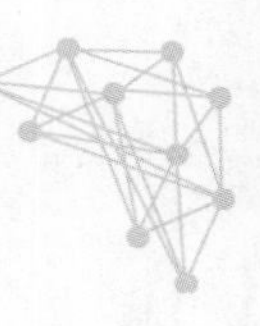


```
    x[0][0] in ('i', 'you', 'he', 'she', 'we', 'they', "us"):
        filtered_pairs.append(x)
```

可以通过采样 filtered_pairs 中的数据进行展示，进而检验数据处理模块是否正常。输出结果部分如图 6-1 所示。

```
(['us', 'business', 'leaders', 'lashed', 'out', 'wednesday', 'at', 'legislatio
(['us', 'first', 'lady', 'laura', 'bush', 'and', 'us', 'secretary', 'of', 'sta
(['us', 'auto', 'sales', 'will', 'likely', 'be', 'weaker', 'in', 'a', 'senior',
(['us', 'president', 'george', 'w', 'bush', 'said', 'late', 'wednesday', 'that
(['us', 'president', 'george', 'w', 'bush', 'defied', 'congress', 'again', 'we
(['us', 'veteran', 'and', 'eight', 'time', 'grand', 'slam', 'winner', 'andre',
(['us', 'president', 'george', 'w', 'bush', 'and', 'un', 'secretary', 'general
(['us', 'secretary', 'of', 'state', 'condoleezza', 'rice', 'called', 'nuclear',
(['us', 'president', 'george', 'w', 'bush', 'hosted', 'an', 'unprecedented', '
(['us', 'president', 'george', 'w', 'bush', 'on', 'thursday', 'hailed', 'israe
```

图 6-1　输出结果部分

接下来我们创建词表，因为输入输出属于同一种语言，因此这里只构建一个英文词表，该词表被用于单词和词表 ID 之间的相互转换。

```
# 英文词表
en_vocab = {}
# 中英词表中分别加入三个特殊字符:<pad>,<bos>,<eos>
en_vocab['<pad>'], en_vocab['<bos>'], en_vocab['<eos>'] = 0, 1, 2
en_idx = 3
for en, su in filtered_pairs:
    for w in en:
        if w not in en_vocab:
            en_vocab[w] = en_idx
            en_idx += 1
    for w in su:
        if w not in en_vocab:
            en_vocab[w] = en_idx
            en_idx += 1
```

和机器翻译类似，我们根据构造的词表创建一份实际用于训练的用 NumPy 组织的数据集。

```
padded_en_sents = []
padded_su_sents = []
padded_su_label_sents = []
for en, su in filtered_pairs:
    # 编码器端的输入需要为英文添加结束符，并且填充至固定长度
padded_en_sent = en + ['<eos>'] + ['<pad>'] * (MAX_LEN - len(en))
# 翻转源语言
padded_en_sent.reverse()
# 解码器端的输入需要以开始符号作为第一个输入
padded_su_sent = ['<bos>'] + su + ['<eos>'] + ['<pad>'] * (MAX_LEN - len(su))
# 解码器端的输出无须添加开始符号，自回归解码方式
    padded_su_label_sent = su + ['<eos>'] + ['<pad>'] * (MAX_LEN - len(su) + 1)
    # 将单词转换成词表 ID
    padded_en_sents.append([en_vocab[w] for w in padded_en_sent])
```

```
        padded_su_sents.append([en_vocab[w] for w in padded_su_sent])
        padded_su_label_sents.append([en_vocab[w] for w in padded_su_label_sent])

train_en_sents = np.array(padded_en_sents)
train_su_sents = np.array(padded_su_sents)
train_su_label_sents = np.array(padded_su_label_sents)
```

步骤 2：Encoder -AttentionDecoder 模型配置

我们将会创建一个 Encoder-AttentionDecoder 架构的模型来完成自动文摘任务。首先设置一些网络结构中将会用到的必要参数。

```
embedding_size = 128
hidden_size = 256
num_encoder_lstm_layers = 1
en_vocab_size = len(list(en_vocab))
su_vocab_size = len(list(en_vocab))
epochs = 20
batch_size = 16
```

（1）Encoder 部分。

在 Encoder 端，我们在得到字符对应的 Embedding 之后连接 LSTM，构建一个对源语言进行编码的网络。

```
class Encoder(paddle.nn.Layer):
    def __init__(self):
        super(Encoder, self).__init__()
        self.emb = paddle.nn.Embedding(en_vocab_size, embedding_size,)
        self.lstm = paddle.nn.LSTM(input_size = embedding_size,
                    hidden_size = hidden_size,
                    num_layers = num_encoder_lstm_layers)

    def forward(self, x):
        x = self.emb(x)
        x, (_, _) = self.lstm(x)
        return x
```

（2）Decoder 部分。

和机器翻译类似，在 Decoder 端，我们通过一个带有注意力机制的 LSTM 来完成单步解码。

```
class AttentionDecoder(paddle.nn.Layer):
    def __init__(self):
        super(AttentionDecoder, self).__init__()
        self.emb = paddle.nn.Embedding(en_vocab_size, embedding_size)
        self.lstm = paddle.nn.LSTM(input_size = embedding_size + hidden_size, hidden_size =
hidden_size)
```

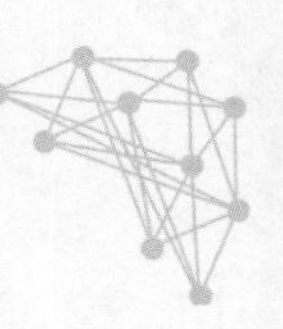

```
    #Attention 层
        self.attention_linear1 = paddle.nn.Linear(hidden_size * 2, hidden_size)
        self.attention_linear2 = paddle.nn.Linear(hidden_size, 1)
        self.outlinear = paddle.nn.Linear(hidden_size, en_vocab_size)
    def forward(self, x, previous_hidden, previous_cell, encoder_outputs):
        x = self.emb(x)
attention_inputs = paddle.concat((encoder_outputs, paddle.tile(previous_hidden, repeat_
times=[1, MAX_LEN+1, 1])),
                                         axis=-1)
        attention_hidden = self.attention_linear1(attention_inputs)
        attention_hidden = F.tanh(attention_hidden)
        attention_logits = self.attention_linear2(attention_hidden)
        attention_logits = paddle.squeeze(attention_logits)

        attention_weights = F.softmax(attention_logits)
        attention_weights = paddle.expand_as(paddle.unsqueeze(attention_weights, -1),
encoder_outputs)
        context_vector = paddle.multiply(encoder_outputs, attention_weights)
        context_vector = paddle.sum(context_vector, 1)
        context_vector = paddle.unsqueeze(context_vector, 1)
        lstm_input = paddle.concat((x, context_vector), axis=-1)
        previous_hidden = paddle.transpose(previous_hidden, [1, 0, 2])
        previous_cell = paddle.transpose(previous_cell, [1, 0, 2])
        x, (hidden, cell) = self.lstm(lstm_input, (previous_hidden, previous_cell))
        hidden = paddle.transpose(hidden, [1, 0, 2])
        cell = paddle.transpose(cell, [1, 0, 2])
        output = self.outlinear(hidden)
        output = paddle.squeeze(output)
        return output, (hidden, cell)
```

步骤 3：模型训练

模型训练的过程也和机器翻译类似，此处不再赘述。

```
# 实例化编码器、解码器
encoder = Encoder()
decoder = AttentionDecoder()

# 定义优化器:同时优化编码器与解码器的参数
opt = paddle.optimizer.Adam(learning_rate=0.001,
parameters=encoder.parameters()+decoder.parameters())
# 开始训练
for epoch in range(epochs):
    print("epoch:{}".format(epoch))

    # 随机打乱训练数据
```

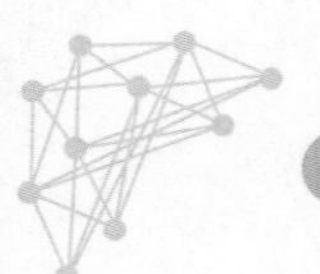


```
    perm = np.random.permutation(len(train_en_sents))
    train_en_sents_shuffled = train_en_sents[perm]
    train_su_sents_shuffled = train_su_sents[perm]
    train_su_label_sents_shuffled = train_su_label_sents[perm]

    # 批量数据迭代
for iteration in range(train_en_sents_shuffled.shape[0] // batch_size):
        x_data = train_en_sents_shuffled[(batch_size * iteration):(batch_size * (iteration + 1))]
        sent = paddle.to_tensor(x_data)
        # Encoder 端得到需要翻译的英文句子的编码表示
        en_repr = encoder(sent)

        # 解码器端原始输入
        x_su_data = train_su_sents_shuffled[(batch_size * iteration):(batch_size *
(iteration + 1))]
        # 解码器端输出的标准答案,用于计算损失
        x_su_label_data = train_su_label_sents_shuffled[(batch_size * iteration):(batch_
size * (iteration + 1))]

        # Decoder 端在第一步进行解码时需要输入一个初始状态张量
        # tensor 形状为:(batch, num_layer * num_of_direction, hidden_size)
        hidden = paddle.zeros([batch_size, 1, hidden_size])
        cell = paddle.zeros([batch_size, 1, hidden_size])

        loss = paddle.zeros([1])
        # Decoder 端的循环解码
        for i in range(MAX_LEN + 2):
            # 获取每步的输入以及输出的标准答案
            su_word = paddle.to_tensor(x_su_data[:,i:i + 1])
            su_word_label = paddle.to_tensor(x_su_label_data[:,i])

            # 解码器解码
            logits, (hidden, cell) = decoder(su_word, hidden, cell, en_repr)
            # 计算解码损失,交叉熵损失,解码的词是否正确
            step_loss = F.cross_entropy(logits, su_word_label)
            loss += step_loss
        # 计算平均损失
        loss = loss / (MAX_LEN + 2)
        if(iteration % 200 == 0):
            print("iter {}, loss:{}".format(iteration, loss.numpy()))

        # 反向传播,梯度更新
        loss.backward()
        opt.step()
        opt.clear_grad()
```

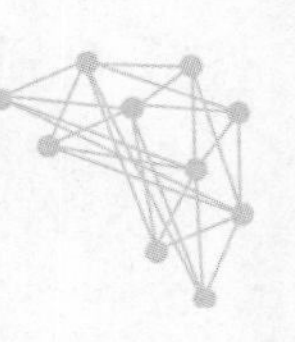

模型在训练过程中的部分输出如图 6-2 所示，可以看出在经过几个轮次的训练之后，loss 不断下降并最终趋于稳定。

```
epoch:0
iter 0, loss:[8.96691]
epoch:1
iter 0, loss:[1.1927725]
epoch:2
iter 0, loss:[1.2355573]
epoch:3
iter 0, loss:[1.097401]
epoch:4
iter 0, loss:[1.0114415]
epoch:5
iter 0, loss:[0.9611865]
epoch:6
iter 0, loss:[1.0986145]
epoch:7
iter 0, loss:[0.93959177]
epoch:8
iter 0, loss:[1.173466]
epoch:9
iter 0, loss:[0.8649336]
```

图 6-2　训练过程的部分输出

步骤 4：英文新闻标题模型预测

模型训练完成后，我们就得到了一个能够为英文文章生成对应标题的自动文摘模型。在预测过程中，我们需要通过贪心策略来实现使用该模型完成自动文摘。

```
encoder.eval()
decoder.eval()

# 从训练集中随机抽取 10 个样本
num_of_exampels_to_evaluate = 10

indices = np.random.choice(len(train_en_sents), num_of_exampels_to_evaluate,
replace = False)
x_data = train_en_sents[indices]
sent = paddle.to_tensor(x_data)
# 编码器提取特征
en_repr = encoder(sent)

word = np.array(
    [[en_vocab['<bos>']]] * num_of_exampels_to_evaluate
)
word = paddle.to_tensor(word)

hidden = paddle.zeros([num_of_exampels_to_evaluate, 1, hidden_size])
cell = paddle.zeros([num_of_exampels_to_evaluate, 1, hidden_size])

# 逐步解码
decoded_sent = []
for i in range(MAX_LEN + 2):
```

```
        logits, (hidden, cell) = decoder(word, hidden, cell, en_repr)
        word = paddle.argmax(logits, axis=1)
        decoded_sent.append(word.numpy())
        word = paddle.unsqueeze(word, axis=-1)

    results = np.stack(decoded_sent, axis=1)
    for i in range(num_of_exampels_to_evaluate):
        en_input = " ".join(filtered_pairs[indices[i]][0])
        ground_truth_translate = "".join(filtered_pairs[indices[i]][1])
        model_translate = ""
        for k in results[i]:
            w = list(en_vocab)[k]
            if w != '<pad>' and w != '<eos>':
                model_translate += w
        print(en_input)
        print("true: {}".format(ground_truth_translate))
    print("pred: {}".format(model_translate))
```

我们将目标标题的真实值和模型预测输出的结果进行对比，来验证自动文摘的效果，预测结果如 6-3 所示。

```
us stocks limped to a mixed close Wednesday as worries about a weaker than expe
true: wall street sputters after weak housing data dow up percent
pred: us street to unk to unk in iraq
us senator max baucau lrb unk rrb together with six other colleagues introduced
true: us senators introduce bill to monitor china s wto compliance
pred: us street to unk to unk in iraq
us european command deputy commander general charles wald arrived here monday t
true: us military official in turkey for possible war on iraq
pred: us street to unk to unk in iraq
```

图 6-3　预测结果

自动文摘的评价常用 ROUGE 指标。ROUGE 是 Lin 提出的自动文摘评价方法，被广泛用于自动文摘模型性能的评价。其基本思想是将模型产生的系统摘要和参考摘要进行对比，通过计算它们之间重叠的基本单元数目来评价系统摘要的质量。常用评价指标为 ROUGE-1、ROUGE-2、ROUGE-L 等，1、2、L 分别代表基于 1 元词、2 元词和最长子字串。该方法是摘要评价系统的通用标准之一，但该方法只能评价参考摘要和系统摘要的表面信息，不涉及语义层面的评价。计算公式为：

$$R_{\text{ROUGE-}N}=\frac{\sum_{S\in\{\text{Ref}\}}\sum_{N_{N\text{-Gram}}\in S}\text{Count}_{\text{match}}(N_{N\text{-Gram}})}{\sum_{S\in\{\text{Ref}\}}\sum_{N_{N\text{-Gram}}\in S}\text{Count}(N_{N\text{-Gram}})}$$

其中，N-Gram 表示 N 元词，{Ref}表示参考摘要，$\text{Count}_{\text{match}}(N_{N\text{-Gram}})$表示系统摘要和参考摘要中同时出现 N-Gram 的个数，$\text{Count}(N_{N\text{-Gram}})$表示参考摘要中出现的 N-Gram 的个数。ROUGE 有 3 项评价指标：准确率 P(Precision)、召回率 R(Recall)和 F 值。ROUGE 的公式由召回率的计算公式演变而来。在评价阶段，研究人员常使用工具包 pyrouge 计算模型的 ROUGE 分数。

接下来我们学习使用飞桨深度学习开源框架完成基于 Transformer 的英文文本自动文摘模型。飞桨框架实现了 Transformer 的基本层，因此可以直接调用。训练集的构建部分

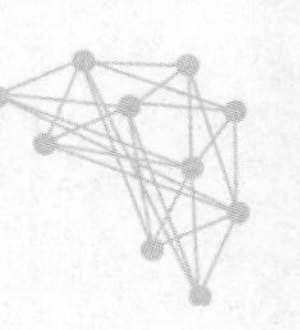

读者仍然可以参考第 6.1 节进行实现，因为基于 Transformer 架构和基于 Encoder-AttentionDecoder 架构的自动文摘模型在训练过程中的数据读取部分略有不同，所以我们给出模型配置和训练的完整代码。

步骤 1：模型配置

我们通过定义 TransformerEncoder 类和 TransformerDecoder 类详细的内部实现来更好地理解 Transformer 的运行过程。首先是定义 MultiHeadAttention 多头注意力子层，实现隐状态的注意力计算。

```
# 多头注意力子层
class MultiHeadAttention(Layer):
    Cache = collections.namedtuple("Cache", ["k", "v"])
    StaticCache = collections.namedtuple("StaticCache", ["k", "v"])
    def __init__(self, embed_dim, num_heads, dropout = 0.,
                 kdim = None, vdim = None, need_weights = False,
                 weight_attr = None, bias_attr = None):
        super(MultiHeadAttention, self).__init__()
        self.embed_dim = embed_dim
        self.kdim = kdim if kdim is not None else embed_dim
        self.vdim = vdim if vdim is not None else embed_dim
        self.num_heads = num_heads
        self.dropout = dropout
        self.need_weights = need_weights
        self.head_dim = embed_dim // num_heads
        assert self.head_dim * num_heads == self.embed_dim, "embed_dim must
be divisible by num_heads"
        self.q_proj = Linear(
            embed_dim, embed_dim, weight_attr, bias_attr = bias_attr)
        self.k_proj = Linear(
            self.kdim, embed_dim, weight_attr, bias_attr = bias_attr)
        self.v_proj = Linear(
            self.vdim, embed_dim, weight_attr, bias_attr = bias_attr)
        self.out_proj = Linear(
            embed_dim, embed_dim, weight_attr, bias_attr = bias_attr)

    def _prepare_qkv(self, query, key, value, cache = None):
        q = self.q_proj(query)
        q = tensor.reshape(x = q, shape = [0, 0, self.num_heads, self.head_dim])
        q = tensor.transpose(x = q, perm = [0, 2, 1, 3])
        if isinstance(cache, self.StaticCache):
            # Decoder 端计算 encoder - decoder attention
            k, v = cache.k, cache.v
        else:
            k, v = self.compute_kv(key, value)
        if isinstance(cache, self.Cache):
            # Decoder 端计算 self - attention
            k = tensor.concat([cache.k, k], axis = 2)
            v = tensor.concat([cache.v, v], axis = 2)
```

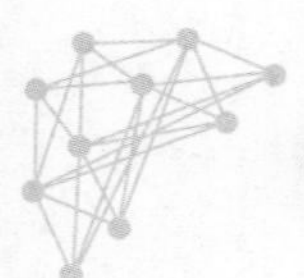


```
            cache = self.Cache(k, v)
        return (q, k, v) if cache is None else (q, k, v, cache)
    def compute_kv(self, key, value):
        k = self.k_proj(key)
        v = self.v_proj(value)
        k = tensor.reshape(x=k, shape=[0, 0, self.num_heads, self.head_dim])
        k = tensor.transpose(x=k, perm=[0, 2, 1, 3])
        v = tensor.reshape(x=v, shape=[0, 0, self.num_heads, self.head_dim])
        v = tensor.transpose(x=v, perm=[0, 2, 1, 3])
        return k, v

    def forward(self, query, key=None, value=None, attn_mask=None,
cache=None):
        key = query if key is None else key
        value = query if value is None else value
        # 计算 q ,k ,v
        if cache is None:
            q, k, v = self._prepare_qkv(query, key, value, cache)
        else:
            q, k, v, cache = self._prepare_qkv(query, key, value, cache)
        # 注意力权重系数的计算采用缩放点乘的形式
        product = layers.matmul(
            x=q, y=k, transpose_y=True, alpha=self.head_dim ** -0.5)
        if attn_mask is not None:
            product = product + attn_mask
        weights = F.softmax(product)
        if self.dropout:
            weights = F.dropout(
                weights,
                self.dropout,
                training=self.training,
                mode="upscale_in_train")
        out = tensor.matmul(weights, v)
        out = tensor.transpose(out, perm=[0, 2, 1, 3])
        out = tensor.reshape(x=out, shape=[0, 0, out.shape[2] * out.shape[3]])
        out = self.out_proj(out)
        outs = [out]
        if self.need_weights:
            outs.append(weights)
        if cache is not None:
            outs.append(cache)
        return out if len(outs) == 1 else tuple(outs)
```

到这里就实现了多头注意力机制的运算，然后通过 TransformerEncoderLayer 网络层封装 Encoder 的每一层，方便 Transformer 中模块的堆叠。

```
# Encoder 端的一层
class TransformerEncoderLayer(Layer):
    def __init__(self, d_model, nhead, dim_feedforward,
                 dropout=0.1, activation="relu",
```

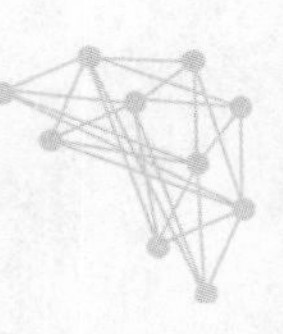

```
                 attn_dropout = None, act_dropout = None,
                 normalize_before = False, weight_attr = None,
                 bias_attr = None):
        self._config = locals()
        self._config.pop("self")
        self._config.pop("__class__", None)                # py3
        super(TransformerEncoderLayer, self).__init__()
        attn_dropout = dropout if attn_dropout is None else attn_dropout
        act_dropout = dropout if act_dropout is None else act_dropout
        self.normalize_before = normalize_before

        weight_attrs = _convert_param_attr_to_list(weight_attr, 2)
        bias_attrs = _convert_param_attr_to_list(bias_attr, 2)
        self.self_attn = MultiHeadAttention(d_model, nhead,
            dropout = attn_dropout, weight_attr = weight_attrs[0],
            bias_attr = bias_attrs[0])
        self.linear1 = Linear(
            d_model, dim_feedforward, weight_attrs[1], bias_attr = bias_attrs[1])
        self.dropout = Dropout(act_dropout, mode = "upscale_in_train")
        self.linear2 = Linear(
            dim_feedforward, d_model, weight_attrs[1], bias_attr = bias_attrs[1])
        self.norm1 = LayerNorm(d_model)
        self.norm2 = LayerNorm(d_model)
        self.dropout1 = Dropout(dropout, mode = "upscale_in_train")
        self.dropout2 = Dropout(dropout, mode = "upscale_in_train")
        self.activation = getattr(F, activation)

    def forward(self, src, src_mask = None, cache = None):
        residual = src
        if self.normalize_before:
            src = self.norm1(src)
        if cache is None:
            src = self.self_attn(src, src, src, src_mask)
        else:
            src, incremental_cache = self.self_attn(src, src, src, src_mask, cache)
        src = residual + self.dropout1(src)
        if not self.normalize_before:
            src = self.norm1(src)
        residual = src
        if self.normalize_before:
            src = self.norm2(src)
        src = self.linear2(self.dropout(self.activation(self.linear1(src))))
        src = residual + self.dropout2(src)
        if not self.normalize_before:
            src = self.norm2(src)
        return src if cache is None else (src, incremental_cache)
```

TransformerEncoder 层将上面的单个网络层串联起来，变成一个完整的 Encoder 结构。

```
# Encoder 端的多层堆叠
```

```
class TransformerEncoder(Layer):
    def __init__(self, encoder_layer, num_layers, norm=None):
        super(TransformerEncoder, self).__init__()
        self.layers = LayerList([(encoder_layer if i == 0 else
type(encoder_layer)(**encoder_layer._config))
                                 for i in range(num_layers)])
        self.num_layers = num_layers
        self.norm = norm

    def forward(self, src, src_mask=None, cache=None):
        output = src
        new_caches = []
        for i, mod in enumerate(self.layers):
            if cache is None:
                output = mod(output, src_mask=src_mask)
            else:
                output, new_cache = mod(output,
                                        src_mask=src_mask,
                                        cache=cache[i])
                new_caches.append(new_cache)
        if self.norm is not None:
            output = self.norm(output)
        return output if cache is None else (output, new_caches)
```

TransformerDecoderLayer 层和 TransformerEncoderLayer 的作用类似。

```
# Decoder 端的一层
class TransformerDecoderLayer(Layer):
    def __init__(self, d_model, nhead, dim_feedforward,
                 dropout=0.1, activation="relu",
                 attn_dropout=None, act_dropout=None,
                 normalize_before=False, weight_attr=None,
                 bias_attr=None):
        self._config = locals()
        self._config.pop("self")
        self._config.pop("__class__", None)              # py3
        super(TransformerDecoderLayer, self).__init__()
        attn_dropout = dropout if attn_dropout is None else attn_dropout
        act_dropout = dropout if act_dropout is None else act_dropout
        self.normalize_before = normalize_before
        weight_attrs = _convert_param_attr_to_list(weight_attr, 3)
        bias_attrs = _convert_param_attr_to_list(bias_attr, 3)
        self.self_attn = MultiHeadAttention(d_model, nhead,
            dropout=attn_dropout, weight_attr=weight_attrs[0],
            bias_attr=bias_attrs[0])
        self.cross_attn = MultiHeadAttention(d_model, nhead,
            dropout=attn_dropout, weight_attr=weight_attrs[1],
            bias_attr=bias_attrs[1])
        self.linear1 = Linear(
            d_model, dim_feedforward, weight_attrs[2], bias_attr=bias_attrs[2])
```

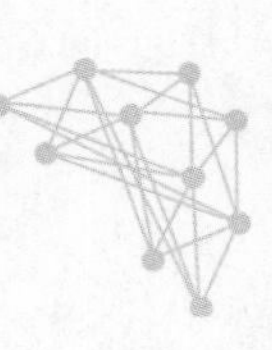


```
        self.dropout = Dropout(act_dropout, mode="upscale_in_train")
        self.linear2 = Linear(
            dim_feedforward, d_model, weight_attrs[2], bias_attr=bias_attrs[2])
        self.norm1 = LayerNorm(d_model)
        self.norm2 = LayerNorm(d_model)
        self.norm3 = LayerNorm(d_model)
        self.dropout1 = Dropout(dropout, mode="upscale_in_train")
        self.dropout2 = Dropout(dropout, mode="upscale_in_train")
        self.dropout3 = Dropout(dropout, mode="upscale_in_train")
        self.activation = getattr(F, activation)

    def forward(self, tgt, memory, tgt_mask=None, memory_mask=None,
cache=None):
        residual = tgt
        if self.normalize_before:
            tgt = self.norm1(tgt)
        if cache is None:
            tgt = self.self_attn(tgt, tgt, tgt, tgt_mask, None)
        else:
            tgt, incremental_cache = self.self_attn(tgt, tgt, tgt, tgt_mask, cache[0])
        tgt = residual + self.dropout1(tgt)
        if not self.normalize_before:
            tgt = self.norm1(tgt)
        residual = tgt
        if self.normalize_before:
            tgt = self.norm2(tgt)
        if cache is None:
            tgt = self.cross_attn(tgt, memory, memory, memory_mask, None)
        else:
            tgt, static_cache = self.cross_attn(tgt, memory, memory,
memory_mask, cache[1])
        tgt = residual + self.dropout2(tgt)
        if not self.normalize_before:
            tgt = self.norm2(tgt)
        residual = tgt
        if self.normalize_before:
            tgt = self.norm3(tgt)
        tgt = self.linear2(self.dropout(self.activation(self.linear1(tgt))))
        tgt = residual + self.dropout3(tgt)
        if not self.normalize_before:
            tgt = self.norm3(tgt)
        return tgt if cache is None else (tgt, (incremental_cache,
                                                static_cache))

# Decoder 端的多层堆叠
class TransformerDecoder(Layer):
    def __init__(self, decoder_layer, num_layers, norm=None):
        super(TransformerDecoder, self).__init__()
        self.layers = LayerList([(decoder_layer if i == 0 else
type(decoder_layer)(**decoder_layer._config))
```

```
                                  for i in range(num_layers)])
        self.num_layers = num_layers
        self.norm = norm

    def forward(self, tgt, memory, tgt_mask = None, memory_mask = None,
cache = None):
        output = tgt
        new_caches = []
        for i, mod in enumerate(self.layers):
            if cache is None:
                output = mod(output,
                             memory,
                             tgt_mask = tgt_mask,
                             memory_mask = memory_mask,
                             cache = None)
            else:
                output, new_cache = mod(output,
                                        memory,
                                        tgt_mask = tgt_mask,
memory_mask = memory_mask,
                                        cache = cache[i])
                new_caches.append(new_cache)

        if self.norm is not None:
            output = self.norm(output)
        return output if cache is None else (output, new_caches)
```

然后我们就可以利用定义好的 TransformerEncoder 类和 TransformerDecoder 类构建基于 Transformer 的自动文摘模型。首先进行超参数的定义，用于后续模型的设计与训练。

```
embedding_size = 128
hidden_size = 512
num_encoder_lstm_layers = 1
en_vocab_size = len(list(en_vocab))
epochs = 20
batch_size = 16
```

然后分别使用 TransformerEncoder 类和 TransformerDecoder 类定义 Encoder 端和 Decoder 端。

```
# Encoder 端定义
class Encoder(paddle.nn.Layer):
    def __init__(self,en_vocab_size,
embedding_size,num_layers = 2,head_number = 2,middle_units = 512):
        super(Encoder, self).__init__()
        self.emb = paddle.nn.Embedding(en_vocab_size, embedding_size,)
        encoder_layer = TransformerEncoderLayer(embedding_size,
head_number, middle_units)
        self.encoder = TransformerEncoder(encoder_layer, num_layers)
```

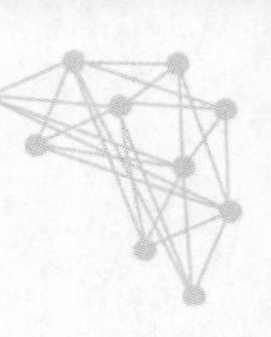


```
    def forward(self, x):
        x = self.emb(x)
        en_out = self.encoder(x)
        return en_out

# Decoder 端定义
class Decoder(paddle.nn.Layer):
    def __init__(self,en_vocab_size,
embedding_size,num_layers=2,head_number=2,middle_units=512):
        super(Decoder, self).__init__()
        self.emb = paddle.nn.Embedding(en_vocab_size, embedding_size)

        decoder_layer = TransformerDecoderLayer(embedding_size,
head_number, middle_units)
        self.decoder = TransformerDecoder(decoder_layer, num_layers)

        self.outlinear = paddle.nn.Linear(embedding_size, en_vocab_size)

    def forward(self, x, encoder_outputs):
        x = self.emb(x)

        de_out = self.decoder(x, encoder_outputs)
        output = self.outlinear(de_out)
        output = paddle.squeeze(output)
        return output
```

步骤 2：模型训练

模型训练依旧包含模型实例化、优化器定义、损失函数定义等部分。

```
# 实例化编码器、解码器
encoder = Encoder(en_vocab_size, embedding_size)
decoder = Decoder(en_vocab_size, embedding_size)
# 优化器:同时优化编码器与解码器的参数
opt = paddle.optimizer.Adam(learning_rate=0.00001,
                            parameters=encoder.parameters() +
decoder.parameters())
# 开始训练
for epoch in range(epochs):
    print("epoch:{}".format(epoch))

    # 打乱训练数据顺序
    perm = np.random.permutation(len(train_en_sents))
    train_en_sents_shuffled = train_en_sents[perm]
    train_su_sents_shuffled = train_su_sents[perm]
train_su_label_sents_shuffled = train_su_label_sents[perm]

# 批量数据迭代
    for iteration in range(train_en_sents_shuffled.shape[0] // batch_size):
```

```
        x_data = train_en_sents_shuffled[(batch_size * iteration):
(batch_size * (iteration + 1))]
        sent = paddle.to_tensor(x_data)
        # 编码器处理英文句子
        en_repr = encoder(sent)
        # 解码器端原始输入
        x_su_data = train_su_sents_shuffled[(batch_size * iteration):
(batch_size * (iteration + 1))]
        # 解码器端输出的标准答案,用于计算损失
        x_su_label_data = train_su_label_sents_shuffled[(batch_size *
iteration):(batch_size * (iteration + 1))]

        loss = paddle.zeros([1])
        # 逐步解码,每步解码一个词
        for i in range(su_length + 2):
            # 获取每步的输入以及输出的标准答案
            su_word = paddle.to_tensor(x_su_data[:, i:i + 1])
            su_word_label = paddle.to_tensor(x_su_label_data[:, i])
            # 解码器解码
            logits = decoder(su_word, en_repr)
            # 计算解码损失:交叉熵损失,解码的词是否正确
            step_loss = F.cross_entropy(logits, su_word_label)
            loss += step_loss
        # 计算平均损失
        loss = loss / (su_length + 2)
        if(iteration % 50 == 0):
            print("iter {}, loss:{}".format(iteration, loss.numpy()))
        # 反向传播,梯度更新
        loss.backward()
        opt.step()
        opt.clear_grad()
```

基于预训练-微调的中文自动文摘

6.3 实践三：基于预训练-微调的中文自动文摘

本次实践我们使用百度提出的面向生成任务的预训练-微调框架 ERNIE-GEN 实现生成式摘要。PaddleNLP 目前支持 ernie-gen-base-en、ernie-gen-large-en 和 ernie-gen-large-en-430g 3 种生成模型，同时支持加载 PaddleNLP transformer 类预训练模型中的所有非生成模型参数做热启动。本次实践执行的是中文摘要的生成，因此采用 ERNIE-1.0 中文模型进行热启动。

步骤 1：数据处理

原始数据格式为“文本＋"\t"＋摘要”，为了便于后续操作，首先对原始数据进行处理。

```
from paddlenlp.datasets import load_dataset

def read(data_path):
```

```
    with open(data_path, 'r', encoding = 'utf - 8') as f:
        # 跳过列名
        next(f)
        for line in f:
            words, labels = line.strip('\n').split('\t')
            words = "\002".join(list(words))
            labels = "\002".join(list(labels))
            yield {'tokens': words, 'labels': labels}

# data_path 为 read()方法的参数
train_dataset = load_dataset(read,
data_path = 'data/data83012/news_summary.txt',lazy = False)
dev_dataset = load_dataset(read,
data_path = 'data/data83012/news_summary_toy.txt',lazy = False)
```

ERNIE-GEN 的输入类似于 BERT 的输入，需要准备分词器，将明文处理为相应的 ID。PaddleNLP 内置了 ErnieTokenizer，通过调用其 encode 方法可以直接得到输入的 input_ids 和 segment_ids。

```
from copy import deepcopy
import numpy as np
from paddlenlp.transformers import ErnieTokenizer

tokenizer = ErnieTokenizer.from_pretrained("ernie - 1.0")
# ERNIE - GEN 中填充了[ATTN] token 作为预测位,由于 ERNIE 1.0 没有这一 token,我们采用[MASK]作
# 为填充
attn_id = tokenizer.vocab['[MASK]']
tgt_type_id = 1

# 设置最大输入、输出长度
max_encode_len = 200
max_decode_len = 30

def convert_example(example):
    """convert an example into necessary features"""

    encoded_src = tokenizer.encode(
        example['tokens'], max_seq_len = max_encode_len,
pad_to_max_seq_len = False)
    src_ids, src_sids = encoded_src["input_ids"], encoded_src["token_type_ids"]
    src_pids = np.arange(len(src_ids))

    encoded_tgt = tokenizer.encode(
        example['labels'],
        max_seq_len = max_decode_len,
        pad_to_max_seq_len = False)
    tgt_ids, tgt_sids = encoded_tgt["input_ids"], encoded_tgt[
        "token_type_ids"]
    tgt_ids = np.array(tgt_ids)
```

```
    tgt_sids = np.array(tgt_sids) + tgt_type_id
    tgt_pids = np.arange(len(tgt_ids)) + len(src_ids)

    attn_ids = np.ones_like(tgt_ids) * attn_id
    tgt_labels = tgt_ids

    return (src_ids, src_pids, src_sids, tgt_ids, tgt_pids, tgt_sids,
            attn_ids, tgt_labels)

# 将预处理逻辑作用于数据集
train_dataset = train_dataset.map(convert_example)
dev_dataset = dev_dataset.map(convert_example)
```

接下来需要组 batch,并准备 ERNIE-GEN 额外需要的 Attention Mask 矩阵。

```
from paddle.io import DataLoader
from paddlenlp.data import Stack, Tuple, Pad

def gen_mask(batch_ids, mask_type='bidi', query_len=None, pad_value=0):
    if query_len is None:
        query_len = batch_ids.shape[1]
    if mask_type != 'empty':
        mask = (batch_ids != pad_value).astype(np.float32)
        mask = np.tile(np.expand_dims(mask, 1), [1, query_len, 1])
        if mask_type == 'causal':
            assert query_len == batch_ids.shape[1]
            mask = np.tril(mask)
        elif mask_type == 'causal_without_diag':
            assert query_len == batch_ids.shape[1]
            mask = np.tril(mask, -1)
        elif mask_type == 'diag':
            assert query_len == batch_ids.shape[1]
            mask = np.stack([np.diag(np.diag(m)) for m in mask], 0)
    else:
        mask_type == 'empty'
        mask = np.zeros_like(batch_ids).astype(np.float32)
        mask = np.tile(np.expand_dims(mask, 1), [1, query_len, 1])
    return mask


def after_padding(args):
    src_ids, src_pids, src_sids, tgt_ids, tgt_pids, tgt_sids, attn_ids, tgt_labels = args
    src_len = src_ids.shape[1]
    tgt_len = tgt_ids.shape[1]
    mask_00 = gen_mask(src_ids, 'bidi', query_len=src_len)
    mask_01 = gen_mask(tgt_ids, 'empty', query_len=src_len)
    mask_02 = gen_mask(attn_ids, 'empty', query_len=src_len)

    mask_10 = gen_mask(src_ids, 'bidi', query_len=tgt_len)
    mask_11 = gen_mask(tgt_ids, 'causal', query_len=tgt_len)
```

```
    mask_12 = gen_mask(attn_ids, 'empty', query_len=tgt_len)

    mask_20 = gen_mask(src_ids, 'bidi', query_len=tgt_len)
    mask_21 = gen_mask(tgt_ids, 'causal_without_diag', query_len=tgt_len)
    mask_22 = gen_mask(attn_ids, 'diag', query_len=tgt_len)

    mask_src_2_src = mask_00
    mask_tgt_2_srctgt = np.concatenate([mask_10, mask_11], 2)
    mask_attn_2_srctgtattn = np.concatenate([mask_20, mask_21, mask_22], 2)

    raw_tgt_labels = deepcopy(tgt_labels)
    tgt_labels = tgt_labels[np.where(tgt_labels != 0)]
    return (src_ids, src_sids, src_pids, tgt_ids, tgt_sids, tgt_pids, attn_ids,
            mask_src_2_src, mask_tgt_2_srctgt, mask_attn_2_srctgtattn,
            tgt_labels, raw_tgt_labels)

# 使用fn函数对convert_example返回的sample中对应位置的ids做padding,之后调用after_padding构造Attention Mask矩阵
batchify_fn = lambda samples, fn=Tuple(
        Pad(axis=0, pad_val=tokenizer.pad_token_id),           # src_ids
        Pad(axis=0, pad_val=tokenizer.pad_token_id),           # src_pids
        Pad(axis=0, pad_val=tokenizer.pad_token_type_id),      # src_sids
        Pad(axis=0, pad_val=tokenizer.pad_token_id),           # tgt_ids
        Pad(axis=0, pad_val=tokenizer.pad_token_id),           # tgt_pids
        Pad(axis=0, pad_val=tokenizer.pad_token_type_id),      # tgt_sids
        Pad(axis=0, pad_val=tokenizer.pad_token_id),           # attn_ids
        Pad(axis=0, pad_val=tokenizer.pad_token_id),           # tgt_labels
    ): after_padding(fn(samples))

batch_size = 16

train_data_loader = DataLoader(
        dataset=train_dataset,
        batch_size=batch_size,
        shuffle=True,
        collate_fn=batchify_fn,
        return_list=True)

dev_data_loader = DataLoader(
        dataset=dev_dataset,
        batch_size=batch_size,
        shuffle=False,
        collate_fn=batchify_fn,
        return_list=True)
```

步骤2：设置优化器

创建优化器，并设置学习率先升后降，让模型具备更好的收敛性。

```
import paddle.nn as nn
```

```
num_epochs = 5
learning_rate = 2e-5
warmup_proportion = 0.1
weight_decay = 0.1

max_steps = (len(train_data_loader) * num_epochs)
lr_scheduler = paddle.optimizer.lr.LambdaDecay(
    learning_rate,
    lambda current_step, num_warmup_steps = max_steps * warmup_proportion,
    num_training_steps = max_steps: float(
        current_step) / float(max(1, num_warmup_steps))
    if current_step < num_warmup_steps else max(
        0.0,
        float(num_training_steps - current_step) / float(
            max(1, num_training_steps - num_warmup_steps))))

optimizer = paddle.optimizer.AdamW(
    learning_rate = lr_scheduler,
    parameters = model.parameters(),
    weight_decay = weight_decay,
    grad_clip = nn.ClipGradByGlobalNorm(1.0),
    apply_decay_param_fun = lambda x: x in [
        p.name for n, p in model.named_parameters()
        if not any(nd in n for nd in ["bias", "norm"])
    ])
```

步骤3：模型训练

一切准备就绪后，就可以加载预训练模型，将数据输入模型，不断更新模型参数。在训练过程中可以使用PaddleNLP提供的logger对象，输出带时间信息的日志。

```
import paddle
import paddlenlp
from paddlenlp.transformers import ErnieForGeneration

# paddle.set_device('gpu')
model = ErnieForGeneration.from_pretrained("ernie-1.0")

import os
import time

from paddlenlp.utils.log import logger

global_step = 1
logging_steps = 100
save_steps = 1000
output_dir = "save_dir"
tic_train = time.time()
```

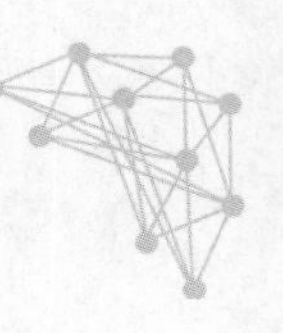


```
for epoch in range(num_epochs):
    for step, batch in enumerate(train_data_loader, start = 1):
        (src_ids, src_sids, src_pids, tgt_ids, tgt_sids, tgt_pids, attn_ids,
            mask_src_2_src, mask_tgt_2_srctgt, mask_attn_2_srctgtattn,
            tgt_labels, _) = batch
        # import pdb; pdb.set_trace()
        _, __, info = model(
            src_ids,
            sent_ids = src_sids,
            pos_ids = src_pids,
            attn_bias = mask_src_2_src,
            encode_only = True)
        cached_k, cached_v = info['caches']
        _, __, info = model(
            tgt_ids,
            sent_ids = tgt_sids,
            pos_ids = tgt_pids,
            attn_bias = mask_tgt_2_srctgt,
            past_cache = (cached_k, cached_v),
            encode_only = True)
        cached_k2, cached_v2 = info['caches']
        past_cache_k = [
            paddle.concat([k, k2], 1) for k, k2 in zip(cached_k, cached_k2)
        ]
        past_cache_v = [
            paddle.concat([v, v2], 1) for v, v2 in zip(cached_v, cached_v2)
        ]
        loss, _, __ = model(
            attn_ids,
            sent_ids = tgt_sids,
            pos_ids = tgt_pids,
            attn_bias = mask_attn_2_srctgtattn,
            past_cache = (past_cache_k, past_cache_v),
            tgt_labels = tgt_labels,
            tgt_pos = paddle.nonzero(attn_ids == attn_id))

        if global_step % logging_steps == 0:
            logger.info(
                "global step %d, epoch: %d, batch: %d, loss: %f, speed: %.2f
step/s, lr: %.3e"
                % (global_step, epoch, step, loss, logging_steps /
                    (time.time() - tic_train), lr_scheduler.get_lr()))
            tic_train = time.time()

        loss.backward()
        optimizer.step()
        lr_scheduler.step()
        optimizer.clear_gradients()
        if global_step % save_steps == 0:
            output_dir = os.path.join(output_dir,
```

```
                                "model_%d" % global_step)
            if not os.path.exists(output_dir):
                os.makedirs(output_dir)
            model.save_pretrained(output_dir)
            tokenizer.save_pretrained(output_dir)

        global_step += 1
```

步骤 4：解码逻辑

ERNIE-GEN 采用填充生成的方式进行预测，在解码的时候我们需要实现这一方法。

```
def gen_bias(encoder_inputs, decoder_inputs, step):
    decoder_bsz, decoder_seqlen = decoder_inputs.shape[:2]
    encoder_bsz, encoder_seqlen = encoder_inputs.shape[:2]
    attn_bias = paddle.reshape(
        paddle.arange(
            0, decoder_seqlen, 1, dtype='float32') + 1, [1, -1, 1])
    decoder_bias = paddle.cast(
        (paddle.matmul(
            attn_bias, 1. / attn_bias, transpose_y=True) >= 1.),
        'float32')
    encoder_bias = paddle.unsqueeze(
        paddle.cast(paddle.ones_like(encoder_inputs), 'float32'),
        [1])
    encoder_bias = paddle.expand(
        encoder_bias, [encoder_bsz, decoder_seqlen,
                       encoder_seqlen])                 #[bsz,decoderlen, encoderlen]
    decoder_bias = paddle.expand(
        decoder_bias, [decoder_bsz, decoder_seqlen,
                       decoder_seqlen])                 #[bsz, decoderlen, decoderlen]
    if step > 0:
        bias = paddle.concat([
            encoder_bias, paddle.ones([decoder_bsz, decoder_seqlen, step],
                                      'float32'), decoder_bias
        ], -1)
    else:
        bias = paddle.concat([encoder_bias, decoder_bias], -1)
    return bias

@paddle.no_grad()
def greedy_search_infilling(model,
                            q_ids,
                            q_sids,
                            sos_id,
                            eos_id,
                            attn_id,
                            pad_id,
                            unk_id,
```

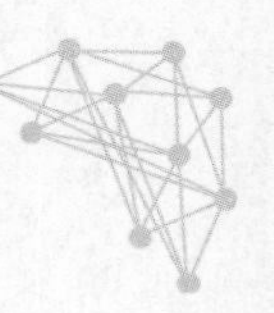


```
                         vocab_size,
                         max_encode_len=640,
                         max_decode_len=100,
                         tgt_type_id=3):
_, logits, info = model(q_ids, q_sids)
d_batch, d_seqlen = q_ids.shape
seqlen = paddle.sum(paddle.cast(q_ids != 0, 'int64'), 1, keepdim=True)
has_stopped = np.zeros([d_batch], dtype=np.bool)
gen_seq_len = np.zeros([d_batch], dtype=np.int64)
output_ids = []

past_cache = info['caches']

cls_ids = paddle.ones([d_batch], dtype='int64') * sos_id
attn_ids = paddle.ones([d_batch], dtype='int64') * attn_id
ids = paddle.stack([cls_ids, attn_ids], -1)
for step in range(max_decode_len):
    bias = gen_bias(q_ids, ids, step)
    pos_ids = paddle.to_tensor(
        np.tile(
            np.array(
                [[step, step + 1]], dtype=np.int64), [d_batch, 1]))
    pos_ids += seqlen
    _, logits, info = model(
        ids,
        paddle.ones_like(ids) * tgt_type_id,
        pos_ids=pos_ids,
        attn_bias=bias,
        past_cache=past_cache)

    if logits.shape[-1] > vocab_size:
        logits[:, :, vocab_size:] = 0
    logits[:, :, pad_id] = 0
    logits[:, :, unk_id] = 0
    logits[:, :, attn_id] = 0

    gen_ids = paddle.argmax(logits, -1)

    past_cached_k, past_cached_v = past_cache
    cached_k, cached_v = info['caches']
    cached_k = [
        paddle.concat([pk, k[:, :1, :]], 1)
        for pk, k in zip(past_cached_k, cached_k)
    ]                                                # concat cached
    cached_v = [
        paddle.concat([pv, v[:, :1, :]], 1)
        for pv, v in zip(past_cached_v, cached_v)
    ]
    past_cache = (cached_k, cached_v)
```

```
            gen_ids = gen_ids[:, 1]
            ids = paddle.stack([gen_ids, attn_ids], 1)

            gen_ids = gen_ids.numpy()
            has_stopped |= (gen_ids == eos_id).astype(np.bool)
            gen_seq_len += (1 - has_stopped.astype(np.int64))
            output_ids.append(gen_ids.tolist())
            if has_stopped.all():
                break
        output_ids = np.array(output_ids).transpose([1, 0])
        return output_ids
```

步骤5：启动评估

评估阶段会调用解码逻辑进行解码，然后计算预测结果得分衡量模型效果。paddlenlp.metrics 中包含了 Rouge1、Rouge2 等指标，在这里我们选用 Rouge1 指标。

```
from tqdm import tqdm
from paddlenlp.metrics import Rouge1

rouge1 = Rouge1()

vocab = tokenizer.vocab
eos_id = vocab[tokenizer.sep_token]
sos_id = vocab[tokenizer.cls_token]
pad_id = vocab[tokenizer.pad_token]
unk_id = vocab[tokenizer.unk_token]
vocab_size = len(vocab)

evaluated_sentences_ids = []
reference_sentences_ids = []

logger.info("Evaluating...")
model.eval()
for data in tqdm(dev_data_loader):
    (src_ids, src_sids, src_pids, _, _, _, _, _, _, _, _,
        raw_tgt_labels) = data                              # never use target when infer
    output_ids = greedy_search_infilling(
        model,
        src_ids,
        src_sids,
        eos_id=eos_id,
        sos_id=sos_id,
        attn_id=attn_id,
        pad_id=pad_id,
        unk_id=unk_id,
        vocab_size=vocab_size,
        max_decode_len=max_decode_len,
        max_encode_len=max_encode_len,
```

```
            tgt_type_id = tgt_type_id)

        for ids in output_ids.tolist():
            if eos_id in ids:
                ids = ids[:ids.index(eos_id)]
            evaluated_sentences_ids.append(ids)

        for ids in raw_tgt_labels.numpy().tolist():
            ids = ids[1:ids.index(eos_id)]
            reference_sentences_ids.append(ids)

    score = rouge1.score(evaluated_sentences_ids, reference_sentences_ids)

    logger.info("Rouge-1: %.5f" % (score * 100))
```

步骤 6：预测结果

对于生成任务，评估指标并不能很好地体现模型效果，可以通过如下代码直接观察模型的预测结果。

```
evaluated_sentences = []
reference_sentences = []
for ids in reference_sentences_ids[:5]:
    reference_sentences.append(''.join(vocab.to_tokens(ids)))
for ids in evaluated_sentences_ids[:5]:
    evaluated_sentences.append(''.join(vocab.to_tokens(ids)))
logger.info(reference_sentences)
logger.info(evaluated_sentences)
```

第7章　机器阅读理解

机器阅读理解(Machine Reading Comprehension,MRC)是一项基于文本的问答任务(Text-QA),也是非常重要和经典的自然语言处理任务之一。机器阅读理解旨在对自然语言文本进行语义理解和推理,并以此完成一些下游的任务。

机器阅读理解可以形式化为:给定一个问句,以及对应的一个或多个文本段落,通过学习一个模型,使其可以返回一个具体的答案。根据具体下游任务的不同,输出也有所不同,通常机器阅读理解包含如下几个下游任务:①是非问答,即回答类型为yes或no,通常属于一个二分类的任务;②选择式问答,类似于选择题,此时模型的输入除了问句和文本外,也会给定候选的答案,此时模型的输出可以为得分,并当做一个排序类问题,当为单选时,只取Top1的得分,否则可以设置阈值来进行多选;③区间查找,此时标准答案出现在文本内,即答案是文档内的某一个区间,因此任务可以视为两阶段的多类分类,即两阶段分别预测start和end位置的概率分布;④生成式问答,该类是最为复杂的任务,即完全由模型生成答案,任务可以定义为文本生成(与机器翻译类似)的任务。各类任务举例如表7-1所示。

表7-1　任务类型

类　型	上下文	问　题	候选答案	答　案
是非问答	小明的爸爸在一所学校教英语	小明的爸爸是老师吗?	—	是
选择式问答	小明的爸爸在一所学校教英语	小明的爸爸是一名什么老师?	英语 语文 数学 物理	英语
区间查找	小明身高160cm,体重50kg	小明身高多少?	—	160cm
生成式问答	小明喜欢吃水果,喜欢打篮球,并且热爱公益	小明喜欢做什么?	—	吃水果、打篮球、做公益

基于BiDAF的机器阅读理解

7.1　实践一:基于BiDAF的机器阅读理解

BiDAF(Bi-Directional Attention Flow),是面向机器阅读理解的双向注意力流方法,该方法采用多阶段、层次化处理,可以捕获原文不同粒度的特征,同时使用双向的注意力流机制,在没有前期知识总结的情况下获得相关问句和原文之间的表征。BiDAF的方法框架如图7-1所示。

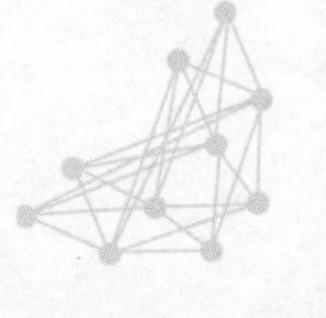

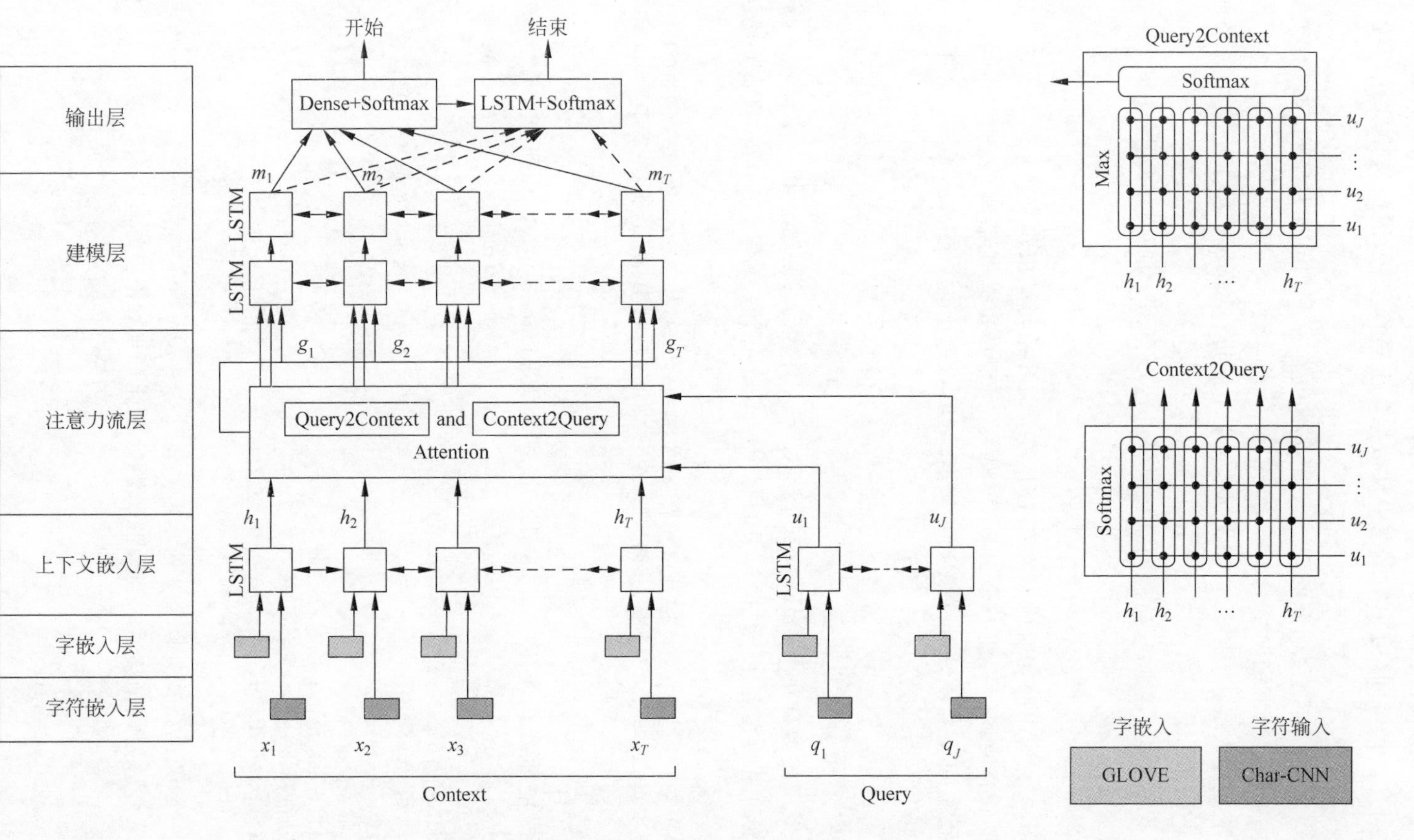

图 7-1　BiDAF 的方法框架

该模型是一个分阶段的多层过程，由6层网络组成。(1) 字符嵌入层：用字符级CNNs将每个字映射到向量空间(由于本文在中文数据集上进行实践，因此该模块在后续实践中会省略)。

(2) 字嵌入层：利用预训练的词嵌入模型，将每个字映射到向量空间，本实践中，在训练模型的过程中，同时训练词向量表示。

(3) 上下文嵌入层：使用LSTM模型，对上下文进行编码，获得上下文中每个词的全局语义表示。

(4) 注意力流层：将问句向量和原文向量进行耦合，并为原文中每个词生成一个问句相关的特征向量表示。

(5) 建模层：使用LSTM以扫描整个原文。

(6) 输出层：输出问句对应回答在上下文中的开始与结束位置。

下面，我们介绍如何构建一个BiDAF模型，实现抽取式机器阅读理解。本实践代码运行的环境配置如下：Python版本为3.7，PaddlePaddle版本为2.0.0，操作平台为AI Studio。

步骤1：DuReader数据处理

本实践使用的数据集是$\text{DuReader}_{\text{robust}}$，对于一个给定的问题$q$和一个篇章$p$，根据篇章内容，给出该问题的答案$a$。数据集中的每个样本是一个三元组$<q,p,a>$，如下述例子。

问题 q: 乔丹打了多少个赛季
篇章 p: 迈克尔·乔丹在NBA打了15个赛季.他在1984年进入nba,其间在1993年10月6日第一次退役改打棒球,1995年3月18日重新回归,在1999年1月13日第二次退役,后于2001年10月31日复出,在2003年最终退役…
参考答案 a: ['15个','15个赛季']

(1) 数据集加载。使用PaddleNLP提供的load_dataset API，即可一键完成数据集加载。

```
from paddlenlp.datasets import load_dataset
train_ds, dev_ds, test_ds = load_dataset('dureader_robust', splits = ('train', 'dev',
'test'))
for idx in range(2):
    print(train_ds[idx]['question'])
    print(train_ds[idx]['context'])
    print(train_ds[idx]['answers'])
    print(train_ds[idx]['answer_starts'])
```

数据集中的数据格式如图7-2所示。

(2) 加载好原始数据集后，根据训练数据，构建词典，用于文本词向量表示(保留词频大于10的字)。

```
def get_vocab(datas,fre = 10):
    vocab = []
    for data in datas:
        v = data['question'] + data['context']
```

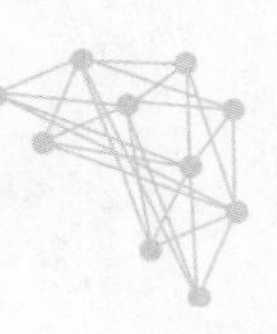


```
仙剑奇侠传3第几集上天界
第35集雪见缓缓张开眼睛，景天又惊又喜之际，长卿和紫萱的仙船驶至，见众人无恙，也十分高兴。众人登船，用尽合力把自身的真气和水分输给她。雪见终于醒过来了，但却一脸木然，全无反应。众人向常胤求助，却发现人世间竟没有雪见的身世记录。长卿询问清微的身世，清微语带双关说一切上了天界便有答案。长卿驾驶仙船，众人决定立马动身，往天界而去。众人来到一荒山，长卿指出，魔界和天界相连。由魔界进入通过神魔之井，便可登天。众人至魔界入口，仿若一黑色的蝙蝠洞，但始终无法进入。后来花楹发现只要有翅膀便能飞入。于是景天等人打下许多乌鸦，模仿重楼的翅膀，制作数对翅膀状巨物。刚佩戴在身，便被吸入洞口。众人摔落在地，抬头发现魔界守卫。景天和众魔套交情，自称和魔尊重楼相熟，众魔不理，打了起来。
['第35集']
[0]

燃气热水器哪个牌子好
选择燃气热水器时，一定要关注这几个问题：1、出水稳定性要好，不能出现忽热忽冷的现象。2、快速到达设定的需求水温。3、操作要智能、方便。4、安全性要好，要装有安全报警装置 市场上燃气热水器品牌众多，购买时还需多加对比和仔细鉴别。方太今年主打的磁化恒温热水器在使用体验方面做了全面升级：9秒速热，可快速进入洗浴模式；水温持久稳定，不会出现忽热忽冷的现象，并通过水量伺服技术将出水温度精确控制在±0.5℃，可满足家里宝贝敏感肌肤洗护需求；配备CO和CH4双气体报警装置更安全（市场上一般多为CO单气体报警）。另外，这款热水器还有智能Wi-Fi互联功能，只需下载个手机App即可用手机远程操作热水器，实现精准调节水温，满足家人多样化的洗浴需求。当然方太的磁化恒温系列主要的是增加磁化功能，可以有效吸附水中的铁锈、铁屑等微小杂质，防止细菌滋生，使沐浴水质更洁净，长期使用磁化水沐浴更利于身体健康。
['方太']
[110]
```

图 7-2　数据集中的数据格式

```
            vocab += list(v)
        vocab = Counter(vocab)
        vocab = [k for k,v in vocab.items() if v > fre]
    return vocab
    vocab = get_vocab(train)
    vocab_size = len(list(vocab))
```

(3) 自定义数据集类 Reader,继承 paddle.io.Dataset,实现对上述加载的数据集的预处理,数据预处理只要包括文本如何截断以及词转换为其字典下标。在本实践中,有的句子过长,不能随意截断上下文(随意截断可能导致答案不在保留的文本段里面或者只有部分答案在保留的文本里),这样会导致数据错误。因此,我们针对上述情况,设置截断规则,即保证答案在保留的文本段中,并修改截断后正确答案所处的新的开始位置。

```
class Reader(paddle.io.Dataset):
    def __init__(self, datas,vocab, maxlen_c = 128,maxlen_q = 20, mode = 'train'):
        super().__init__()
        self.c_idx = []
        self.q_idx = []
        self.start_positions = []
        self.end_positions = []
        self.dic = {w:i + 2 for i,w in enumerate(vocab)}
        self.dic['<pad>'],self.dic['<oov>'] = 0,1
        if mode == 'train':
            for data in datas:
                rc = self.word2id(data['context'])
                rq = self.word2id(data['question'])
                start = data['answer_starts'][0]
                # print(start)
                if len(data['answers']) + start > maxlen_c:
                    rc = rc[start:]
                    start = 0
                rc = rc[:maxlen_c] + [self.dic['<pad>']] * (maxlen_c -
                                                            len(rc[:maxlen_c]))
                rq = rq[:maxlen_q] + [self.dic['<pad>']] * (maxlen_q -
                                                            len(rq[:maxlen_q]))
```

```
                self.c_idx.append(rc)
                self.q_idx.append(rq)
                self.start_positions.append(start)
                self.end_positions.append(start + len(data['answers']))
        else:
            for data in datas:
                rc = self.word2id(data['context'])
                rq = self.word2id(data['question'])
                rc = rc[:maxlen_c] + [self.dic['<pad>']] * (maxlen_c -
                                                           len(rc[:maxlen_c]))
                rq = rq[:maxlen_q] + [self.dic['<pad>']] * (maxlen_q -
                                                           len(rq[:maxlen_q]))
                self.c_idx.append(rc)
                self.q_idx.append(rq)
    def __getitem__(self, index):
        return np.array(self.c_idx[index]), np.array(self.q_idx[index]),\
                np.array(self.start_positions[index]),
                np.array(self.end_positions[index])
    def word2id(self,s):
        r = []
        for w in s:
            if w not in self.dic:
                r.append(self.dic['<oov>'])
            else:
                r.append(self.dic[w])
        return r

    def __len__(self):
        return len(self.c_idx)
```

（4）定义好数据格式预处理类，然后使用 DataLoader 将数据集进行封装，便于后续的批量训练。

```
max_seq_length = 128
doc_stride = 128
batch_size = 16
train, dev, test = load_dataset('dureader_robust', splits = ('train', 'dev', 'test'))
train_dataset = Reader(train,vocab)
train_data_loader = paddle.io.DataLoader(train_dataset,
                        batch_size = batch_size, shuffle = True)
dev_dataset = Reader(dev,vocab)
dev_data_loader = paddle.io.DataLoader(dev_dataset,
                batch_size = batch_size)
test_dataset = Reader(test,vocab,mode = 'test')
test_data_loader = paddle.io.DataLoader(test_dataset,
                batch_size = batch_size)
```

步骤 2：搭建 BiDAF 模型

参考原论文实现，本实践实现了 BiDAF 模型，原理网络结构如本节开头所示。

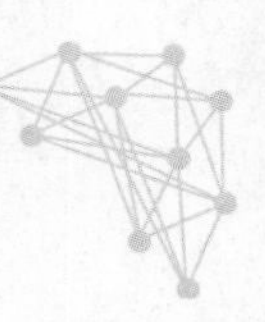


```
class BiDAF(nn.Layer):
    def __init__(self, hidden_size,emb_size,vocab_size):
        super(BiDAF, self).__init__()
        dropout_ratio = 0.2
        # 1. Word Embedding Layer
        self.word_emb = nn.Embedding(vocab_size, emb_size, padding_idx = 0)
        # 2. Contextual Embedding Layer
        self.context_LSTM = nn.LSTM(input_size = hidden_size,
                                    hidden_size = hidden_size,
                                    num_layers = 2,
                                    direction = 'bidirectional',
                                    dropout = dropout_ratio)
        # 3. Attention Flow Layer
        self.att_weight_c = nn.Linear(hidden_size * 2, 1)
        self.att_weight_q = nn.Linear(hidden_size * 2, 1)
        self.att_weight_cq = nn.Linear(hidden_size * 2, 1)
        # 4. Modeling Layer
        self.modeling_LSTM = nn.LSTM(input_size = hidden_size * 8,
                                     num_layers = 2,
                                     direction = 'bidirectional',
                                     hidden_size = hidden_size,
                                     dropout = dropout_ratio)
        # 5. Output Layer
        self.p1_weight_g = nn.Linear(hidden_size * 8, 1)
        self.p1_weight_m = nn.Linear(hidden_size * 2, 1)
        self.p2_weight_g = nn.Linear(hidden_size * 8, 1)
        self.p2_weight_m = nn.Linear(hidden_size * 2, 1)
        self.output_LSTM = nn.LSTM(input_size = hidden_size * 2,
                                   hidden_size = hidden_size * 2,
                                   dropout = dropout_ratio)
        self.dropout = nn.Dropout(dropout_ratio)

    def forward(self, c_idx,q_indx):
        # 1. Word Embedding Layer
        c_word = self.word_emb(c_idx)
        q_word = self.word_emb(q_indx)
        # 2. Contextual Embedding Layer
        c = self.context_LSTM(c_word)[0]
        q = self.context_LSTM(q_word)[0]

        # 3. Attention Flow Layer
        g = self.att_flow_layer(c, q)
        # 4. Modeling Layer
        m = self.modeling_LSTM(g)[0]
        # 5. Output Layer
        p1, p2 = self.output_layer(g, m)
        return p1, p2
    def att_flow_layer(self,c, q):
        c_len = c.shape[1]
```

```
        q_len = q.shape[1]
        cq = []
        for i in range(q_len):
            qi = q[:,i].unsqueeze(1)
            ci = self.att_weight_cq(c * qi).squeeze()
            cq.append(ci)
        cq = paddle.stack(cq, axis = -1)
        s = self.att_weight_c(c).expand([-1, -1, q_len]) + \
            self.att_weight_q(q).transpose([0, 2, 1]).expand([-1, c_len, -1]) + cq
        a = F.softmax(s, axis=2)
        c2q_att = paddle.bmm(a, q)
        b = F.softmax(paddle.max(s, axis = -1), axis=1).unsqueeze(1)
        q2c_att = paddle.bmm(b, c).squeeze()
        q2c_att = q2c_att.unsqueeze(1).expand([-1, c_len, -1])
        x = paddle.concat([c, c2q_att, c * c2q_att, c * q2c_att], axis = -1)
        return x

    def output_layer(self,g, m):
        p1 = (self.p1_weight_g(g) + self.p1_weight_m(m)).squeeze()
        m2 = self.output_LSTM(m)[0]
        cc1 = self.p2_weight_g(g)
        cc2 = self.p2_weight_m(m2)
        p2 = (self.p2_weight_g(g) + self.p2_weight_m(m2)).squeeze()
        return p1, p2
```

步骤3：模型训练

（1）定义损失函数。

本实践本质上是两个多分类任务，因此，使用交叉熵损失函数进行计算。存在两个分类结果（是否为答案开始、是否为答案结束），因此自定义一个CrossEntropyLossForSQuAD类，来计算两个分类损失的平均损失值。

```
class CrossEntropyLossForRobust(paddle.nn.Layer):
    def __init__(self):
        super(CrossEntropyLossForRobust, self).__init__()
    def forward(self, y, label):
        start_logits, end_logits = y
        start_position, end_position = label
        start_position = paddle.unsqueeze(start_position, axis = -1)
        end_position = paddle.unsqueeze(end_position, axis = -1)
        start_loss = paddle.nn.functional.softmax_with_cross_entropy(
            logits=start_logits, label=start_position, soft_label=False)
        start_loss = paddle.mean(start_loss)
        end_loss = paddle.nn.functional.softmax_with_cross_entropy(
            logits=end_logits, label=end_position, soft_label=False)
        end_loss = paddle.mean(end_loss)
        loss = (start_loss + end_loss) / 2
        return loss
```

(2) 优化器定义。

```
learning_rate = 0.01
# 学习率预热比例
warmup_proportion = 0.1
# 权重衰减系数,类似模型正则项策略,避免模型过拟合
weight_decay = 0.01
# 学习率衰减策略
lr_scheduler = paddlenlp.transformers.LinearDecayWithWarmup(learning_rate, \
                    num_training_steps, warmup_proportion)
# 实例化模型
print(vocab_size)
model = BiDAF(128,128,vocab_size)
decay_params = [p.name for n, p in model.named_parameters()
    if not any(nd in n for nd in ["bias", "norm"])]
optimizer = paddle.optimizer.AdamW(
    learning_rate = lr_scheduler,
    parameters = model.parameters(),
    weight_decay = weight_decay,
apply_decay_param_fun = lambda x: x in decay_params)
```

(3) 模型训练。

```
epochs = 2
num_training_steps = len(train_data_loader) * epochs
criterion = CrossEntropyLossForRobust()
global_step = 0
for epoch in range(1, epochs + 1):
    for step, batch in enumerate(train_data_loader, start = 1):
        global_step += 1
        c_idx,q_indx, start_positions, end_positions = batch
        logits = model(c_idx,q_indx)
        loss = criterion(logits, (start_positions, end_positions))
        if global_step % 10 == 0 :
            print("global step %d, epoch: %d, batch: %d, loss: %.5f" %
(global_step, epoch, step, loss))
        loss.backward()
        optimizer.step()
        lr_scheduler.step()
        optimizer.clear_grad()
```

训练过程的部分输出如图 7-3 所示。

```
global step 10, epoch: 1, batch: 10, loss: 4.81833
global step 20, epoch: 1, batch: 20, loss: 4.43065
global step 30, epoch: 1, batch: 30, loss: 3.29603
global step 40, epoch: 1, batch: 40, loss: 3.00671
global step 50, epoch: 1, batch: 50, loss: 3.05649
global step 60, epoch: 1, batch: 60, loss: 2.87992
```

图 7-3　训练过程的部分输出

步骤4：模型评估

```
def evaluate(model, data_loader, is_test = False):
#调用模型的评估模式
    model.eval()
    all_start_logits = []
    all_end_logits = []
tic_eval = time.time()
#读取 batch 数据
    for batch in data_loader:
        if not is_test:
            c_idx,q_indx, start_positions, end_positions = batch
        else:
            c_idx,q_indx = batch
        logits = model(c_idx,q_indx)
        for idx in range(start_logits_tensor.shape[0]):
            if len(all_start_logits) % 1000 == 0 and len(all_start_logits):
                print("Processing example: %d" % len(all_start_logits))
                print('time per 1000:', time.time() - tic_eval)
                tic_eval = time.time()
            all_start_logits.append(start_logits_tensor.numpy()[idx])
            all_end_logits.append(end_logits_tensor.numpy()[idx])
    all_predictions, _, _ = compute_prediction(
        data_loader.dataset.data, data_loader.dataset.new_data,
        (all_start_logits, all_end_logits), False, 20, 30)
    if is_test:
        with open('prediction.json', "w", encoding = 'utf - 8') as writer:
            writer.write(json.dumps(all_predictions, ensure_ascii = False,
indent = 4) + "\n")
    else:
        squad_evaluate(examples = data_loader.dataset.data,
            preds = all_predictions, is_whitespace_splited = False)
    count = 0
    for example in data_loader.dataset.data:
        count += 1
        print('问题:',example['question'])
        print('原文:',''.join(example['context']))
        print('答案:',all_predictions[example['id']])
        if count >= 5:
            break
    model.train()
evaluate(model = model, data_loader = dev_data_loader)
```

步骤5：机器阅读模型预测

传入 test_data_loader 至 evaluate，并将 is_test 参数设为 True，即可进行预测。

```
evaluate(model = model,data_loader = test_data_loader, is_test = True)
```

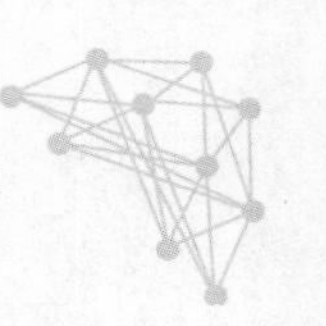

7.2　实践二：基于 BERT 预训练-微调的机器阅读理解

基于 BERT 预训练-微调的机器阅读理解

预训练模型在 NLP 的各项任务中均已取得了显著成绩，飞桨的 PaddleNLP 也提供了多种预训练模型的使用接口，本实践将展示如何使用 PaddleNLP 快速实现基于预训练模型 BERT 的机器阅读理解任务。本实践依然是抽取式的机器阅读理解。

步骤1：数据加载

7.1节中，我们使用一个经典的机器阅读理解数据集 $\text{DuReader}_{\text{robust}}$ 进行实践，其已经被封装于 paddlenlp. dataset 中，本节实践，使用另一个已经封装好的机器阅读理解数据集 SQuAD。该数据包含两个版本，SQuAD v1 版本包含针对 500 多篇文章的 10 万对以上问答；SQuAD v2 版本组合了 SQuAD v1 中的 10 万个问题，并增加了超过 5 万个无法回答的问题，这些问题由众包工作者以对抗的方式设计，看起来与可回答的问题相似。为了在 SQuAD v2 数据集上表现出色，模型不仅必须在可能的情况下回答问题，还必须确定篇章数据何时不支持回答，并避免回答。

本节在该数据集上进行实践，并且使用预训练语言模型 BERT 进行微调，训练适用于本数据集的新模型。本质上，抽取式机器阅读理解的关键输入为上下文与问题，预训练模型在处理配对文本时，统一将配对文本进行拼接，并且通过特定的向量来区分两个配对的文本，此处也是同样的处理，首先将文本输入设置为［问题，SEP，上下文］的形式，然后通过 0 向量来标识问题部分，1 向量表示上下文部分，达到问题与上下文的区分。将设置好的指定格式的数据输入至预训练模型中，获得文本表示，然后对文本表示进行两次分类，分别获得答案的开始位置与结束位置的概率分布。

机器阅读理解任务很多篇章都会超过预训练模型的最大长度限制，如 BERT 模型单条最大处理文本长度为 512 个字符，因此绝大多数情况下需要做截断或者更换模型结构等操作，本实践使用滑动窗口方式来解决长度问题。由于预训练模型单次能处理的最大文本长度一定，当输入序列大于这个长度时，设定一个滑动窗口，将超过最大长度的输入序列进行分段，在第二段保留滑动窗口大小的文本长度以便于模型能连续处理上下文信息，不至于把段落信息完全分开，在最终答案选择的时候，选择在包含最大上下文的序列中输出答案。滑动窗口生成输入特征的过程如图 7-4 所示，注意，需要设置超参数 doc_stride 来规定每次滑动的距离。

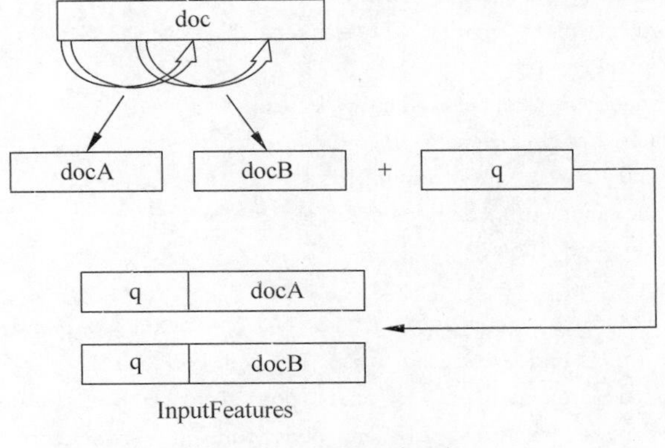

图 7-4　机器阅读理解

（1）处理训练数据特征。训练数据中已知答案的起始位置与结束位置，而测试数据中不包含答案的信息，因此可分开处理训练与测试数据的特征格式。首先使用 tokenizer 将两个拼接的文本对进行分词、转化字典下标、token 类型标识等操作，然后使用滑动窗口处理答案不在指定文本范围内的问题，获得每个样本输入特征如下格式。

- input_ids：表示输入文本的 token ID。
- token_type_ids：表示对应的 token 属于输入的问题还是答案（Transformer 类预训练模型支持单句以及句对输入）。
- overflow_to_sample：特征对应的 example 的编号。
- offset_mapping：每个 token 的起始字符和结束字符在原文中对应的 index（用于生成答案文本）。
- start_positions：答案在这个特征中的开始位置。
- end_positions：答案在这个特征中的结束位置。

```
def prepare_train_features(examples, tokenizer):
    contexts = [examples[i]['context'] for i in range(len(examples))]
    questions = [examples[i]['question'] for i in range(len(examples))]
    tokenized_examples = tokenizer(
        questions,
        contexts,
        stride = doc_stride,
        max_seq_len = max_seq_length)
    for i, tokenized_example in enumerate(tokenized_examples):
        input_ids = tokenized_example["input_ids"]
        cls_index = input_ids.index(tokenizer.cls_token_id)
        offsets = tokenized_example['offset_mapping']
        sequence_ids = tokenized_example['token_type_ids']
        sample_index = tokenized_example['overflow_to_sample']
        answers = examples[sample_index]['answers']
        answer_starts = examples[sample_index]['answer_starts']
        if len(answer_starts) == 0:
            tokenized_examples[i]["start_positions"] = cls_index
            tokenized_examples[i]["end_positions"] = cls_index
        else:
            start_char = answer_starts[0]
            end_char = start_char + len(answers[0])
            token_start_index = 0
            while sequence_ids[token_start_index] != 1:
                token_start_index += 1
            token_end_index = len(input_ids) - 1
            while sequence_ids[token_end_index] != 1:
                token_end_index -= 1
            token_end_index -= 1
            if not (offsets[token_start_index][0] <= start_char and
                    offsets[token_end_index][1] >= end_char):
                tokenized_examples[i]["start_positions"] = cls_index
                tokenized_examples[i]["end_positions"] = cls_index
```

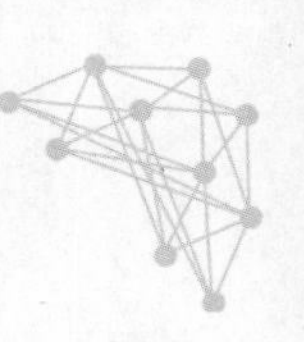


```
            else:
                while token_start_index < len(offsets) and offsets[
                        token_start_index][0] <= start_char:
                    token_start_index += 1
                tokenized_examples[i]["start_positions"] = token_start_index - 1
                while offsets[token_end_index][1] >= end_char:
                    token_end_index -= 1
                tokenized_examples[i]["end_positions"] = token_end_index + 1
    return tokenized_examples
```

(2) 处理测试数据的特征。测试数据不包含答案,因此处理后,每个样本包含如下特征。

- input_ids:表示输入文本的 token ID。
- token_type_ids:表示对应的 token 属于输入的问题还是答案(Transformer 类预训练模型支持单句以及句对输入)。
- overflow_to_sample:特征对应的 example 的编号。
- offset_mapping:每个 token 的起始字符和结束字符在原文中对应的 index(用于生成答案文本)。

```
def prepare_validation_features(examples, tokenizer):
    contexts = [examples[i]['context'] for i in range(len(examples))]
    questions = [examples[i]['question'] for i in range(len(examples))]
    tokenized_examples = tokenizer(
        questions,
        contexts,
        stride=doc_stride,
        max_seq_len=max_seq_length)
    for i, tokenized_example in enumerate(tokenized_examples):
        sequence_ids = tokenized_example['token_type_ids']
        sample_index = tokenized_example['overflow_to_sample']
        tokenized_examples[i]["example_id"] = examples[sample_index]['id']
        tokenized_examples[i]["offset_mapping"] = [
            (o if sequence_ids[k] == 1 else None)
            for k, o in enumerate(tokenized_example["offset_mapping"]) ]
    return tokenized_examples
```

(3) 生成训练数据加载器。若指定数据文件路径,则直接从文件中加载,否则从 paddlenlp.datasets 中加载内置的数据集,并且选择数据的版本。其中,map(func)函数对所有样本分别执行 func 变换,partial(func, * paras)为指定函数 func 固定器,部分参数为 * paras,batchify_fn 函数对批量数据进行堆叠整合,形成张量,DataLoader 将数据封装为批量可迭代的数据形式,用于后续的训练。

```
if train_file:
    train_ds = load_dataset('squad', data_files=train_file)
elif version_2_with_negative:
    train_ds = load_dataset('squad', splits='train_v2')
else:
    train_ds = load_dataset('squad', splits='train_v1')
train_ds.map(partial(
```

```
        prepare_train_features, tokenizer = tokenizer),
                batched = True)
    train_batch_sampler = paddle.io.DistributedBatchSampler(
        train_ds, batch_size = batch_size, shuffle = True)
    train_batchify_fn = lambda samples, fn = Dict({
        "input_ids": Pad(axis = 0, pad_val = tokenizer.pad_token_id),
        "token_type_ids": Pad(axis = 0, pad_val = tokenizer.pad_token_type_id),
        "start_positions": Stack(dtype = "int64"),
        "end_positions": Stack(dtype = "int64")
    }): fn(samples)
    train_data_loader = DataLoader(
        dataset = train_ds,
        batch_sampler = train_batch_sampler,
        collate_fn = train_batchify_fn,
        return_list = True)
```

（4）生成测试数据加载器，同样可指定数据的加载源。

```
if predict_file:
    dev_ds = load_dataset('squad', data_files = predict_file)
elif version_2_with_negative:
    dev_ds = load_dataset('squad', splits = 'dev_v2')
else:
dev_ds = load_dataset('squad', splits = 'dev_v1')
# dev_ds_ini 保存原始文本，留作预测时使用
dev_ds_ini = [{'question':dev_ds[i]['question'],'context':dev_ds[i]['context']} for i in
range(len(dev_ds))]
dev_ds.map(partial(
    prepare_validation_features, tokenizer = tokenizer),
            batched = True)
dev_batch_sampler = paddle.io.BatchSampler(
    dev_ds, batch_size = batch_size, shuffle = False)
dev_batchify_fn = lambda samples, fn = Dict({
    "input_ids": Pad(axis = 0, pad_val = tokenizer.pad_token_id),
    "token_type_ids": Pad(axis = 0, pad_val = tokenizer.pad_token_type_id)
}): fn(samples)
dev_data_loader = DataLoader(
    dataset = dev_ds,
    batch_sampler = dev_batch_sampler,
    collate_fn = dev_batchify_fn,
    return_list = True)
```

步骤2：BERT模型配置

本实践使用BERT预训练模型进行微调，该模型对应PaddleNLP中的BertForQuestionAnswering模型，与BERT关联的Tokenizer为BertTokenizer。此处我们使用$\text{BERT}_{\text{base}}$模型进行微调，并且对所有英文字母都进行小写处理，调用model_class.from_pretrained(model_name_or_path)时，若本地没有下载好预训练的参数，会先下载参数。

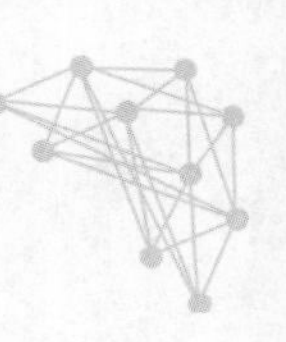

```
model_type = "bert"
model_name_or_path = "bert-base-uncased"
MODEL_CLASSES = {
    "bert": (BertForQuestionAnswering, BertTokenizer)}
model_class, tokenizer_class = MODEL_CLASSES[model_type]
tokenizer = tokenizer_class.from_pretrained(model_name_or_path)
model = model_class.from_pretrained(model_name_or_path)
```

步骤3：模型训练

（1）定义损失函数。与7.1节相同，本实践本质上也是两个多分类任务，因此，使用交叉熵损失函数进行计算。存在两个分类结果，因此自定义一个CrossEntropyLossForSQuAD类，来计算两个分类损失的平均损失值。

```
class CrossEntropyLossForSQuAD(paddle.nn.Layer):
    def __init__(self):
        super(CrossEntropyLossForSQuAD, self).__init__()
    def forward(self, y, label):
        start_logits, end_logits = y
        start_position, end_position = label
        start_position = paddle.unsqueeze(start_position, axis = -1)
        end_position = paddle.unsqueeze(end_position, axis = -1)
        start_loss = paddle.nn.functional.softmax_with_cross_entropy(
            logits = start_logits, label = start_position, soft_label = False)
        start_loss = paddle.mean(start_loss)
        end_loss = paddle.nn.functional.softmax_with_cross_entropy(
            logits = end_logits, label = end_position, soft_label = False)
        end_loss = paddle.mean(end_loss)
        loss = (start_loss + end_loss) / 2
        return loss
criterion = CrossEntropyLossForSQuAD()
```

（2）定义优化器。在本次实践中，使用权重衰减以及学习率衰减策略。权重衰减类似于正则项策略，避免模型的过拟合；而学习率衰减在训练过程中，根据模型性能动态地调整模型的学习率，加速收敛至（局部）最优值。

```
lr_scheduler = LinearDecayWithWarmup(
        learning_rate, num_training_steps, warmup_proportion)
    decay_params = [
        p.name for n, p in model.named_parameters()
        if not any(nd in n for nd in ["bias", "norm"])
    ]
    optimizer = paddle.optimizer.AdamW(
        learning_rate = lr_scheduler,
        epsilon = adam_epsilon,
        parameters = model.parameters(),
        weight_decay = weight_decay,
        apply_decay_param_fun = lambda x: x in decay_params)
```

（3）训练模型。定义好损失函数及优化器后，依次从数据加载器中读取数据，进行批量数据前向计算及反向梯度更新。

```
global_step = 0
batch_size = 32
learning_rate = 3e-5
weight_decay = 0.01
adam_epsilon = 1e-8
num_train_epochs = 5
warmup_proportion = 0.1
logging_steps = 100
device = "gpu"
tic_train = time.time()
for epoch in range(num_train_epochs):
    for step, batch in enumerate(train_data_loader):
        global_step += 1
        input_ids, token_type_ids, start_positions, end_positions = batch
        logits = model(
            input_ids = input_ids, token_type_ids = token_type_ids)
        loss = criterion(logits, (start_positions, end_positions))
        if global_step % logging_steps == 0:
            print("global step %d, epoch: %d, batch: %d, loss: %f, speed: %.2f
step/s" % (global_step, epoch + 1, step + 1, loss, logging_steps / (time.time() -
tic_train)))
            tic_train = time.time()
        loss.backward()
        optimizer.step()
        lr_scheduler.step()
        optimizer.clear_grad()
```

训练过程的部分输出如图 7-5 所示。

```
global step 100, epoch: 1, batch: 100, loss: 5.253086, speed: 1.66 step/s
global step 200, epoch: 1, batch: 200, loss: 3.979927, speed: 1.65 step/s
global step 300, epoch: 1, batch: 300, loss: 2.842123, speed: 1.61 step/s
global step 400, epoch: 1, batch: 400, loss: 2.020808, speed: 1.59 step/s
global step 500, epoch: 1, batch: 500, loss: 1.572973, speed: 1.62 step/s
global step 600, epoch: 1, batch: 600, loss: 1.713868, speed: 1.64 step/s
global step 700, epoch: 1, batch: 700, loss: 1.524494, speed: 1.63 step/s
global step 800, epoch: 1, batch: 800, loss: 1.907251, speed: 1.63 step/s
global step 900, epoch: 1, batch: 900, loss: 1.641989, speed: 1.60 step/s
global step 1000, epoch: 1, batch: 1000, loss: 1.503891, speed: 1.60 step/s
global step 1100, epoch: 1, batch: 1100, loss: 1.193373, speed: 1.58 step/s
global step 1200, epoch: 1, batch: 1200, loss: 1.534757, speed: 1.62 step/s
global step 1300, epoch: 1, batch: 1300, loss: 1.504943, speed: 1.60 step/s
global step 1400, epoch: 1, batch: 1400, loss: 1.311733, speed: 1.63 step/s
global step 1500, epoch: 1, batch: 1500, loss: 1.090882, speed: 1.62 step/s
```

图 7-5 训练过程的部分输出

步骤 4：模型评估

模型训练结束后，可在验证集或测试集上测试模型的性能。对于验证集的数据，输入模型中获得所有输出结果后，可以使用 paddlenlp.metrics.squad.compute_prediction 函数，该

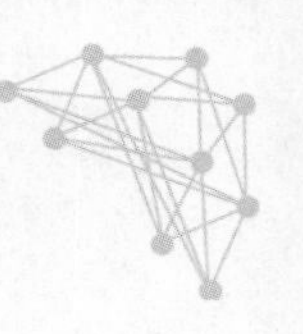

函数用于生成答案格式，即（样本 ID，生成的答案），而 paddlenlp. metrics. squad. squad_evaluate 函数用于返回评价指标，二者适用于所有符合 SQUAD 数据格式的答案抽取任务，这类任务使用 f1 和 exact 来评估预测的答案和真实答案的相似程度。

```
def evaluate(model):
    model.eval()
    all_start_logits = []
    all_end_logits = []
    tic_eval = time.time()
    for batch in dev_data_loader:
        input_ids, token_type_ids = batch
        start_logits_tensor, end_logits_tensor = model(input_ids,
token_type_ids)
        for idx in range(start_logits_tensor.shape[0]):
            if len(all_start_logits) % 1000 == 0 and len(all_start_logits):
                print("Processing example: %d" % len(all_start_logits))
                print('time per 1000:', time.time() - tic_eval)
                tic_eval = time.time()
            all_start_logits.append(start_logits_tensor.numpy()[idx])
            all_end_logits.append(end_logits_tensor.numpy()[idx])
    all_predictions, all_nbest_json, scores_diff_json = compute_prediction(
        dev_data_loader.dataset.data, dev_data_loader.dataset.new_data,
        (all_start_logits, all_end_logits), version_2_with_negative,
         n_best_size, max_answer_length,
         null_score_diff_threshold)
    with open('prediction.json', "w", encoding='utf-8') as writer:
        writer.write(
            json.dumps(
                all_predictions, ensure_ascii=False, indent=4) + "\n")
    squad_evaluate(
        examples=dev_data_loader.dataset.data,
        preds=all_predictions,
        na_probs=scores_diff_json)
    model.train()
return dev_ds,dev_data_loader
dev_ds,dev_data_loader = evaluate(model)
```

验证输出结果如图 7-6 所示。

```
{
  "exact": 79.72563859981078,
  "f1": 87.58484804078702,
  "total": 10570,
  "HasAns_exact": 79.72563859981078,
  "HasAns_f1": 87.58484804078702,
  "HasAns_total": 10570
}
```

图 7-6　验证输出结果

步骤 5：模型测试

```
@paddle.no_grad()
def predict(model, data_loader,data_ds ):
    model.eval()
    all_start_logits = []
    all_end_logits = []
    tic_eval = time.time()
    for batch in data_loader:
        input_ids, token_type_ids = batch
        start_logits_tensor, end_logits_tensor = model(input_ids, token_type_ids)
        for idx in range(start_logits_tensor.shape[0]):
            if len(all_start_logits) % 1000 == 0 and len(all_start_logits):
                print("Processing example: %d" % len(all_start_logits))
                print('time per 1000:', time.time() - tic_eval)
                tic_eval = time.time()
            all_start_logits.append(start_logits_tensor.numpy()[idx])
            all_end_logits.append(end_logits_tensor.numpy()[idx])
      all_predictions, all_nbest_json, scores_diff_json = compute_prediction(
       data_loader.dataset.data, data_loader.dataset.new_data,
       (all_start_logits, all_end_logits), version_2_with_negative,
        n_best_size, max_answer_length,
        null_score_diff_threshold)
    for i in range(5):
        print("文本:",data_ds[i]['context'])
        print('问题:',data_ds[i]['question'])
        print('预测结果:',all_predictions[i])
predict(model, dev_data_loader, dev_ds_ini)
```

基于 ERNIE 预训练-微调的机器阅读理解

7.3 实践三：基于 ERNIE 预训练-微调的机器阅读理解

7.2 节介绍了基于预训练模型 BERT 的机器阅读理解，本节我们为大家介绍基于百度自研的预训练模型 ERNIE 的机器阅读理解。本实践使用的数据集为 DuReader。

步骤 1：DuReader 数据准备

本实践使用的数据集依旧是 DuReader，数据加载与 7.2 节相同，但是用于预训练模型的输入时，需要做不同的处理。

(1) 数据集加载。使用 PaddleNLP 提供的 load_dataset API，即可一键完成数据集加载。

```
from paddlenlp.datasets import load_dataset
train_ds, dev_ds, test_ds = load_dataset('dureader_robust', splits = ('train', 'dev',
                                                                      'test'))
```

```
for idx in range(2):
    print(train_ds[idx]['question'])
    print(train_ds[idx]['context'])
    print(train_ds[idx]['answers'])
    print(train_ds[idx]['answer_starts'])
```

数据集中的数据格式如图 7-7 所示。

```
仙剑奇侠传3第几集上天界
第35集雪见缓缓张开眼睛，景天又惊又喜之际，长卿和紫萱的仙船驶至，见众人无恙，也十分高兴。众人登船，用尽合力把自身的真气和水分输给她。雪见终于醒过来了，但却一脸木然，全无反应。众人向常胤求助，却发现人世间竟没有雪见的身世记录。长卿询问清微的身世，清微语带双关说一切上了天界便有答案。长卿驾驶仙船，众人决定立马动身，往天界而去。众人来到一荒山，长卿指出，魔界和天界相连。由魔界进入通过神魔之井，便可登天。众人至魔界入口，仿若一黑色的蝙蝠洞，但始终无法进入。后来花楹发现只要有翅膀便能飞入。于是景天等人打下许多乌鸦，模仿重楼的翅膀，制作数对翅膀状巨物。刚佩戴在身，便被吸入洞口。众人摔落在地，抬头发现魔界守卫。景天和众魔套交情，自称和魔尊重楼相熟，众魔不理，打了起来。
['第35集']
[0]

燃气热水器哪个牌子好
选择燃气热水器时，一定要关注这几个问题：1、出水稳定性要好，不能出现忽热忽冷的现象。2、快速到达设定的需求水温。3、操作要智能、方便。4、安全性要好，要装有安全报警装置 市场上燃气热水器品牌众多，购买时还需多加对比和仔细鉴别。方太今年主打的磁化恒温热水器在使用体验方面做了全面升级：9秒速热，可快速进入洗浴模式；水温持久稳定，不会出现忽热忽冷的现象，并通过水量伺服技术将出水温度精确控制在±0.5℃，可满足家里宝贝敏感肌肤洗护需求；配备CO和CH4双气体报警装置更安全（市场上一般多为CO单气体报警）。另外，这款热水器还有智能Wi-Fi互联功能，只需下载个手机App即可用手机远程操作热水器，实现精准调节水温，满足家人多样化的洗浴需求。当然方太的磁化恒温系列主要的是增加磁化功能，可以有效吸附水中的铁锈、铁屑等微小杂质，防止细菌滋生，使沐浴水质更洁净，长期使用磁化水沐浴更利于身体健康。
['方太']
[110]
```

图 7-7　数据集中的数据格式

(2) 数据处理。$DuReader_{rubust}$ 数据集采用 SQuAD 数据格式，输入特征使用滑动窗口的方法生成，即一个样本最终可能对应多个输入特征。

本实践使用的预训练模型是 ERNIE，ERNIE 对中文数据的处理是以字为单位，PaddleNLP 对于各种预训练模型已经内置了相应的 tokenizer，指定想要使用的模型名字即可加载对应的 tokenizer。

```
import paddlenlp
MODEL_NAME = 'ernie-1.0'                    # 设置模型名称
tokenizer = paddlenlp.transformers.ErnieTokenizer.from_pretrained(MODEL_NAME)
```

(3) 输入数据格式处理。上文加载出的数据属于字典格式，需要处理为模型需要的输入格式，即将单条样本数据转换为[input_ids，token_type_ids，start_positions，end_positions]，然后批量化，使用 paddle.io.DataLoader 加载器进行封装，便于后续训练。其中 map(func)函数对数据集中的单条样本分别执行 func 函数操作。

```
from utils import prepare_train_features, prepare_validation_features
from functools import partial
max_seq_length = 512
doc_stride = 128
#数据预处理
train_trans_func = partial(prepare_train_features,
max_seq_length=max_seq_length, doc_stride=doc_stride, tokenizer=tokenizer)
train_ds.map(train_trans_func, batched=True, num_workers=1)
dev_trans_func = partial(prepare_validation_features,
                         max_seq_length=max_seq_length,
                         doc_stride=doc_stride,
                         tokenizer=tokenizer)
```

```
dev_ds.map(dev_trans_func, batched = True, num_workers = 1)
test_ds.map(dev_trans_func, batched = True, num_workers = 1)
```

上述步骤将样本处理为如图 7-8 所示格式。

```
[1, 1034, 1189, 734, 2003, 241, 284, 131, 553, 271, 28, 125, 280, 2, 131, 1773, 271, 1097, 373, 1427, 1427, 501, 88, 66
2, 1906, 4, 561, 125, 311, 1168, 311, 692, 46, 430, 4, 84, 2073, 14, 1264, 3967, 5, 1034, 1020, 1829, 268, 4, 373, 539,
8, 154, 5210, 4, 105, 167, 59, 69, 685, 12043, 539, 8, 883, 1020, 4, 29, 720, 95, 90, 427, 67, 262, 5, 384, 266, 14, 10
1, 59, 789, 416, 237, 12043, 1097, 373, 616, 37, 1519, 93, 61, 15, 4, 255, 535, 7, 1529, 619, 187, 4, 62, 154, 451, 14
9, 12043, 539, 8, 253, 223, 3679, 323, 523, 4, 535, 34, 87, 8, 203, 280, 1186, 340, 9, 1097, 373, 5, 262, 203, 623, 70
4, 12043, 84, 2073, 1137, 358, 334, 702, 5, 262, 203, 4, 334, 702, 405, 360, 653, 129, 178, 7, 568, 28, 15, 125, 280, 5
18, 9, 1179, 487, 12043, 84, 2073, 1621, 1829, 1034, 1020, 4, 539, 8, 448, 91, 202, 466, 70, 262, 4, 638, 125, 280, 83,
299, 12043, 539, 8, 61, 45, 7, 1537, 176, 4, 84, 2073, 288, 39, 4, 889, 280, 14, 125, 280, 156, 538, 12043, 190, 889, 2
80, 71, 109, 124, 93, 292, 889, 46, 1248, 4, 518, 48, 883, 125, 12043, 539, 8, 268, 889, 280, 109, 270, 4, 1586, 845,
7, 669, 199, 5, 3964, 3740, 1084, 4, 255, 440, 616, 154, 72, 71, 109, 12043, 49, 61, 283, 3591, 34, 87, 297, 41, 9, 199
3, 2602, 518, 52, 706, 109, 12043, 37, 10, 561, 125, 43, 8, 445, 86, 576, 65, 1448, 2969, 4, 469, 1586, 118, 776, 5, 19
93, 2602, 4, 108, 25, 179, 51, 1993, 2602, 498, 1052, 122, 12043, 1082, 1994, 1616, 11, 262, 4, 518, 171, 813, 109, 108
4, 270, 12043, 539, 8, 3006, 580, 11, 31, 4, 2473, 306, 34, 87, 889, 280, 846, 573, 12043, 561, 125, 14, 539, 889, 810,
276, 182, 4, 67, 351, 14, 889, 1182, 118, 776, 156, 952, 4, 539, 889, 16, 38, 4, 445, 15, 200, 61, 12043, 2]
[0, 0, 0, 0, 0, 0, 0, 0, 0, 0, 0, 0, 0, 0, 1, 1, 1, 1, 1, 1, 1, 1, 1, 1, 1, 1, 1, 1, 1, 1, 1, 1, 1, 1, 1, 1, 1, 1, 1,
1, 1, 1, 1, 1, 1, 1, 1, 1, 1, 1, 1, 1, 1, 1, 1, 1, 1, 1, 1, 1, 1, 1, 1, 1, 1, 1, 1, 1, 1, 1, 1, 1, 1, 1, 1, 1, 1, 1, 1,
1, 1, 1, 1, 1, 1, 1, 1, 1, 1, 1, 1, 1, 1, 1, 1, 1, 1, 1, 1, 1, 1, 1, 1, 1, 1, 1, 1, 1, 1, 1, 1, 1, 1, 1, 1, 1, 1, 1, 1,
1, 1, 1, 1, 1, 1, 1, 1, 1, 1, 1, 1, 1, 1, 1, 1, 1, 1, 1, 1, 1, 1, 1, 1, 1, 1, 1, 1, 1, 1, 1, 1, 1, 1, 1, 1, 1, 1, 1, 1,
1, 1, 1, 1, 1, 1, 1, 1, 1, 1, 1, 1, 1, 1, 1, 1, 1, 1, 1, 1, 1, 1, 1, 1, 1, 1, 1, 1, 1, 1, 1, 1, 1, 1, 1, 1, 1, 1, 1, 1,
1, 1, 1, 1, 1, 1, 1, 1, 1, 1, 1, 1, 1, 1, 1, 1, 1, 1, 1, 1, 1, 1, 1, 1, 1, 1, 1, 1, 1, 1, 1, 1, 1, 1, 1, 1, 1, 1, 1, 1,
1, 1, 1, 1, 1, 1, 1, 1, 1, 1, 1, 1, 1, 1, 1, 1, 1, 1, 1, 1, 1, 1, 1, 1, 1, 1, 1, 1, 1, 1, 1, 1, 1, 1, 1, 1, 1, 1, 1, 1,
1, 1, 1, 1, 1, 1, 1, 1, 1, 1, 1, 1, 1, 1, 1, 1, 1, 1, 1, 1, 1, 1, 1, 1, 1, 1, 1, 1, 1, 1, 1, 1, 1, 1, 1, 1, 1, 1, 1, 1,
1, 1, 1, 1, 1, 1, 1, 1, 1, 1, 1, 1, 1, 1, 1, 1, 1, 1, 1, 1, 1, 1, 1, 1, 1, 1, 1, 1, 1, 1, 1, 1, 1, 1, 1, 1, 1, 1, 1, 1,
1, 1, 1, 1, 1, 1, 1, 1, 1, 1, 1, 1, 1, 1, 1, 1, 1, 1, 1, 1, 1, 1, 1, 1, 1, 1, 1]
0

[(0, 0), (0, 1), (1, 2), (2, 3), (3, 4), (4, 5), (5, 6), (6, 7), (7, 8), (8, 9), (9, 10), (10, 11), (11, 12), (0, 0),
(0, 1), (1, 3), (3, 4), (4, 5), (5, 6), (6, 7), (7, 8), (8, 9), (9, 10), (10, 11), (11, 12), (12, 13), (13, 14), (14, 1
5), (15, 16), (16, 17), (17, 18), (18, 19), (19, 20), (20, 21), (21, 22), (22, 23), (23, 24), (24, 25), (25, 26), (26,
27), (27, 28), (28, 29), (29, 30), (30, 31), (31, 32), (32, 33), (33, 34), (34, 35), (35, 36), (36, 37), (37, 38), (38,
39), (39, 40), (40, 41), (41, 42), (42, 43), (43, 44), (44, 45), (45, 46), (46, 47), (47, 48), (48, 49), (49, 50), (50,
51), (51, 52), (52, 53), (53, 54), (54, 55), (55, 56), (56, 57), (57, 58), (58, 59), (59, 60), (60, 61), (61, 62), (62,
63), (63, 64), (64, 65), (65, 66), (66, 67), (67, 68), (68, 69), (69, 70), (70, 71), (71, 72), (72, 73), (73, 74), (74,
75), (75, 76), (76, 77), (77, 78), (78, 79), (79, 80), (80, 81), (81, 82), (82, 83), (83, 84), (84, 85), (85, 86), (86,
87), (87, 88), (88, 89), (89, 90), (90, 91), (91, 92), (92, 93), (93, 94), (94, 95), (95, 96), (96, 97), (97, 98), (98,
99), (99, 100), (100, 101), (101, 102), (102, 103), (103, 104), (104, 105), (105, 106), (106, 107), (107, 108), (108, 1
09), (109, 110), (110, 111), (111, 112), (112, 113), (113, 114), (114, 115), (115, 116), (116, 117), (117, 118), (118,
119), (119, 120), (120, 121), (121, 122), (122, 123), (123, 124), (124, 125), (125, 126), (126, 127), (127, 128), (128,
129), (129, 130), (130, 131), (131, 132), (132, 133), (133, 134), (134, 135), (135, 136), (136, 137), (137, 138), (138,
139), (139, 140), (140, 141), (141, 142), (142, 143), (143, 144), (144, 145), (145, 146), (146, 147), (147, 148), (148,
149), (149, 150), (150, 151), (151, 152), (152, 153), (153, 154), (154, 155), (155, 156), (156, 157), (157, 158), (158,
159), (159, 160), (160, 161), (161, 162), (162, 163), (163, 164), (164, 165), (165, 166), (166, 167), (167, 168), (168,
169), (169, 170), (170, 171), (171, 172), (172, 173), (173, 174), (174, 175), (175, 176), (176, 177), (177, 178), (178,
179), (179, 180), (180, 181), (181, 182), (182, 183), (183, 184), (184, 185), (185, 186), (186, 187), (187, 188), (188,
189), (189, 190), (190, 191), (191, 192), (192, 193), (193, 194), (194, 195), (195, 196), (196, 197), (197, 198), (198,
199), (199, 200), (200, 201), (201, 202), (202, 203), (203, 204), (204, 205), (205, 206), (206, 207), (207, 208), (208,
209), (209, 210), (210, 211), (211, 212), (212, 213), (213, 214), (214, 215), (215, 216), (216, 217), (217, 218), (218,
219), (219, 220), (220, 221), (221, 222), (222, 223), (223, 224), (224, 225), (225, 226), (226, 227), (227, 228), (228,
229), (229, 230), (230, 231), (231, 232), (232, 233), (233, 234), (234, 235), (235, 236), (236, 237), (237, 238), (238,
239), (239, 240), (240, 241), (241, 242), (242, 243), (243, 244), (244, 245), (245, 246), (246, 247), (247, 248), (248,
249), (249, 250), (250, 251), (251, 252), (252, 253), (253, 254), (254, 255), (255, 256), (256, 257), (257, 258), (258,
259), (259, 260), (260, 261), (261, 262), (262, 263), (263, 264), (264, 265), (265, 266), (266, 267), (267, 268), (268,
269), (269, 270), (270, 271), (271, 272), (272, 273), (273, 274), (274, 275), (275, 276), (276, 277), (277, 278), (278,
279), (279, 280), (280, 281), (281, 282), (282, 283), (283, 284), (284, 285), (285, 286), (286, 287), (287, 288), (288,
289), (289, 290), (290, 291), (291, 292), (292, 293), (293, 294), (294, 295), (295, 296), (296, 297), (297, 298), (298,
299), (299, 300), (300, 301), (301, 302), (302, 303), (303, 304), (304, 305), (305, 306), (306, 307), (307, 308), (308,
309), (309, 310), (310, 311), (311, 312), (312, 313), (313, 314), (314, 315), (315, 316), (316, 317), (317, 318), (318,
319), (319, 320), (320, 321), (321, 322), (322, 323), (323, 324), (324, 325), (325, 326), (326, 327), (327, 328), (328,
329), (329, 330), (330, 331), (331, 332), (0, 0)]
14
16
```

图 7-8　样本处理后格式

其中，上述输出为单个样本的不同特征。

- input_ids：表示输入文本的 token ID。
- token_type_ids：表示对应的 token 是属于输入的问题还是答案（Transformer 类预训练模型支持单句以及句对输入）。
- overflow_to_sample：特征对应的 example 的编号。
- offset_mapping：每个 token 的起始字符和结束字符在原文中对应的 index（用于生

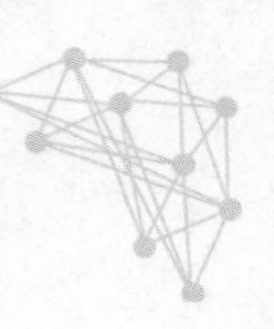

成答案文本)。

- start_positions:答案在这个特征中的开始位置。
- end_positions:答案在这个特征中的结束位置。

接下来需要将样本的各种特征转换为张量的形式,并且使用 paddle.io.DistributedBatchSampler 定义批量化采样操作,使用 batchify_fn 操作将批量数据从批维度进行堆叠。

```
batch_size = 12
# 定义 BatchSampler
train_batch_sampler = paddle.io.DistributedBatchSampler(
        train_ds, batch_size = batch_size, shuffle = True)
dev_batch_sampler = paddle.io.BatchSampler(
    dev_ds, batch_size = batch_size, shuffle = False)
test_batch_sampler = paddle.io.BatchSampler(
    test_ds, batch_size = batch_size, shuffle = False)
# 定义 batchify_fn
train_batchify_fn = lambda samples, fn = Dict({
    "input_ids": Pad(axis = 0, pad_val = tokenizer.pad_token_id),
    "token_type_ids": Pad(axis = 0, pad_val = tokenizer.pad_token_type_id),
    "start_positions": Stack(dtype = "int64"),
    "end_positions": Stack(dtype = "int64")
}): fn(samples)
dev_batchify_fn = lambda samples, fn = Dict({
    "input_ids": Pad(axis = 0, pad_val = tokenizer.pad_token_id),
    "token_type_ids": Pad(axis = 0, pad_val = tokenizer.pad_token_type_id)
}): fn(samples)
```

将数据封装至 paddle.io.DataLoader 中,便于后续训练时可批量获得数据。

```
# 构造 DataLoader
train_data_loader = paddle.io.DataLoader(
    dataset = train_ds,
    batch_sampler = train_batch_sampler,
    collate_fn = train_batchify_fn,
    return_list = True)
dev_data_loader = paddle.io.DataLoader(
    dataset = dev_ds,
    batch_sampler = dev_batch_sampler,
    collate_fn = dev_batchify_fn,
    return_list = True)
test_data_loader = paddle.io.DataLoader(
    dataset = test_ds,
    batch_sampler = test_batch_sampler,
    collate_fn = dev_batchify_fn,
return_list = True)
```

步骤 2:ERNIE 预训练模型配置

本实践以 ERNIE 预训练模型为例,介绍如何将预训练模型通过微调完成 $\text{DuReader}_{\text{robust}}$

阅读理解任务。DuReader$_{robust}$ 阅读理解任务的本质是答案抽取任务,根据输入的问题和文章,从预训练模型的序列中输出预测答案在文章中的起始位置和结束位置。原理如图 7-9 所示。

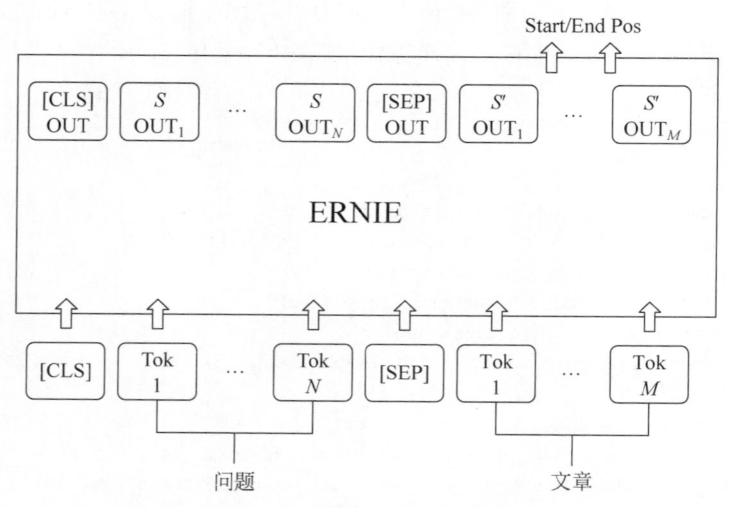

图 7-9 ERNIE 预训练模型

目前 PaddleNLP 已经内置了包括 ERNIE 在内的多种基于预训练模型的常用任务的下游网络,包括机器阅读理解。这些模型在 paddlenlp.transformers 下,均可实现一键调用。

```
from paddlenlp.transformers import ErnieForQuestionAnswering
model = ErnieForQuestionAnswering.from_pretrained(MODEL_NAME)
```

步骤 3:模型微调

(1) 损失函数定义。

我们调用的 ErineForQuestionAnswering 模型,它在设计时将 ErnieModel 的 sequence_output 拆开成 start_logits 和 end_logits 输出。所以我们实现的 DuReader$_{robust}$ 损失也应该由 start_loss 和 end_loss 两部分组成,具体来说需要我们自己定义上面两个 loss function,对于每部分损失,均使用交叉熵损失函数进行计算,即对于答案起始位置和结束位置的预测可以分别看成两个分类任务。

```
class CrossEntropyLossForRobust(paddle.nn.Layer):
    def __init__(self):
        super(CrossEntropyLossForRobust, self).__init__()
    def forward(self, y, label):
        start_logits, end_logits = y                    # [batch_size, seq_len]
        start_position, end_position = label
        start_position = paddle.unsqueeze(start_position, axis = - 1)
        end_position = paddle.unsqueeze(end_position, axis = - 1)
        start_loss = paddle.nn.functional.softmax_with_cross_entropy(
                logits = start_logits, label = start_position, soft_label = False)
        start_loss = paddle.mean(start_loss)
```

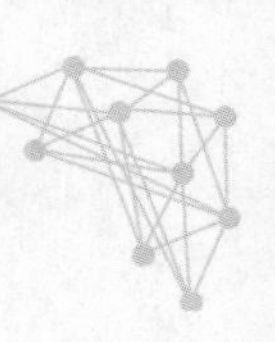


```
        end_loss = paddle.nn.functional.softmax_with_cross_entropy(
            logits = end_logits, label = end_position, soft_label = False)
        end_loss = paddle.mean(end_loss)
        loss = (start_loss + end_loss) / 2
        return loss
```

（2）优化器定义。

```
warmup_proportion = 0.1
weight_decay = 0.01
lr_scheduler = paddlenlp.transformers.LinearDecayWithWarmup(learning_rate,
num_training_steps, warmup_proportion)
decay_params = [p.name for n, p in model.named_parameters()
    if not any(nd in n for nd in ["bias", "norm"])]
optimizer = paddle.optimizer.AdamW(
    learning_rate = lr_scheduler,
    parameters = model.parameters(),
    weight_decay = weight_decay,
    apply_decay_param_fun = lambda x: x in decay_params)
```

（3）训练模型。

从 dataloader 中取出一个 batch data；将 batch data 输入模型中，做前向计算；将前向计算结果传给损失函数，计算 loss；loss 反向回传，更新梯度。

```
epochs = 2
num_training_steps = len(train_data_loader) * epochs
criterion = CrossEntropyLossForRobust()
global_step = 0
for epoch in range(1, epochs + 1):
    for step, batch in enumerate(train_data_loader, start = 1):
        global_step += 1
        input_ids, segment_ids, start_positions, end_positions = batch
        logits = model(input_ids = input_ids, token_type_ids = segment_ids)
        loss = criterion(logits, (start_positions, end_positions))
        if global_step % 100 == 0 :
            print("global step %d, epoch: %d, batch: %d, loss: %.5f" %
(global_step, epoch, step, loss))
        loss.backward()
        optimizer.step()
        lr_scheduler.step()
        optimizer.clear_grad()
```

模型训练部分输出如图 7-10 所示。

步骤 4：模型评估

```
def evaluate(model, data_loader, is_test = False):
    model.eval()
```

```
global step 100, epoch: 1, batch: 100, loss: 4.64651
global step 200, epoch: 1, batch: 200, loss: 1.71296
global step 300, epoch: 1, batch: 300, loss: 1.55310
global step 400, epoch: 1, batch: 400, loss: 1.62068
global step 500, epoch: 1, batch: 500, loss: 1.38884
global step 600, epoch: 1, batch: 600, loss: 1.32910
global step 700, epoch: 1, batch: 700, loss: 1.66096
global step 800, epoch: 1, batch: 800, loss: 1.19356
global step 900, epoch: 1, batch: 900, loss: 0.87312
global step 1000, epoch: 1, batch: 1000, loss: 1.17760
global step 1100, epoch: 1, batch: 1100, loss: 1.14938
global step 1200, epoch: 1, batch: 1200, loss: 1.91959
global step 1300, epoch: 1, batch: 1300, loss: 0.80797
global step 1400, epoch: 1, batch: 1400, loss: 1.41279
global step 1500, epoch: 2, batch: 28, loss: 0.67790
```

图 7-10　模型训练部分输出

```
    all_start_logits = []
    all_end_logits = []
    tic_eval = time.time()
    for batch in data_loader:
        input_ids, token_type_ids = batch
        start_logits_tensor, end_logits_tensor = model(input_ids,
                                                       token_type_ids)
        for idx in range(start_logits_tensor.shape[0]):
            if len(all_start_logits) % 1000 == 0 and len(all_start_logits):
                print("Processing example: %d" % len(all_start_logits))
                print('time per 1000:', time.time() - tic_eval)
                tic_eval = time.time()
            all_start_logits.append(start_logits_tensor.numpy()[idx])
            all_end_logits.append(end_logits_tensor.numpy()[idx])
    all_predictions, _, _ = compute_prediction(
        data_loader.dataset.data, data_loader.dataset.new_data,
        (all_start_logits, all_end_logits), False, 20, 30)
    if is_test:
        with open('prediction.json', "w", encoding='utf-8') as writer:
            writer.write(json.dumps(all_predictions,
ensure_ascii=False, indent=4) + "\n")
    else:
        squad_evaluate(examples=data_loader.dataset.data,
            preds=all_predictions, is_whitespace_splited=False)
    count = 0
    for example in data_loader.dataset.data:
        count += 1
        print('问题:',example['question'])
        print('原文:',''.join(example['context']))
        print('答案:',all_predictions[example['id']])
        if count >= 5:
            break
model.train()
evaluate(model=model, data_loader=dev_data_loader)
```

验证过程部分输出如图 7-11 所示。

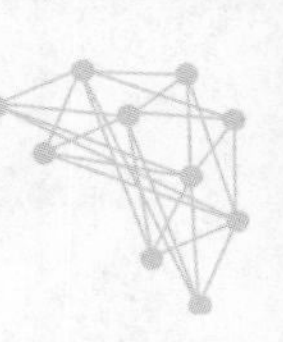


```
{
  "exact": 71.84191954834156,
  "f1": 86.09210651542205,
  "total": 1417,
  "HasAns_exact": 71.84191954834156,
  "HasAns_f1": 86.09210651542205,
  "HasAns_total": 1417
}
```

图 7-11　验证过程部分输出

步骤 5：机器阅读模型预测

传入 test_data_loader 至 evaluate，并将 is_test 参数设为 True，即可进行预测。

```
evaluate(model = model,data_loader = test_data_loader, is_test = True)
```

预测部分输出如图 7-12 所示。

```
Processing example: 1000
time per 1000: 10.308244228363037
Processing example: 2000
time per 1000: 10.366413831710815
Processing example: 3000
time per 1000: 10.252323627471924
Processing example: 4000
time per 1000: 10.477697134017944
Processing example: 5000
time per 1000: 9.953215837478638
问题:  220v一安等于多少瓦
原文:  在220交流电的状态下一安等于220瓦.基于32太1.5匹用多大的开关计算方法是: 1匹=0.735瓦. 0.735*1.5*32=35.28千瓦  1千瓦=4.5安  35.28*4.5=158.26安  这里是实际的电流,在现实应用过程中不能用160安的  开关,单个1.5匹启动时有一个较大的启动电流,在实际用用是乘以105倍: 158.26*1.5=237.39安. 开关的电流应该是250A的空气开关.
答案:  220瓦

问题:  氧化铜和稀盐酸的离子方程式
原文:  化学方程式: CuO+2HCl=CuCl2+H2O 书写离子方程式时,只有强电解质 (强酸、强碱、盐) 拆开写成离子形式. 离子方程式:  CuO+2H+=Cu^2+ +H2O
答案:  CuO+2HCl=CuCl2+H2O

问题:  刀塔传奇98元英雄排行
原文:  让我们把目光放到刀塔传奇中去,看看那些在竞技场的刀山火海中异军突起的英雄,很多只是得益于一个小小的改动,却改变了竞技场的整个格局。http://www.18183.com/dtcq/syzs/wanjiayc/164981.html|1艾吉奥梦境打架都可以2科学怪人梦境团本高分必备3魔像可以打吸血鬼一个梦境4白银很看好她期待她的觉醒5凹凸曼打猴子,其他可有可无
答案:  http://www.18183.com/dtcq/syzs/wanjiayc/164981.html
```

图 7-12　预测部分输出

第8章 聊天机器人设计与实现

近年来,随着自然语言处理技术的飞速发展,人机对话系统受到了学术界和工业界的广泛关注,越来越多的智能对话产品逐渐走进大众的视野,如 Apple Siri、微软小冰、天猫精灵等。

从应用场景和实现功能的角度,对话机器人主要可以分为以下 3 种类型:问答机器人、任务机器人和闲聊机器人。问答机器人主要依托强大的知识库,可以针对用户提出的问题给出特定的回复,对回复内容的准确性要求较高,但仅限于一问一答的单轮对话交互,对上下文信息不作处理,目前多应用于客服领域。任务机器人通过多轮对话交互满足用户某一特定的任务需求,如订票、订餐等,通过对话状态追踪、槽位填充等技术理解用户意图,对任务完成度要求高。闲聊机器人与用户之间的互动比较开放,用户没有明确目的,机器人的回复也没有标准答案,主要以趣味性和个性化的回复满足用户的情感需求。目前的对话系统往往是以上 3 种类型的组合,如上文中提到的天猫精灵等智能音箱产品,可以同时满足用户的问答、任务、闲聊等多种需求。

聊天机器人模块实现与系统测评

8.1 实践一:聊天机器人模块实现与系统测评

图 8-1 展示了一个通用的聊天机器人系统框架,其中包含 5 个主要的功能模块。基本的流程为:用户通过文字形式或语音形式输入之后进行预处理,转换成文本形式进行自然语言理解,然后再通过语义表示和上下文进入对话管理,接着对当前对话模型进行答案提取,最后将生成的回复文本进行合成输出给用户。尽管上述流程看起来十分复杂,但是我们通过借助 PaddleNLP 就能够快速地实现一个简单的闲聊机器人。

下面我们将重点介绍 PaddleNLP 内置的生成式 API 的功能和用法,并使用 PaddleNLP 内置的 plato-mini 模型和配套的生成式 API 实现一个简单的闲聊机器人。PaddleNLP 针对生成式任务提供了 generate 函数,该函数内嵌于 PaddleNLP 所有的生成式模型,支持 Greedy Search、Beam Search 和 Sampling 解码策略,用户只需要指定解码策略以及相应的参数即可完成预测解码,得到模型预测生成的序列及其概率得分。

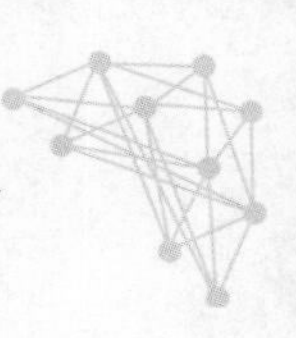

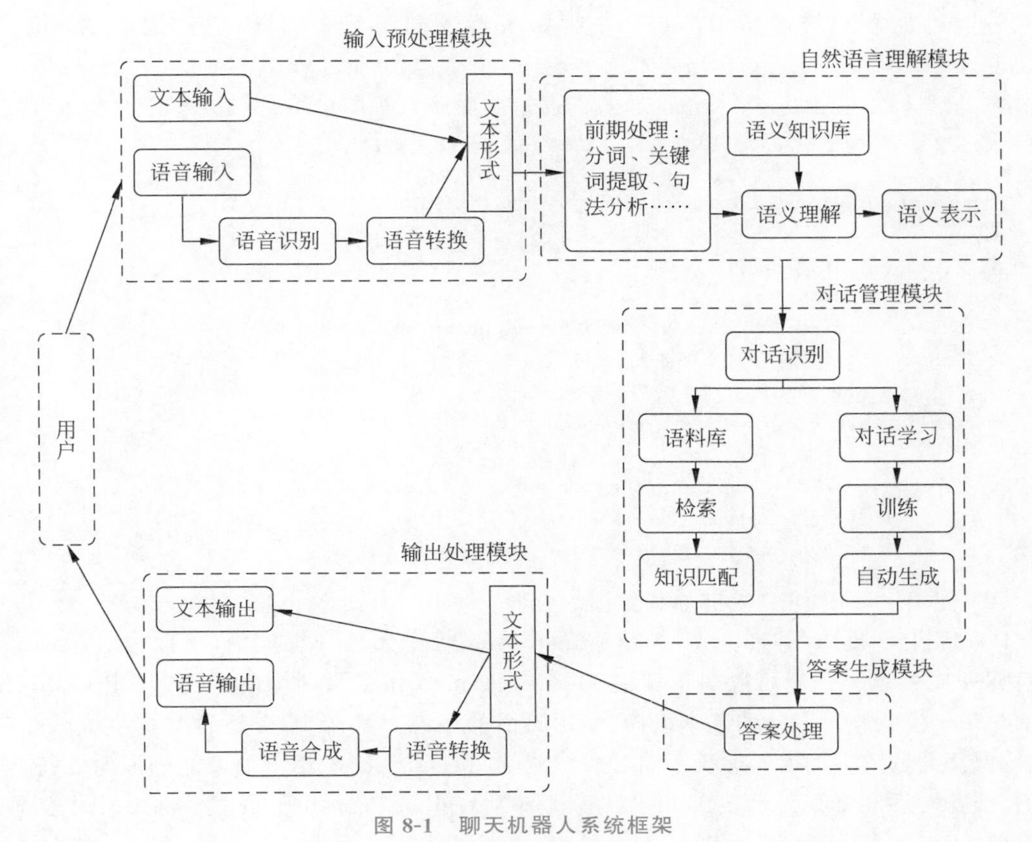

图 8-1　聊天机器人系统框架

步骤 1：下载并更新相关包

AI Studio 平台已经默认安装了 PaddleNLP，但仍然需要使用如下的指令进行版本的更新，否则后续程序的运行会报错。

```
!pip install --upgrade paddlenlp -i https://pypi.org/simple
!pip install --upgrade pip
!pip install --upgrade sentencepiece                    # Google 开源的文本 Tokenzier 工具
```

步骤 2：使用生成 API 实现闲聊机器人

下面我们来学习如何使用 UnifiedTransformer 模型及其内嵌的生成式 API 实现一个闲聊机器人。

（1）数据处理。

首先是数据处理部分，文本数据在输入预训练模型之前，需要经过处理转化为 feature，这一过程通常包括分词、将单词映射为对应的词典 ID、添加特殊标志（如< BOS >、< EOS >）等步骤。

PaddleNLP 对于各种预训练模型已经内置了相应的 tokenizer，我们通过指定使用的模型名称即可加载对应的 tokenizer。在闲聊机器人的实现中，我们通过加载 paddlenlp.transformers.UnifiedTransformerTokenizer 用于数据处理，UnifiedTransformerTokenizer 的数据处理 API 是 dialogue_encode，我们通过调用该方法即可将自然语言转为模型可接受的输入。

```
from paddlenlp.transformers import UnifiedTransformerTokenizer

# 设置想要使用的模型名称
model_name = 'plato-mini'
tokenizer = UnifiedTransformerTokenizer.from_pretrained(model_name)
user_input = ['你好啊,你今年多大了']
# 调用 dialogue_encode 方法生成模型输入
encoded_input = tokenizer.dialogue_encode(
                    user_input,
                    add_start_token_as_response = True,
                    return_tensors = True,
                    is_split_into_words = False)
```

（2）使用 PaddleNLP 一键加载预训练模型。

PaddleNLP 提供了 GPT、UnifiedTransformer 等中文预训练模型，可以通过预训练模型名称完成加载。我们可以一键调用 UnifiedTransformer 预训练模型，它以 Transformer 的 Encoder 模块作为网络的基本组件，采用灵活的注意力机制，十分适合文本生成式任务。同时，模型的输入中加入了标识不同对话技能的 special token，使得模型能够同时支持闲聊对话、推荐对话和知识对话。PaddleNLP 目前为 UnifiedTransformer 提供了 3 个中文预训练模型。

- unified_transformer-12L-cn，该预训练模型是在大规模中文对话数据集上训练得到的。
- unified_transformer-12L-cn-luge，该预训练模型是 unified_transformer-12L-cn 在千言对话数据集上进行微调得到的。
- plato-mini，该模型使用了十亿级别的中文闲聊对话数据进行预训练。

```
from paddlenlp.transformers import UnifiedTransformerLMHeadModel
model = UnifiedTransformerLMHeadModel.from_pretrained(model_name)
```

（3）使用生成 API 输出模型预测结果。

下一步我们将处理好的输入作为参数传递给 generate 函数，并配置解码策略。这里我们使用的是 TopK 加 Sampling 的解码策略，即从概率最大的 k 个结果中按概率进行采样。

```
ids, scores = model.generate(
                input_ids = encoded_input['input_ids'],
                token_type_ids = encoded_input['token_type_ids'],
                position_ids = encoded_input['position_ids'],
                attention_mask = encoded_input['attention_mask'],
                max_length = 64,
                min_length = 1,
```

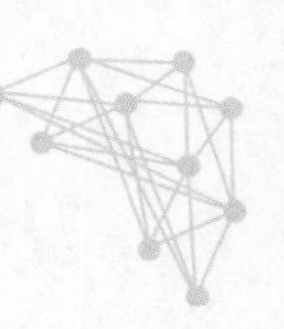

```
                        decode_strategy = 'sampling',
                        top_k = 5,
                        num_return_sequences = 20)
print(ids)
print(scores)
```

图 8-2 是输出结果的部分截图。

```
Tensor(shape=[20, 17], dtype=int64, place=CUDAPlace(0), stop_gradient=True,
       [[6   , 763 , 1164, 7    , 3   , 9   , 42  , 25375, 7   , 16  , 2   , 0   , 0   , 0   , 0   , 0   , 0   ],
        [6   , 763 , 215 , 1017, 7   , 3   , 67  , 7   , 2   , 0   , 0   , 0   , 0   , 0   , 0   , 0   , 0   ],
        [6   , 763 , 1164, 26028, 7   , 3   , 9   , 42  , 25375, 7   , 28  , 16  , 2   , 0   , 0   , 0   , 0   ],
        [912 , 3   , 6   , 763 , 215 , 1850, 26028, 7   , 2   , 0   , 0   , 0   , 0   , 0   , 0   , 0   , 0   ],
        [6   , 763 , 23  , 449 , 7   , 3   , 9   , 42  , 25375, 7   , 2   , 0   , 0   , 0   , 0   , 0   , 0   ],
        [6   , 763 , 967 , 26028, 7   , 2   , 0   , 0   , 0   , 0   , 0   , 0   , 0   , 0   , 0   , 0   , 0   ],
        [6   , 23  , 215 , 1850, 25562, 26028, 7   , 3   , 9   , 191 , 86  , 6   , 31  , 40  , 2   , 0   , 0   ],
        [6   , 763 , 967 , 26028, 7   , 2   , 0   , 0   , 0   , 0   , 0   , 0   , 0   , 0   , 0   , 0   , 0   ],
        [6   , 763 , 215 , 2697, 7   , 3   , 9   , 191 , 24  , 86  , 6   , 31  , 1563, 40  , 2   , 0   , 0   ],
        [912 , 28  , 3   , 6   , 763 , 19698, 197 , 13  , 6   , 87  , 215 , 14381, 26028, 7   , 2   , 0   , 0   ],
        [6   , 763 , 215 , 1017, 25380, 7   , 3   , 9   , 94  , 2   , 0   , 0   , 0   , 0   , 0   , 0   , 0   ],
        [763 , 1164, 7   , 3   , 9   , 94  , 16  , 2   , 0   , 0   , 0   , 0   , 0   , 0   , 0   , 0   , 0   ],
        [912 , 28  , 3   , 6   , 763 , 449 , 26028, 7   , 3   , 6   , 763 , 23  , 215 , 37  , 713 , 7   , 2   ],
        [6   , 763 , 1585, 26028, 7   , 3   , 6   , 10  , 11  , 25620, 4355, 212 , 2   , 0   , 0   , 0   , 0   ],
        [6   , 763 , 1585, 7   , 94  , 2   , 0   , 0   , 0   , 0   , 0   , 0   , 0   , 0   , 0   , 0   , 0   ],
        [6   , 28  , 3   , 6   , 763 , 215 , 1585, 26028, 7   , 94  , 2   , 0   , 0   , 0   , 0   , 0   , 0   ],
        [763 , 215 , 1585, 26028, 7   , 3   , 9   , 42  , 25375, 7   , 94  , 16  , 2   , 0   , 0   , 0   , 0   ],
        [6   , 763 , 1164, 7   , 3   , 9   , 94  , 16  , 2   , 0   , 0   , 0   , 0   , 0   , 0   , 0   , 0   ],
        [912 , 28  , 3   , 6   , 763 , 1585, 26028, 7   , 2   , 0   , 0   , 0   , 0   , 0   , 0   , 0   , 0   ],
        [85  , 3   , 6   , 763 , 1850, 26028, 7   , 2   , 0   , 0   , 0   , 0   , 0   , 0   , 0   , 0   , 0   ]])
Tensor(shape=[20, 1], dtype=float32, place=CUDAPlace(0), stop_gradient=True,
       [[-0.68865520],
        [-1.64710271],
        [-0.70074916],
        [-1.08996773],
        [-1.13671362],
        [-0.86334991],
        [-1.31138635],
```

图 8-2　部分输出结果

```
# 将词典 ID 转换为对应的汉字
response = []
for sequence_ids in ids.numpy().tolist():
    sequence_ids = sequence_ids[:sequence_ids.index(tokenizer.sep_token_id)]
    text = tokenizer.convert_ids_to_string(sequence_ids, keep_space = False)
    response.append(text)
print(response)
```

因此，当我们在问机器人“你好啊，你今年多大了？”时，可以得到的回复结果如图 8-3 所示。

```
['你好啊,今年23岁了', '你好,我今年23岁了,你多大了呢?', '我今年23岁了', '我都已经30
岁了,你多大了呀?', '我今年20岁了,你今年多大了?', '我今年20岁了,你多大了?', '我都已
经三十了', '你猜猜,猜不到就不要问我年龄了', '我今年都25了,你多大了', '我今年已经30岁
了', '我今年20,我是个大学生', '我今年17', '我今年都已经30了呢,哈哈哈', '我今年25岁
了', '我今年23了,你呢?', '我啊,我都25了,你多大了?', '我今年已经26岁了', '我今年已
经29了, 你多大了?', '我已经30岁了, 我现在在北京打拼', '我今年已经30了, 我的孩子都已
经5岁了,你今年多大了']
```

图 8-3　部分回复结果输出

我们通过调用UnifiedTransformer的生成式API完成了和对话系统的一轮交互，那么如何对我们实现的闲聊机器人进行评测呢？最为经典的方式就是看机器人能否通过图灵测试。图灵测试（The Turing test）指的是计算机能够回答由人类测试者提出的一系列问题，并且其中超过30%的答案能够让测试者认为是人类所答，那么这台计算机就通过了测试，并被认为具有人类智能。

因此，为了更好地对聊天机器人进行评测，我们基于PaddleHub和Wechaty实现闲聊的多轮交互，评估对话系统回复的质量。其中，PaddleHub是基于PaddlePaddle开发的预训练模型管理工具，可以基于大规模预训练模型快速完成迁移学习。通过PaddleHub，开发者可以便捷地获取PaddlePaddle生态下的所有预训练模型，包括图像分类、目标检测、词法分析、语义模型、情感分析、语言模型、视频分类、图像生成8类主流模型，共计40余个，可以体验到大规模预训练模型的价值。而Wechaty基于微信公开的API，对接口进行了一系列的封装，提供一系列简单的接口，开发者可以在其之上进行微信机器人的开发。

我们通过Wechaty获取微信接收的消息，然后使用PaddleHub的plato-mini模型根据对话的上下文内容生成新的对话文本，最终以微信消息的形式发送。我们在AI Studio的终端界面输入以下命令。

```
# 将项目代码 clone 到当前路径下
git clone https://github.com/KPatr1ck/paddlehub-wechaty-demo.git
# 切换路径
cd paddlehub-wechaty-demo

# 安装依赖:paddlepaddle,paddlehub,wechaty
pip install -r requirements.txt

# 安装项目所需的 PaddleHub 的 module,此 demo 以 plato-mini 为示例
hub install plato-mini==1.0.0

# 在当前系统的环境变量中,配置以下与 WECHATY_PUPPET 相关的两个变量
# 关于其作用详情和 TOKEN 的获取方式,请读者自行查看
https://wechaty.js.org/docs/puppet-services/
export WECHATY_PUPPET=wechaty-puppet-service
export WECHATY_PUPPET_SERVICE_TOKEN='your-token'

# 启动闲聊机器人
python examples/paddlehub-chatbot.py
```

脚本成功运行后，终端界面会出现用于登录的二维码，可以通过微信扫码登录，所登录的账号即可作为一个Chatbot。图8-4中左侧的内容由Chatbot生成和回复。

我们通过分析examples/paddlehub-chatbot.py中的代码来看一看这个聊天机器人具体是如何实现的。

```
# 导入所需要的包
from collections import deque
import os
import asyncio
```

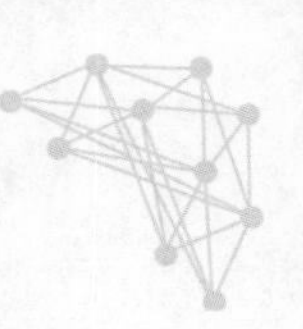

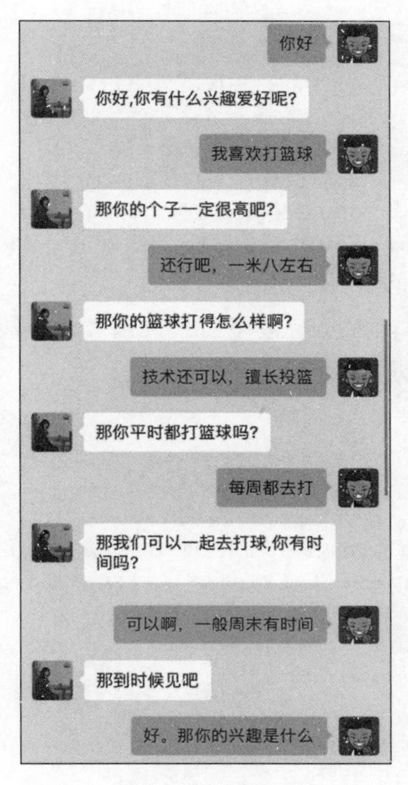

图 8-4 聊天展示

```
from wechaty import (
    Contact,
    FileBox,
    Message,
    Wechaty,
    ScanStatus,
)
from wechaty_puppet import MessageType
```

通过以下代码实例化一个预训练好的 plato-mini 模型。

```
import paddlehub as hub
model = hub.Module(name = 'plato - mini', version = '1.0.0')      # 指定预测使用的模型及版本号
model._interactive_mode = True                                    # 开启交互模式
model.max_turn = 10                                               # 对话轮次配置
model.context = deque(maxlen = model.max_turn)                    # 对话上下文的存储队列
```

我们通过重写 on_message 方法对收到的消息进行回复,该方法是接收到消息时的回调函数,可以通过自定义的条件(如消息类型、消息来源、消息文字是否包含关键字、是否是群聊消息等)来判断是否回复信息。在脚本中 on_message 方法的代码如下,回复的条件是消息类型是文字且文字信息以“[Test]”开头。

```
async def on_message(msg: Message):

    if isinstance(msg.text(), str) and len(msg.text()) > 0 \
        and msg._payload.type == MessageType.MESSAGE_TYPE_TEXT \
        and msg.text().startswith('[Test]'):
        # 使用一个特殊的 token: [Test], 对需要回复的消息进行标记
        # 调用模型的 predict()方法生成回复内容
        bot_response = model.predict(data = msg.text().replace('[Test]', ''))[0]
        await msg.say(bot_response)                    # 返回机器人生成的对话消息
```

最后我们定义一个 main 函数作为程序的入口函数，完成机器人的实例化并通过调用 on_message 方法对收到的消息进行回复。

```
async def main():
    # 确保已经设置了环境变量 WECHATY_PUPPET_SERVICE_TOKEN
    # 并为其赋值
    if 'WECHATY_PUPPET_SERVICE_TOKEN' not in os.environ:
        print('''Error: WECHATY_PUPPET_SERVICE_TOKEN is not found in the.
                environment variables. You need a TOKEN to run the Python
                Wechaty. Please goto our README for details
                https://github.com/wechaty/python - wechaty - getting - started/#wechat
                y_puppet_service_token''')

    # 聊天机器人实例化
    bot = Wechaty()
    # 调用 on_scan()和 on_login()方法,
    # 在控制台上输出用于登录的二维码并打印登录信息
    bot.on('scan', on_scan)
    bot.on('login', on_login)
    # 调用 on_message()方法对收到的消息进行回复
    bot.on('message', on_message)

    # 启动聊天机器人,
    await bot.start()
```

我们通过使用 asyncio.run 函数来执行异步函数 main，这种方式使得聊天机器人在启动后，该函数可以在执行过程中被挂起，只有在接收到消息时才继续执行，对收到的信息进行回复。

手动实现简易聊天机器人

8.2 实践二：手动实现简易聊天机器人

8.1 节简单介绍了如何搭建一个简易的聊天机器人，本节，我们来动手实现一个简易的聊天机器人，即从模型训练到对话生成。

通过前面的学习，我们已经知道，聊天机器人分为很多种，想要实现什么功能的聊天机器人，我们就需要使用对应领域的数据先去训练一个生成文本的模型。在新的模型中，我们最好只使用预训练数据相关的聊天语料去与机器进行沟通，否则，机器返回的答案可能会不

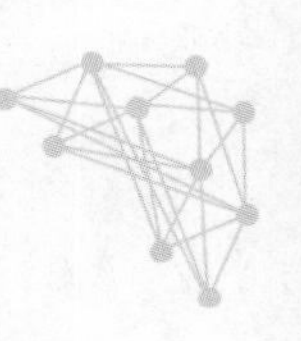

尽人意。本节,我们将为大家展示一个对联生成的聊天机器人,顾名思义,就是在对联数据集上训练模型,然后我们输入任意形式的上联,模型将会为我们返回相应的一个或多个候选下联。对联形式是上联与下联一一对应的,因此这是一个单轮对话任务,当然,若大家想尝试多轮对话,可以使用相应的多轮对话数据集去训练模型。若想体验其他的对话任务,如真正的闲聊,需要使用专门的闲聊数据集去训练模型。

本实践使用百度自研 UNIMO-text 预训练模型。UNIMO 的核心是提出了一个统一模态预训练框架,利用海量的文本和图像数据,通过跨模态的对比学习方法将文本和图像映射到统一空间中,从而提升视觉和文本的理解能力。UNIMO-text 是专门针对文本生成任务的预训练模型。

在进行对联聊天机器人训练前,我们简单演示已经预训练好的对联模型的生成效果,下面代码是加载已经训练好的对联聊天模型,以给定列表[‘五湖四海皆春色’,‘我们一起学习吧’,‘今天天气好暖和’]作为上联输入,采用两种解码策略,获取相应的下联。

```
# 加载预训练好的模型
import paddlenlp
from utils import select_sum
# 报错时,是由于 paddlenlp 安装引起的,此时可以重启环境解决
model = paddlenlp.transformers.UNIMOLMHeadModel.from_pretrained('data/data126898')
tokenizer = paddlenlp.transformers.UNIMOTokenizer.from_pretrained('unimo-text-1.0')
model.eval()
from utils import post_process_sum
num_return_sequences = 3

l = ['五湖四海皆春色', '我们一起学习吧', '今天天气好暖和']

inputs = l[0]
for inputs in l:
    inputs_ids = tokenizer.gen_encode(inputs, return_tensors=True,
add_start_token_for_decoding=True, return_position_ids=True)
    # 调用生成 api 并指定解码策略为 beam_search
    outputs, scores = model.generate(**inputs_ids,
decode_strategy='beam_search',
num_beams=8,num_return_sequences=num_return_sequences)
    print("Beam_search Result:\n" + 100 * '-' + '\n' + '输入: '+ inputs)
    for i in range(num_return_sequences):
        print(i+1, '输出:', ''.join(post_process_sum(outputs[i].numpy(),
tokenizer)[1]))

    # 调用生成 api 并指定解码策略为 Sampling,不同策略的效果不同哦
    outputs, scores = model.generate(**inputs_ids, decode_strategy='sampling',
top_k=8, num_return_sequences=num_return_sequences)
    print("Sampling Result:\n" + 100 * '-' + '\n' + '输入: '+ inputs)
    for i in range(num_return_sequences):
        print(i+1, '输出:', ''.join(post_process_sum(outputs[i].numpy(),
tokenizer)[1]))
```

图 8-5 为上述 3 句话的输出演示。

```
--------------------
Beam_search Result:
输入：五湖四海皆春色
1 输出：九州九州尽春风
2 输出：四海八海尽春风
3 输出：四海八方尽春风
--------------------
Sampling Result:
输入：五湖四海皆春色
1 输出：一山一水尽花香
2 输出：百花千花尽笑容
3 输出：一水三江更彩图

--------------------
Beam_search Result:
输入：我们一起学习吧
1 输出：我们共同成长长
2 输出：我们共同创新新
3 输出：我们共同求求知
--------------------
Sampling Result:
输入：我们一起学习吧
1 输出：争先一步进前前
2 输出：学生同心努力干
3 输出：人民共同做梦时

--------------------
Beam_search Result:
输入：今天天气好暖和
1 输出：今日日光好温暖
2 输出：今日日光好和谐
3 输出：今日日阳好美丽
--------------------
Sampling Result:
输入：今天天气好暖和
1 输出：日日日气好和谐
2 输出：上天天地有温和
3 输出：今朝日光喜美满
```

图 8-5　部分聊天结果输出

我们可以看出，由于在对联训练数据上进行的模型训练，整体上，聊天输出偏向于等长、押韵的形式。显然，第一句的对话输出更加的具有对联风格，且不同的解码策略，对应的聊天输出差异也很大，在上面的结果中，我们看到 Sampling 的解码策略结果更加合理。接下来，我们为大家详细介绍如何训练一个以对联生成为主题的聊天机器人。

步骤 1：数据处理

本实践使用的数据集为 couplet-clean-dataset，此数据集基于 couplet-ataset 的 74 万条数据集构建，在此基础上利用敏感词词库对数据进行了过滤，删除了低俗或敏感的内容，删除后剩余约 70 万条对联数据，如下。

上联：愿景天成无墨迹　下联：万方乐奏有于阗
上联：丹枫江冷人初去　下联：绿柳堤新燕复来

该数据集已集成在 paddlenlp 中，使用 PaddleNLP 提供的 load_dataset API，即可一键完成数据集加载。

```
from paddlenlp.datasets import load_dataset
train_ds, test_ds = load_dataset('couplet', splits = ('train', 'test'))
```

与前面的预训练-微调框架一致，本实践采用的预训练模型为 UNIMO-text，因此，我们使用与之相匹配的 Toknizer 进行文本分词。

```
MODEL_NAME = 'unimo - text - 1.0'
tokenizer = paddlenlp.transformers.UNIMOTokenizer.from_pretrained(MODEL_NAME)
```

针对对联样本，进行数据格式转化，即分词、ID 化、序列长度提取、位置掩码（标识上联、下联）等，返回样本格式包含以下内容。

input_ids：表示输入文本的 token ID。
token_type_ids：用于区分 source（上联）和 target（下联）。
position_ids：表示输入 token 的位置。
masked_positions：表示 target 的位置。
labels：target 部分的 token ID。

```
def convert_example(example, tokenizer, mode = 'train'):
    """convert an example into necessary features"""
```

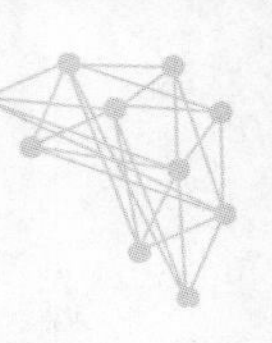

```
    if mode != 'test':
        tokenized_example = tokenizer.gen_encode(
            example['first'],
            target = example['second'],
            return_position_ids = True,
            return_length = True)

        target_start = tokenized_example['input_ids'].index(
                                tokenizer.cls_token_id, 1)
        target_end = tokenized_example['seq_len']
        tokenized_example['masked_positions'] = list(
                                range(target_start, target_end - 1))
        tokenized_example['labels'] = tokenized_example['input_ids'][
                                target_start + 1:target_end]
    else:
        tokenized_example = tokenizer.gen_encode(
            example['first'],
            add_start_token_for_decoding = True,
            return_position_ids = True)
        if 'second' in example and example['second']:
            tokenized_example['target'] = example['second']
    return tokenized_example
```

调用上述样本转换函数，进行样本标准格式转换。

```
train_trans_func = partial(
    convert_example,
    tokenizer = tokenizer,
    mode = 'train')

test_trans_func = partial(
    convert_example,
    tokenizer = tokenizer,
    mode = 'test')

train_ds.map(train_trans_func, lazy = False, num_workers = 4)
test_ds.map(test_trans_func, lazy = False, num_workers = 4)
```

使用 paddle.io.BatchSampler 和 paddlenlp.data 中提供的方法把数据组成 batch，然后使用 paddle.io.DataLoader 接口多线程异步加载数据。

```
# 定义 BatchSampler
train_batch_sampler = paddle.io.DistributedBatchSampler(
        train_ds, batch_size = batch_size, shuffle = True)

test_batch_sampler = paddle.io.BatchSampler(
    test_ds, batch_size = batch_size, shuffle = False)

train_collate_fn = partial(batchify_fn, pad_val = 0, mode = 'train')
test_collate_fn = partial(batchify_fn, pad_val = 0, mode = 'test')
```

```
# 构造 DataLoader
train_data_loader = paddle.io.DataLoader(
    dataset = train_ds,
    batch_sampler = train_batch_sampler,
    collate_fn = train_collate_fn,
    return_list = True)

test_data_loader = paddle.io.DataLoader(
    dataset = test_ds,
    batch_sampler = test_batch_sampler,
    collate_fn = test_collate_fn,
    return_list = True)
```

与之前其他任务的 batchify_fn 函数不同的是，生成任务需要多加一个 attention_mask 矩阵，用于生成任务中的解码器，避免生成前面的词语时，后面的词语提前被“看见”。因为正常情况下，我们在输出一个句子的时候，是从前往后输出的，所以在输出前面的词语的时候，后面的词语并不是可见的。batchify_fn 函数定义如下。

```
# 定义 batchify_fn
def batchify_fn(batch_examples, pad_val, mode):
    def pad_mask(batch_attention_mask):
        batch_size = len(batch_attention_mask)
        max_len = max(map(len, batch_attention_mask))
        attention_mask = np.ones((batch_size, max_len, max_len),
                                 dtype = 'float32') * - 1e9
        for i, mask_data in enumerate(attention_mask):
            seq_len = len(batch_attention_mask[i])
            mask_data[ - seq_len:, - seq_len:] = np.array(
                batch_attention_mask[i], dtype = 'float32')

        attention_mask = np.expand_dims(attention_mask, axis = 1)
        return attention_mask

    pad_func = Pad(pad_val = pad_val, pad_right = False, dtype = 'int64')

    input_ids = pad_func([example['input_ids'] for example in batch_examples])
    token_type_ids = pad_func(
                    [example['token_type_ids'] for example in batch_examples])
    position_ids = pad_func(
                    [example['position_ids'] for example in batch_examples])

    attention_mask = pad_mask(
                    [example['attention_mask'] for example in batch_examples])

    if mode != 'test':
        max_len = max([example['seq_len'] for example in batch_examples])
        masked_positions = np.concatenate([
            np.array(example['masked_positions']) +
            (max_len - example['seq_len']) + i * max_len
```

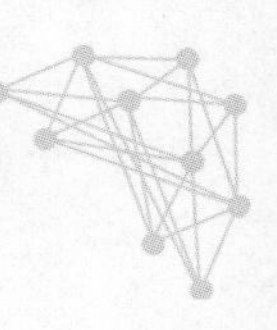


```
            for i, example in enumerate(batch_examples)
        ])
        labels = np.concatenate([
            np.array(
                example['labels'], dtype = 'int64') for example in batch_examples
        ])
        return input_ids, token_type_ids, position_ids, attention_mask,
               masked_positions, labels
    else:
        return input_ids, token_type_ids, position_ids, attention_mask
```

步骤2：模型微调

在本示例中我们选择的模型是UNIMO-text，是基于ERNIE-UNIMO框架在文本数据上预训练得到的模型。PaddleNLP已经内置了unimo-text-1.0，使用PaddleNLP API即可一键调用。

```
from paddlenlp.transformers import UNIMOLMHeadModel
model = UNIMOLMHeadModel.from_pretrained(MODEL_NAME)
```

模型训练使用的优化器为AdamW，并且为学习率设置了warmup及权重衰减，确保模型能够缓慢且高精度地收敛至最优值(或损失函数收敛至极小值)。

```
# 训练过程中的最大学习率
learning_rate = 3e-5
epochs = 10
# 学习率预热比例
warmup_proportion = 0.02
# 权重衰减系数,类似模型正则项策略,避免模型过拟合
weight_decay = 0.01
num_training_steps = len(train_data_loader) * epochs
# 学习率衰减策略
lr_scheduler = paddlenlp.transformers.LinearDecayWithWarmup(learning_rate,
num_training_steps, warmup_proportion)

decay_params = [
    p.name for n, p in model.named_parameters()
    if not any(nd in n for nd in ["bias", "norm"])
]
optimizer = paddle.optimizer.AdamW(
    learning_rate = lr_scheduler,
    parameters = model.parameters(),
    weight_decay = weight_decay,
    apply_decay_param_fun = lambda x: x in decay_params)
```

每一个生成词语的过程都是分类的过程，因此我们此处使用的损失函数为交叉熵损失函数。

```
global_step = 0
```

```
for epoch in range(1, epochs + 1):
    for batch in train_data_loader:
        global_step += 1
        labels = batch[ - 1]
        logits = model( * batch[ : - 1])
        labels = paddle.nn.functional.one_hot(labels,
num_classes = logits.shape[ - 1])
        labels = paddle.nn.functional.label_smooth(labels)
        loss = F.cross_entropy(logits, labels, soft_label = True)

        loss.backward()
        optimizer.step()
        lr_scheduler.step()
        optimizer.clear_grad()
        if global_step % 100 == 0:
            ppl = paddle.exp(loss)
            print("global step % d, epoch: % d, ppl: % .4f, loss: % .5f" % (global_step,
epoch, ppl, loss))

    evaluation(model, test_data_loader,tokenizer,4)
```

步骤3：模型预测

训练完模型后，我们便可以进行简单的使用。既可以简单地输入一个上联，也可以循环输入上联进行不间断输出下联，即可获得本节开头的对联情景下的聊天机器人。

```
num_return_sequences = 3
inputs = '财旺运旺福气满'
# inputs = '我饿了'

inputs_ids = tokenizer.gen_encode(
        inputs,
        return_tensors = True,
        add_start_token_for_decoding = True,
        return_position_ids = True)

# 调用生成 api 并指定解码策略为 beam_search
outputs, scores = model.generate( ** inputs_ids, decode_strategy = 'beam_search',
num_beams = 8,num_return_sequences = num_return_sequences)
print("Result:\n" + 100 * '- ')
for i in range(num_return_sequences):
    print(i, '上联:', inputs, '下联:', ''.join(post_process_sum(outputs[i].numpy(),
tokenizer)[1]))
```

本节中出现的文本生成任务的解码策略，是为了保证解码出来的文本概率最大。详细来讲，在生成一个句子的时候，模型的输出是一个时间步一个时间步依次获得的，而且前面时间步的结果还会影响后面时间步的结果，也就是说，每一个时间步，模型给出的都是基于历史生成结果的条件概率。为了生成完整的句子，需要一个称为解码的额外动作来融合模

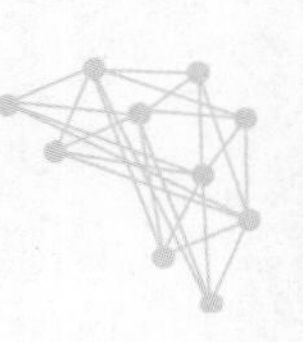

型多个时间步的输出，而且使得最终得到的序列的每一步条件概率连乘起来最大。

如何得到概率连乘最大的文本？最容易想到的策略是贪心搜索，即每一个时间步都取出一个条件概率最大的输出，再将从开始到当前步的结果作为输入去获得下一个时间步的输出，直到模型给出生成结束的标志。但是，由于丢弃了绝大多数的可能解，这种只关注当下的策略无法保证最终得到的序列概率是最优的。

上文中，我们尝试了两种搜索算法，Beam-Search 与 Sampling 算法。

Beam Search 是对贪心策略的一个改进，思路也很简单，就是稍微放宽一些考察的范围。在每一个时间步，不再只保留当前分数最高的 1 个输出，而是保留 num_beams 个，当 num_beams＝1 时集束搜索就退化成了贪心搜索。

如图 8-6 所示，每个时间步有 $ABCDE$ 共 5 种可能的输出，当 num_beams＝2，也就是说每个时间步都会保留到当前步为止条件概率最优的 2 个序列。

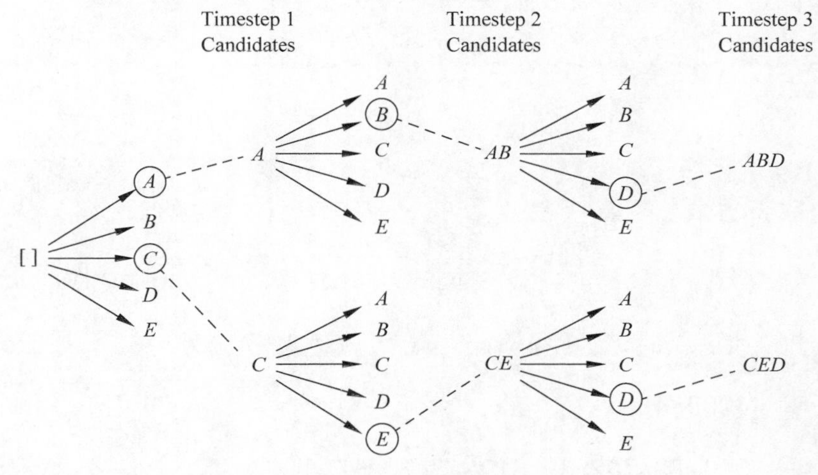

图 8-6　Beam Search 示意图

Sampling 算法，也叫采样译码器，与贪婪搜索译码器非常相似，但不是从概率最高的单词中抽取，而是从整个词汇表的概率分布中随机抽取单词。纯采样和 Top-K 采样等采样方法提供了更好的多样性，通常被认为更有利于生成自然语言。

不同的搜索方法对应的复杂度、准确性均有所差异，尝试使用合适的搜索方法解码，对文本生成任务来说也是十分重要的环节。

图书资源支持

感谢您一直以来对清华版图书的支持和爱护。为了配合本书的使用，本书提供配套的资源，有需求的读者请扫描下方的“书圈”微信公众号二维码，在图书专区下载，也可以拨打电话或发送电子邮件咨询。

如果您在使用本书的过程中遇到了什么问题，或者有相关图书出版计划，也请您发邮件告诉我们，以便我们更好地为您服务。

我们的联系方式：

清华大学出版社计算机与信息分社网站：https://www.shuimushuhui.com/

地　　址：北京市海淀区双清路学研大厦 A 座 714

邮　　编：100084

电　　话：010-83470236　010-83470237

客服邮箱：2301891038@qq.com

QQ：2301891038（请写明您的单位和姓名）

资源下载：关注公众号“书圈”下载配套资源。

书圈

清华计算机学堂

观看课程直播